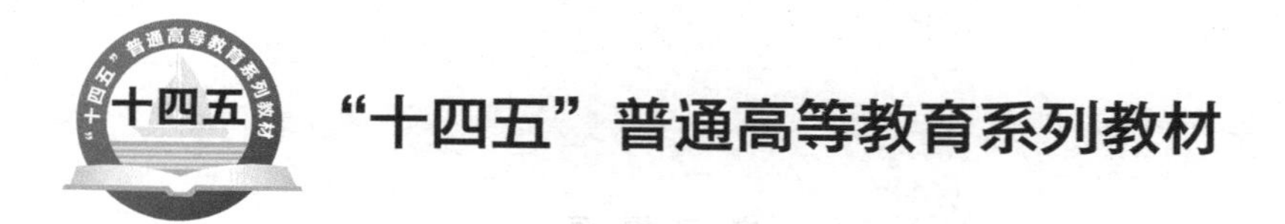

Visual C++ 数字图像处理

（第二版）

陆 玲 何月顺 李金萍 王 蕾 编著

中国电力出版社
CHINA ELECTRIC POWER PRESS

内 容 提 要

本书主要介绍了数字图像处理的常用方法及相应方法的 Visual C++ 6.0 程序设计，主要内容包括数字图像处理概述、数字图像处理基础、灰度图像处理、彩色图像处理、图像几何变换、二值图像处理、图像频域变换、图像压缩编码、图像合成处理、图像复原。此外，本书还附有数字图像处理常用方法的实验指导。

本书可作为高等学校计算机科学与技术专业、电子信息类专业本科生和研究生的教材，也可作为从事图像处理工作的相关技术人员的参考书。

图书在版编目（CIP）数据

Visual C++数字图像处理/陆玲等编著．—2 版．—北京：中国电力出版社，2021.8（2024.2重印）

“十四五”普通高等教育系列教材

ISBN 978-7-5198-5913-8

Ⅰ．①V⋯　Ⅱ．①陆⋯　Ⅲ．①数字图像处理－C++语言－程序设计－高等学校－教材　Ⅳ．①TN911.73 ②TP312.8

中国版本图书馆 CIP 数据核字（2021）第 171442 号

出版发行：中国电力出版社

地　　址：北京市东城区北京站西街 19 号（邮政编码 100005）

网　　址：http://www.cepp.sgcc.com.cn

责任编辑：张　旻（010-63412536）

责任校对：黄　蓓　常燕昆

装帧设计：王红柳

责任印制：吴　迪

印　　刷：北京锦鸿盛世印刷科技有限公司

版　　次：2014 年 3 月第一版　2021 年 8 月第二版

印　　次：2024 年 2 月北京第六次印刷

开　　本：787 毫米×1092 毫米　16 开本

印　　张：12.25

字　　数：295 千字

定　　价：55.00 元

前　言

随着科学技术的不断发展及人们对图像信息需求的不断加强，数字图像信息及其处理技术正在发挥着越来越重要的作用。数字图像处理已经在计算机科学、信息科学、生物学、统计学、气象学、工程学、统计学、物理学、医学等领域得到广泛的应用，并正在向传统的学科甚至社会科学等领域不断地渗透。在信息社会中，数字图像处理科学无论是在理论上还是在实践上都有着巨大的潜力。

本书作者基于多年教学与研究经验，结合国内外的优秀教材，在吸收第一版教材优点的基础上，完成了本书的编著。

本书首先介绍了图像处理的基础知识，重点介绍了BMP图像文件格式及存取的程序设计，为后续的图像处理做准备。然后介绍了数字图像处理的常用方法，包括灰度图像处理中的灰度变换、灰度直方图处理、空间滤波处理、灰度投影、图像分割、图像匹配；彩色图像处理中的彩色变换和空间滤波处理；图像几何变换中的平移、镜像、旋转、比例及变形变换；二值图像处理中的腐蚀与膨胀、开与闭运算、击中/击不中运算、边界提取、细化、目标的特征；图像频域变换中的傅里叶变换、离散余弦变换、离散沃尔什-哈达玛变换；图像压缩编码中的香农-范诺编码、哈夫曼编码、行程编码、LZW 编码、算术编码、JPEG 压缩编码；图像合成处理中的图像代数运算、图像噪声的合成、图像水印的生成；图像复原中的有噪声图像的复原、逆滤波复原、维纳滤波复原、约束最小平方滤波、几何畸变校正。最后介绍了数字图像处理常用方法的实验指导。

本书力求体现以下特点：

（1）内容通俗易懂。将文字、实例及图像效果图相结合，使读者易于掌握数字图像处理常用的基本方法。

（2）重点、难点突出。侧重介绍数字图像处理的基本方法步骤，对于重点、难点内容附有例题、习题、应用案例及实验指导。

（3）程序设计完整。涉及的图像处理方法及应用案例绝大部分都配有相应的Visual C++ 6.0程序代码，方便读者掌握图像处理的编程方法。

本书是在第一版的基础上修订的，主要是增加了大量的应用案例及相应的程序设计。本书由东华理工大学陆玲、何月顺、李金萍、王蕾编著，由陆玲负责，何月顺、李金萍、王蕾参与的数字图像处理课程被评为国家一流课程。本书得到了东华理工大学重点教材项目的资助，在此表示衷心感谢！

限于作者水平，书中不妥和疏漏之处在所难免，恳请读者批评指正。

作　者

2021 年 7 月

第一版前言

随着科学技术的不断发展及人们对图像信息需求的不断加强，数字图像信息及其处理技术正在发挥着越来越重要的作用。数字图像处理已经在计算机科学、信息科学、生物学、统计学、气象学、工程学、物理学、医学等领域得到广泛的应用，并正在向传统的学科甚至社会科学等领域不断地渗透。在信息社会中，数字图像处理科学无论是在理论上还是在实践上都有着巨大的潜力。

本书作者基于自身多年教学经验，结合国内外的优秀教材，在吸收已出版教材优点的基础上，完成了本书的编著。

本书首先介绍了图像处理的基础知识，重点介绍了BMP图像文件格式及存取的程序设计，为后续的图像处理做准备。然后介绍了数字图像处理的常用方法，包括灰度图像处理中的灰度变换、灰度直方图处理、空间滤波处理、灰度投影、图像分割、图像匹配；彩色图像处理中的彩色变换、空间滤波、界面切换；图像几何变换中的平移、镜像、比例、旋转及变形变换；二值图像处理中的腐蚀与膨胀、击中/击不中、边界提取、细化、几何特征、形状特征；图像频域变换中的傅里叶变换、余弦变换、沃尔什-哈达玛变换、小波变换；图像压缩编码中的行程编码、哈夫曼编码、香农-范诺编码、LZW 编码、JPEG 编码；图像合成中的噪声的合成、水印的生成、图像相减；图像复原中的有噪声图像的复原、逆滤波复原、维纳滤波复原、约束最小平方滤波、几何畸变校正。

本书力求体现以下特点：

（1）内容通俗易懂。将文字、实例及图像效果图相结合，使读者易于掌握数字图像处理常用的基本方法。

（2）重点、难点突出。侧重介绍数字图像处理的基本方法步骤，对于重点、难点内容附有习题。

（3）程序设计完整。涉及的图像处理方法绝大部分都配有相应的Visual C++ 6.0程序代码，方便读者掌握图像处理的编程方法。

本书由东华理工大学的陆玲、李金萍编著，由何月顺主审。本书得到了东华理工大学重点教材项目的资助，在此表示衷心感谢。

限于作者水平，书中不妥和疏漏之处在所难免，恳请读者批评指正。

作　者

2017.12.10

目　录

前言
第一版前言

第 1 章　数字图像处理概述 ······ 1
1.1　数字图像处理的基本概念 ······ 1
1.2　数字图像处理的主要内容 ······ 3
1.3　数字图像处理系统的组成 ······ 3
1.4　数字图像处理的应用领域 ······ 4
习题 ······ 5
第 2 章　数字图像处理基础 ······ 6
2.1　图像的采样与量化 ······ 6
2.2　数字图像的表示 ······ 8
2.3　图像分辨率 ······ 8
2.4　数字图像文件的读取 ······ 9
习题 ······ 16
第 3 章　灰度图像处理 ······ 17
3.1　彩色图像灰度化 ······ 17
3.2　灰度变换 ······ 20
3.3　灰度直方图处理 ······ 26
3.4　空间滤波处理 ······ 32
3.5　灰度投影 ······ 42
3.6　图像分割 ······ 52
3.7　图像匹配 ······ 62
习题 ······ 63
第 4 章　彩色图像处理 ······ 66
4.1　颜色模型 ······ 66
4.2　彩色变换 ······ 71
4.3　彩色图像的空间滤波处理 ······ 75
习题 ······ 88
第 5 章　图像几何变换 ······ 89
5.1　正变换和逆变换 ······ 89
5.2　平移变换 ······ 89
5.3　镜像变换 ······ 91

5.4 旋转变换 …… 93
5.5 比例变换 …… 94
5.6 变形变换 …… 97
习题 …… 101
第 6 章 二值图像处理 …… 102
6.1 腐蚀与膨胀 …… 102
6.2 开与闭运算 …… 105
6.3 击中/击不中运算 …… 108
6.4 边界提取 …… 110
6.5 二值图的细化 …… 111
6.6 目标的特征 …… 115
习题 …… 124
第 7 章 图像频域变换 …… 125
7.1 傅里叶变换（FT） …… 125
7.2 离散余弦变换（DCT） …… 128
7.3 离散沃尔什-哈达玛变换（DWHT） …… 130
习题 …… 133
第 8 章 图像压缩编码 …… 134
8.1 图像压缩编码概述 …… 134
8.2 香农-范诺编码 …… 135
8.3 哈夫曼编码 …… 136
8.4 行程编码 …… 139
8.5 LZW 编码 …… 141
8.6 算术编码 …… 146
8.7 JPEG 压缩编码 …… 147
习题 …… 152
第 9 章 图像合成处理 …… 153
9.1 图像代数运算 …… 153
9.2 图像噪声的合成 …… 155
9.3 图像水印的生成 …… 159
习题 …… 164
第 10 章 图像复原 …… 165
10.1 图像退化/复原模型 …… 165
10.2 有噪声图像的复原 …… 165
10.3 逆滤波复原 …… 175
10.4 维纳滤波复原 …… 176
10.5 约束最小平方滤波 …… 177
10.6 几何畸变校正 …… 177

习题 ······ 181
实验指导 ······ 182
实验 1 图像文件的读取 ······ 182
实验 2 灰度图像变换 ······ 182
实验 3 灰度图像空间滤波 ······ 183
实验 4 灰度图像投影 ······ 183
实验 5 彩色图像模糊处理 ······ 184
实验 6 图像几何变换 ······ 184
实验 7 二值图像处理 ······ 185
实验 8 图像水印生成 ······ 185

参考文献 ······ 187

第1章　数字图像处理概述

数字图像处理是指利用计算机对图像进行处理，现已广泛用于各个领域。通过图像获取设备获取的图像往往不能满足不同领域的具体要求，因此需要进行相应的图像处理。数字图像处理技术发展迅速，其应用领域也越发广泛，有些技术已相当成熟并产生了极大的效益。本章主要介绍数字图像处理的基本概念、主要内容、系统组成及应用领域。

1.1　数字图像处理的基本概念

1.1.1　图像

图像是对客观对象或状况的一种表示形式，它包含了被描述对象或状况的有关信息。用图像表示的信息更容易被人们接受与理解，因此图像是人们最主要的信息源。

根据记录方式的不同，可将图像分为模拟图像和数字图像两大类。一幅图像可定义为一个二维函数 $f(x, y)$，其中 x、y 是二维平面上的坐标。二维平面上任一坐标 (x, y) 处的幅值 f 称为图像在该点处的强度或灰度。当 x、y 和灰度值 f 是连续值时，该图像称为模拟图像；当 x、y 和灰度值 f 是有限的离散数值时，该图像称为数字图像。

1.1.2　数字图像

数字图像是由有限数量的元素组成的，每个元素都有一个特定的位置 (x, y) 和幅值 f，这些元素称为图像元素或像素。

如图 1-1（a）所示的灰度图像经放大后见图 1-1（b），可以看出它由多个小方块组成，每个小方块称为一个像素。图 1-1（b）中左上角矩形块中的子图像见图 1-1（c），相应的数字表示形式如图 1-1（d）所示，其中每个数字对应一个像素，数字的大小表示像素的灰度值。一般情况下，对于 256 级灰度，0 表示黑色，255 表示白色。图 1-1（d）中左上角的较小数值对应图 1-1（c）中左上角的暗色区域。

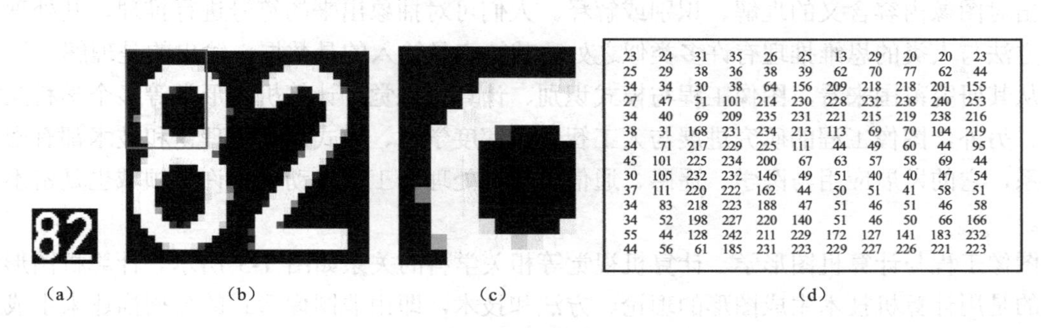

图 1-1　数字图像示例

（a）原图；（b）放大图像；（c）局部子图像；（d）数字表示形式

计算机能够处理的图像必须是数字图像，如图 1-1（d）所示。一幅数字图像的像素灰度值可以用矩阵来表示。

1.1.3 数字图像处理

数字图像处理（简称图像处理）是指借助计算机来处理数字图像，其目的是改善图像显示信息的质量，以便人们解释、存储、传输和表示，以及计算机的自动理解。

数字图像处理与多个研究领域相关，而且有些领域之间并没有明显的界线，我们把这些研究领域统称为图像工程。

图像工程的内容非常丰富，根据抽象程度和研究方法等的不同，可将其分为图像处理、图像分析和图像理解三个层次，如图 1-2 所示。

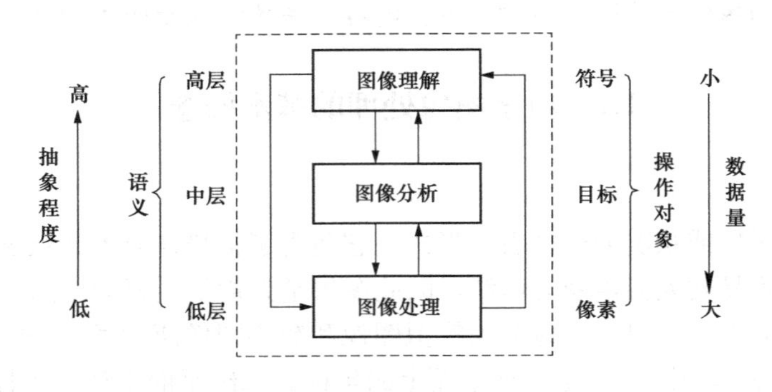

图 1-2 图像工程的三个层次

（1）图像处理。图像处理的重点是图像间的变换。比较狭义的图像处理主要是对图像进行各种加工，其目的是改善图像的视觉效果并为自动识别打下基础；或对图像进行压缩编码，以减少所需存储空间和传输时间等。它主要是在图像像素级上进行处理，处理的数据量大。其特点是输入的是图像，输出的也是图像。

（2）图像分析。图像分析主要是对图像中感兴趣的目标进行检测和测量，获得目标的客观信息及相关描述，把原来由像素构成的图像转变为比较简洁的数据描述。其特点是输入的是图像，输出的是目标数据。

（3）图像理解。图像理解主要是进一步研究图像中各目标的性质和它们之间的相互联系，并得出对图像内容含义的理解、识别或解释。人们可对抽象出来的符号进行推理，其处理过程和方法与人类的思维推理有许多类似之处。其特点是输入的是数据，输出的是理解。

从其研究范围来看，图像工程与模式识别、计算机视觉、计算机图形学等多个学科互相交叉。另外，图像工程的研究进展与人工智能、深度学习、模式识别等理论和技术都有密切的联系，它的发展应用与医学、遥感、通信、文档处理和工业自动化等许多领域也是密不可分的。

图像工程与计算机图形学、计算机视觉等相关学科的关系如图 1-3 所示。计算机图形学研究的是用计算机技术生成图形的理论、方法和技术，即由非图像形式的数据描述来生成逼真的图像。利用它可以生成现实世界中已经存在物体的图形，也可以生成虚构物体的图形。计算机图形学的研究对象、输出结果与图像分析的正好对调；图像模式识别与图像分析则比较相似，只是前者试图把图像分解成用符号抽象描述的类别。计算机视觉主要强调用计算机实现人的视觉功能，它要用到图像工程三个层次的许多技术。

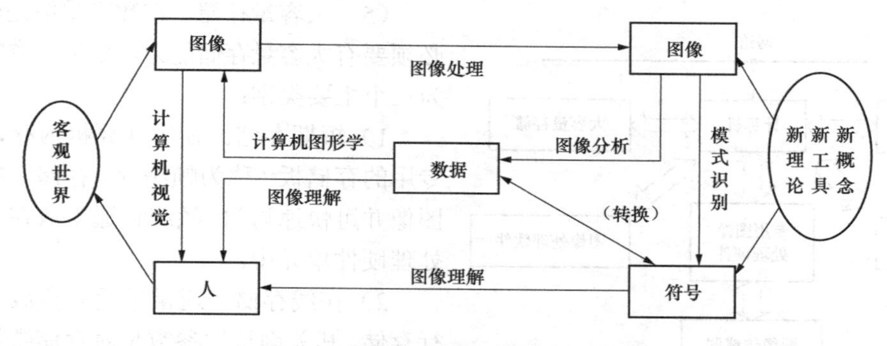

图 1-3　图像工程与相关学科的关系

1.2　数字图像处理的主要内容

无论数字图像处理的目的是什么，都需要用数字图像处理系统对图像数据进行输入、加工和输出，因此数字图像处理的主要内容包括以下几个部分：

（1）图像获取。把模拟图像信号转化为计算机所能接受的数字形式。图像获取主要包括摄取图像、光电转换及数字化等几个步骤。

（2）图像增强。一方面是改变图像的视觉效果，改善图像的质量；另一方面是突出图像中的有用信息，使人或计算机更易观察或检测。

（3）图像复原。对于图像品质下降即退化的图像，根据一定的先验知识消除退化的影响，恢复图像的本来面目。

（4）图像分析。对图像中的不同目标进行检测、分割、测量、特征提取和表示等，获得比较简洁的对目标的描述。图像分析有利于计算机对图像进行分类、识别和理解。

（5）图像理解。在图像分析的基础上，进一步研究图像中各目标的性质及其相互之间的联系，使计算机自动理解图像内容的含义并解释图像中的客观场景。

（6）图像编码。利用图像信号的统计特性及人类视觉的生理学及心理学特性，对图像信号在保证质量的前提下进行压缩编码，以便存储和传输。

1.3　数字图像处理系统的组成

图 1-4 展示了一个典型通用数字图像处理系统的组成。

（1）图像传感器。能感受光学图像信息并将其转换成可用输出信号，是数字摄像头的重要组成部分。

（2）专用图像处理硬件。通常由数字化器与执行其他原始操作的硬件（如算术逻辑单元）组成。算术逻辑单元对整个图像并行执行算术与逻辑运算，其显著特点是速度快。

（3）计算机。一般是从个人计算机（personal computer，PC）到超级计算机的通用计算机。有时在专门应用中也采用特殊设计的计算机，以达到所要求的性能水平。

（4）图像处理软件。由执行特定任务的专用模块组成，可包括为用户写代码的能力，也可包括用一种计算机语言编写通用软件命令集的能力。

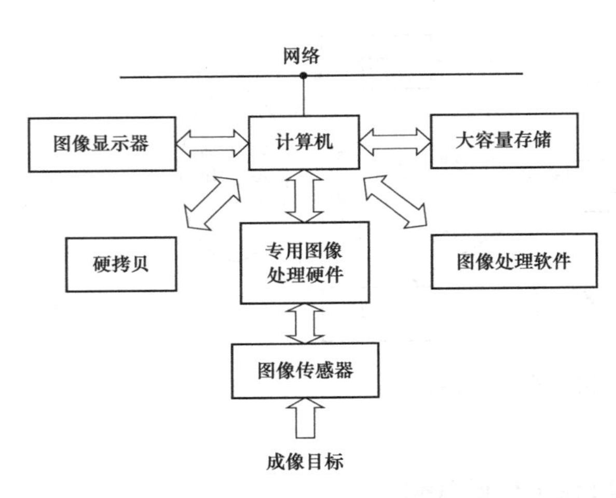

图 1-4 典型通用数字图像处理系统的组成

（5）大容量存储。在数字图像处理应用中必须要有大容量存储能力。数字图像的存储分为三个主要类别：

1）短期存储。使用计算机内存，或采用专用的存储板（称为帧缓存）存储一帧或多帧图像并可快速访问。帧缓存通常放在专用图像处理硬件单元中。

2）在线存储。通常采用磁盘或光介质进行存储。其关键特性参数是对存储数据的访问频率。

3）档案存储。以大容量存储要求为特征，但无须频繁访问。通常使用磁带、光盘或 U 盘作为档案存储的介质。

（6）图像显示器。主要是彩色电视监视器。监视器由图像和图形显示卡的输出驱动组成，它们是计算机系统的一个集成部分，其显示卡应满足商用性要求，有时还应满足立体显示的要求。

（7）硬拷贝。用于记录图像的硬拷贝设备包括激光打印机、胶片相机、热敏装置、喷墨装置和数字单元（如 CD-ROM）等。

（8）网络。当前的计算机系统几乎默认都可以接入网络。在图像传输中主要应考虑的问题是网络带宽，特别是在基于互联网的远程通信中。

1.4 数字图像处理的应用领域

数字图像处理主要应用于以下几个领域：

（1）通信。包括图像传输、电视电话、电视会议等，主要是进行图像压缩甚至理解基础上的压缩。

（2）宇宙探测。由于太空技术的发展，需要用数字图像处理技术处理大量的星体照片。

（3）遥感。航空遥感和卫星遥感图像需要用数字技术进行加工处理，并提取有用的信息。在该领域，图像处理主要用于地形地质、矿藏、森林、水利、海洋、农业等资源的探查，自然灾害的预测预报，环境污染的监测，气象卫星云图处理，以及地面军事目标的识别。

（4）生物医学。图像处理在生物医学领域的应用非常广泛，无论是临床诊断还是病理研究都需要大量采用图像处理技术。它的直观、无创伤、安全方便等优点备受青睐。在该领域，图像处理主要应用于细胞分类、染色体分类和放射图像的处理等。

（5）工业生产。工业生产中对产品及部件进行无损检测是图像处理技术的重要应用领域，主要包括产品质量检测、生产过程的自动控制、计算机辅助设计与制造（computer-aided design and manufacturing，CAD/CAM）等。在产品质量检测方面，主要有食品和水果的质量检查、无损探伤、焊缝质量或表面缺陷的检测，还有金属材料的成分和结构分析、纺织品质量检查、光测弹性力学中应力条纹的分析等。在电子工业中，图像处理技术可以用来检验印刷电路板的质量、监测零部件的装配等。在工业自动控制中，主要使用机器视觉系统对生产过程进行监视和控制，如港口的监测调度、交通管理控制、流水生产线的自动控制等。

（6）军事公安。主要包括军事目标的侦察、制导和警戒系统的控制、自动灭火器的控制及反伪装，现场照片、指纹、手迹、印章、人像等的处理和辨识，历史文字和图片档案的修复、管理等。

（7）机器视觉。机器视觉作为智能机器人的重要感觉器官，主要进行三维景物的理解和识别。机器视觉主要用于军事侦察，危险环境的自主机器人，邮政、医院和家庭服务的智能机器人，装配线工件识别、定位，太空机器人的自动操作等。

（8）视频和多媒体。主要包括电视制作系统广泛使用的图像处理、变换、合成，以及多媒体系统中静止图像和动态图像的采集、压缩、处理、存储和传输等。

（9）电子商务。在当前的电子商务中，图像处理技术也大有可为，如身份认证、产品防伪、水印技术等。

总之，图像处理技术应用领域相当广泛，在国家安全、经济发展、人们日常生活中扮演着越来越重要的角色，对国计民生的影响不可低估。

1．什么是数字图像？
2．数字图像处理的主要内容是什么？
3．结合日常生活，举例说明数字图像处理的应用。

第2章　数字图像处理基础

本章主要介绍数字图像处理中的一些基本概念，包括模拟图像转换为数字图像的采样与量化、数字图像在计算机中的表示、图像分辨率，以及24位真彩BMP图像文件的存储格式及读取方法。

2.1　图像的采样与量化

多数传感器获取的图像信息是连续的电压波形，这些波形的幅度和空间特性都与感知的物理现象有关。对于一幅连续图像，设它的 x、y 坐标值和灰度值 f 都是连续的。为了产生一幅对应的数字图像，需要把连续的感知数据转化为数字的形式，这种转换包括采样与量化处理。

2.1.1　采样

采样是将坐标值进行数字化（即离散化）。对于一幅 x、y 坐标值连续的图像［见图 2-1（a)］，其 x 坐标值可取 $0\sim w$ 中的任一个实数，y 坐标值可取 $0\sim h$ 中的任一个实数。采样就是将 x 与 y 的取值间隔限定在一定范围内，用平面上部分点的灰度值代表图像，这些点称为采样点，它对应数字图像中的像素。

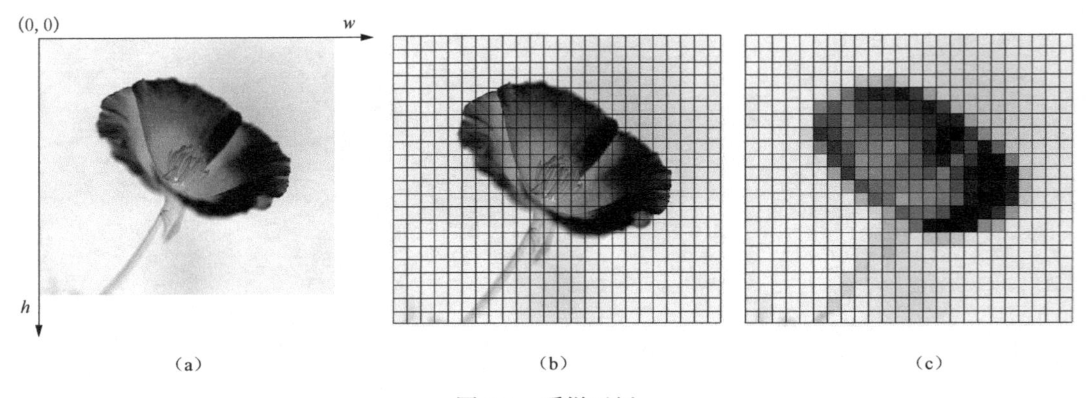

图 2-1　采样示例

（a）连续图像；（b）等间隔的采样点；（c）灰度小方格

对于如图 2-1（a）所示的图像，在 x 和 y 方向等间隔的采样点［见图 2-1（b)］上，取出小方格的交点或中心点的样本灰度代表小方格的灰度值，结果如图 2-1（c）所示。可以看出，采样点数越多，图像质量越好，但所占空间较大。不同采样点数对图像质量的影响如图 2-2 所示。

2.1.2　量化

模拟图像经过采样，将坐标位置离散为像素，但离散坐标上的灰度值还是连续的范围，所以灰度值也要转换（量化）为离散值。图 2-3 是将一个连续的灰度范围量化为 8 级灰度的示意图。当图像的采样点数一定时，量化级数越多，图像质量越好。不同量化级别对图像质量的影响如图 2-4 所示。

图 2-2　不同采样点数对图像质量的影响

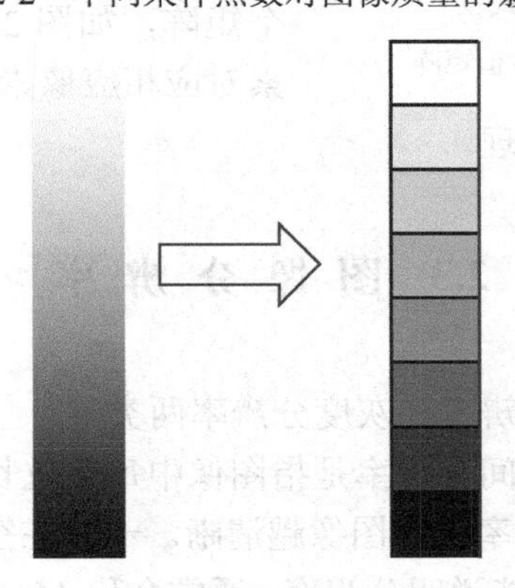

图 2-3　灰度值量化示意图

图 2-4　不同量化级别对图像质量的影响

可以看出，数字图像的质量在很大程度上取决于采样和量化中所用的样本数和灰度级。在选择这些参数时，图像内容是一个重要的考虑因素。

2.2　数字图像的表示

由图 1-1（d）可以看出，数字图像可用一个二维矩阵 $f(x, y)$ 来表示，其中 x=0，1，2，…，M–1，表示矩阵有 M 行；y=0，1，2，…，N–1，表示矩阵有 N 列，共计 $M×N$ 个元素，这些元素表示像素。图像在（x，y）处的灰度值记为 f（x，y）。注意，矩阵元素 f（0，0），f（0，1），f（0，2），…，f（0，N–1）表示第一行；而在显示器中，默认的图形界面坐标原点一般在左上角，y 轴方向向下，x 轴方向向右，也即 f（0，0），f（1，0），f（2，0），…，f（M–1，0）表示第一行。因此，将图像矩阵显示到图形界面时，注意将图像进行转置。

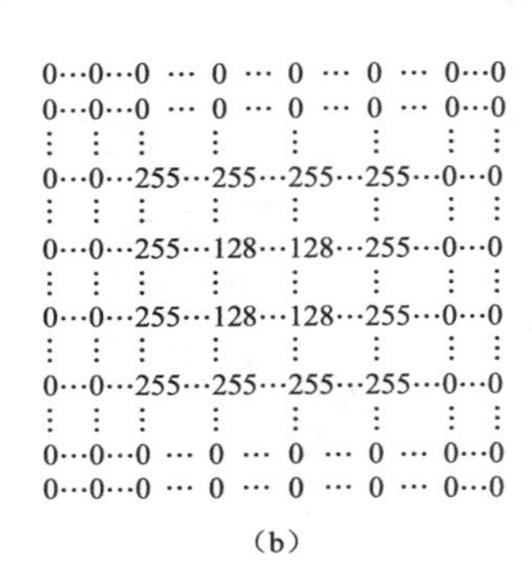

（a）　　　　（b）

图 2-5　数字图像的表示形式

（a）显示器上的表现形式；（b）灰度值矩阵

图像在显示器上的表现形式如图 2-5（a）所示。设灰度范围为 0（黑色）到 255（白色），则图像中的每个像素点的灰度是 0、128 或 255 这三个值中的一个，显示器将这三个值变为黑色、灰色或白色。通过这种表示方法能快速地观察图像处理的结果。

可将图像中每个像素点的灰度值表示为一个矩阵，如图 2-5（b）所示。矩阵中的每个元素对应相应像素的灰度值。很明显，这种表示方法适合对数字图像进行进一步处理。

2.3　图像分辨率

图像的分辨率可分为空间分辨率和灰度分辨率两类。

（1）空间分辨率。图像的空间分辨率是指图像中每单位长度所包含的像素点数，通常用每英寸点数（dpi）来表示，分辨率越高图像越清晰。一般在空间域中显示图像时才有空间分辨率之说，图像的大小本身并不能说明分辨率。通常会称 $M×N$ 大小的数字图像的空间分辨率为 $M×N$ 像素。

不同空间分辨率下图像显示的效果如图 2-6 所示。为了便于比较，上部三个图像按同样大小显示，明显可以看出最后一个图像分辨率最低。如果在同一分辨率的显示器下显示这些不同分辨率的图像（下部三个图像），很显然，低分辨率的图像尺寸变小。所以可以用图像的大小表示图像的空间分辨率。

（2）灰度分辨率。图像的灰度分辨率是指在灰度级中可分辨的最小变化，是用于量化的比特数。例如，一幅被量化为 256 级的图像有 8 比特的灰度分辨率。图 2-4 中不同量化级别的图像就是同一图像不同灰度分辨率的显示效果，它们分别为 256、8、4、2 灰度级下的同一幅图像。

一般情况下，图像的分辨率是指空间分辨率，且将图像的大小视为图像的空间分辨率。

图 2-6　不同空间分辨率下图像显示的效果

2.4　数字图像文件的读取

数字图像有多种存储格式，如 BMP、JPEG、GIF、PCX、TIFF、TGA、PNG 等。不同的格式一般由不同的开发商支持，具有不同的压缩方法。这里仅介绍未经压缩的 24 位真彩 BMP 图像文件的存储格式与读取方法。BMP 类型的图像文件又称位图文件，它是 Windows 系统采用的一种图像文件存储格式，在 Windows 环境下运行的所有图像处理软件都支持这种格式。BMP 位图文件默认的文件扩展名是 BMP 或者 bmp。

2.4.1　24 位真彩 BMP 图像文件的存储格式

24 位真彩 BMP 图像文件由三部分组成：位图文件头、位图信息头和位图数据。

（1）位图文件头。主要包括与文件相关的信息，如文件类型、文件大小等。该部分信息共占 14 个字节。位图文件头结构见表 2-1。

表 2-1　位图文件头结构

起始字节	所占字节数	具体内容
1	2	文件类型（Windows 系统中位图文件类型为“BM”）
3	4	文件大小（以字节为单位）
7	4	保留
11	4	第一个位图数据的偏移量（以字节为单位，一般为 54）

（2）位图信息头。主要包括与图像相关的信息，如图像的高度与宽度、图像的大小等。该部分信息共占 40 个字节。位图信息头结构见表 2-2。

表 2-2　位图信息头结构

起始字节	所占字节数	具体内容
15	4	位图信息头的长度（以字节为单位，一般为 40）
19	4	位图的宽度（以像素为单位）
23	4	位图的高度（以像素为单位）

续表

起始字节	所占字节数	具 体 内 容
27	2	位图的位面数（=1）
29	2	每个像素所占位数（=24，表示 24 位真彩图像）
31	4	位图压缩类型（=0，表示未压缩）
35	4	图像的大小（以字节为单位，必须是 4 的倍数）
39	4	位图水平分辨率（像素/米）
43	4	位图垂直分辨率（像素/米）
47	4	位图实际使用的颜色数（=0，表示使用所有颜色）
51	4	指定重要的颜色数（=0，表示都重要）

（3）位图数据。存储图像中每个像素的 RGB 颜色值。例如，白色：$R=G=B=255$；黑色：$R=G=B=0$；红色：$R=255$ 和 $G=B=0$。一个像素占 3 个字节（共计 24 位），每个字节分别表示 R、G、B 三个分量的值，且存放顺序是 B、G、R。

值得注意的是，像素的存放顺序是从图像中的最后一行到第一行，每一行的顺序是从左到右；并且，每一行像素所占的字节数必须是 4 的整倍数，如果实际像素所占字节数不是 4 的倍数，则多余的字节不存放像素颜色，下一行像素值从 4 的倍数字节处的后面开始存放。

例如，对于放大的彩色图像［见图 2-7（a)]，其 24 位真彩 BMP 图像文件的存储格式如图 2-7（b）所示。

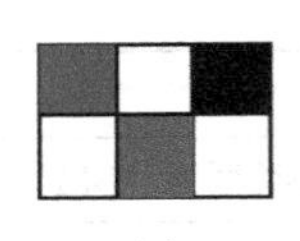

（a）

字节起始位	1	3	7	11	15	19	23	27
存储值	BM	78	0	54	40	3	2	1

字节起始位	29	31	35	39	43	47	51
存储值	24	0	24	0	0	0	0

字节起始位	55	56	57	58	59	60	61	62	63	64~66
存储值	255	255	255	0	0	255	255	255	255	

字节起始位	67	68	69	70	71	72	73	74	75	76~78
存储值	255	0	0	255	255	255	0	0	0	

（b）

图 2-7　24 位真彩 BMP 图像文件的存储格式

（a）放大的彩色图像；（b）图像文件的存储格式

2.4.2　24 位真彩 BMP 图像文件的读取方法

在 Visual C++ 6.0 中通常使用微软基础类库（Microsoft Foundation Classes，MFC）的方式编写 24 位真彩 BMP 图像文件的读取应用程序。

1. 生成 Visual C++ 6.0 应用程序框架

（1）创建一个图像应用程序。进入 Visual C++ 6.0 集成开发环境后，选择“文件|新建”菜单，弹出“新建”对话框，单击“工程”标签，打开其选项卡，在其左边的列表框中选择 MFC AppWizard〔exe〕工程类型，在“工程名称”文本框中输入工程名“image”，在“位置”文本框中选择工程路径。如果是第一个工程文件，则必须创建一个新的工作区，选择“创建

新的工作空间”，如图 2-8 所示。

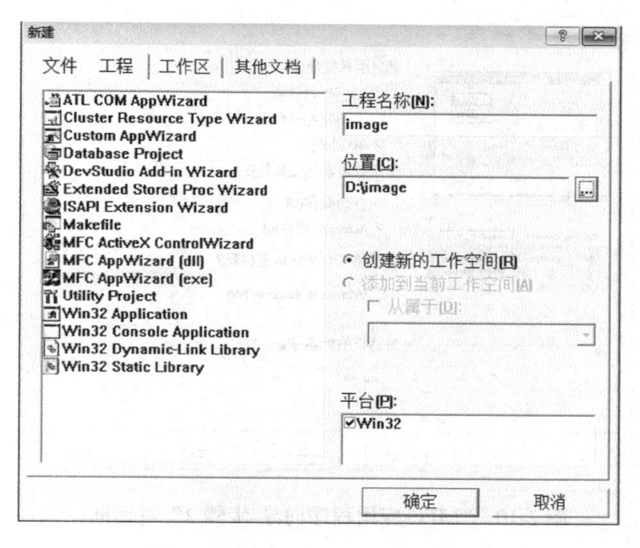

图 2-8 “新建”对话框

（2）单击“确定”按钮后，系统显示“MFC 应用程序向导-步骤 1”对话框，选择“基本对话框”选项，如图 2-9 所示。

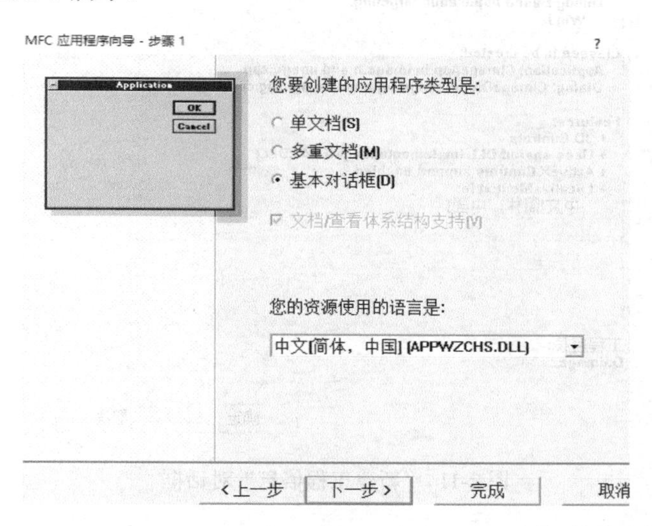

图 2-9 “MFC 应用程序向导-步骤 1”对话框

（3）单击“下一步”按钮，弹出如图 2-10 所示的“MFC 应用程序向导-步骤 2”对话框，去掉“关于”对话框的选项，并选择“完成”，显示“新建工程信息”对话框，如图 2-11 所示，所创建的文件都在“D:\image”目录中。

（4）单击“确定”按钮，即可在指定的目录下生成应用程序框架所必需的全部文件。

2. 设计读取图像文件的函数程序

在如图 2-12 所示界面左栏的 FileView 选项卡中选择 imageDlg.cpp，界面右栏出现该文件的源代码，用户可以进行编辑并添加相应程序。在该文件最后添加读取图像的全局函数的代码，如图 2-12 右栏所示。

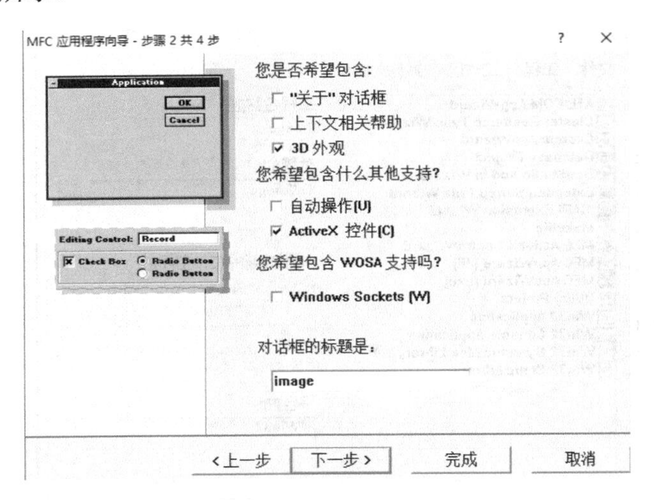

图 2-10 “MFC 应用程序向导-步骤 2”对话框

图 2-11 “新建工程信息”对话框

```
//输入参数：图像文件名 FileName
//输出参数：图像像素 R、G、B 三个分量 im[][][](im[0]存放 R 分量，
//           im[1]存放 G 分量，im[2]存放 B 分量)，图像高度 h 和宽度 w
BOOL ReadBmpImage(CString FileName,BYTE im[3][500][500],long &h,long &w)
{ char bm[2];short bit;CFile file;int c;          //定义相关变量
  file.Open(FileName,CFile::modeRead);             //以读方式打开文件
  file.Read(bm, 2);                                //读文件头两个字节
  if (bm[0] !='B'||bm[1]!='M')return (0);          //如不是 BMP 文件返回 0
  file.Seek(16,CFile::current);                    //跳过 16 个不用的字节
  file.Read(&w,4); file.Read (&h, 4);              //读图像宽度存入 w，高度存入 h
  file.Seek(2,CFile::current);                     //跳过 2 个不用的字节
```

```
    file.Read(&bit,2);                          //读像素所占的位数
    if(bit!=24) return(0);                      //若不是 24 位真彩图则返回 false
    file.Seek(24,CFile::current);               //跳过 24 个不用的字节
    c=w*3%4;                                    //若 c=0 则表示每行字节数是 4 的倍数
    for(int y=h-1;y>=0;y--)                     //按从最后一行到第一行的顺序
      { for(int x=0;x<w;x++)                    //每行按从左到右的顺序
          for(int k=2;k>=0;k--)                 //每个像素按 B、G、R 的顺序
            file.Read(&im[k][y][x],1);          //(x,y)处像素的 R、G、B 存入 im
        if(c!=0)file.Seek (4-c,CFile::current); //跳过多余字节
      }
    file.Close();                               //关闭文件
    return(1);                                  //读取成功，返回 true
}
```

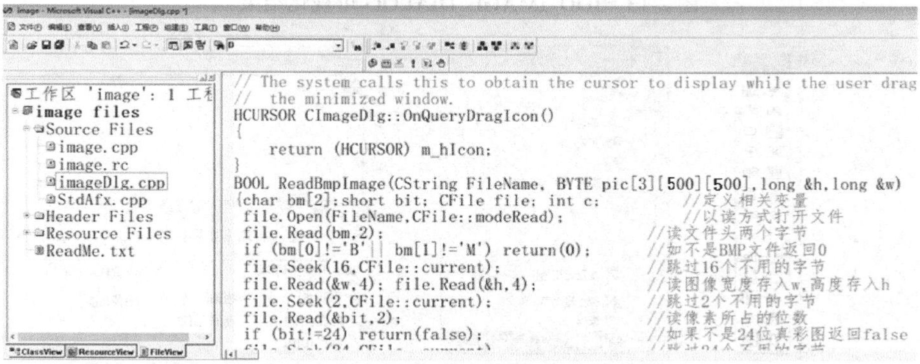

图 2-12　添加读取图像的全局函数的代码

3. 设计显示彩色图像的函数程序

在文件后面再添加显示彩色图像函数的代码：

```
//输入参数：设备环境指针变量 p,图像 im 及高度 h 和宽度 w,平移量 dx、dy
void DispColorImage (CDC *p, BYTE im[3][500][500],long h,long w,int dx,int dy)
{for(int y=0;y<h;y++)                          //按从第一行到最后一行的顺序
   for(int x=0;x<w;x++)                        //每行按从左到右的顺序
     p->SetPixel(x+dx,y+dy,RGB(im[0][y][x],im[1][y][x],im[2][y][x]));
                                               //显示每个像素
}
```

4. 设置图像文件读取操作的界面

在如图 2-13 所示界面左栏的 ResourceView 选项卡中显示了该程序框架的资源，其中对话框就是一种资源。我们所建立的对话框的 ID 为 IDD_IMAGE_DIALOG，其可视化结果如图 2-13 中的右栏所示。下面对该对话框进行重新设定。

（1）去掉静态文本“TODO：在这里设置对话控制”和“确定”“取消”命令按钮。在控件框中选择图像控件［见图 2-14（a）］，放入对话框；选中该图像控件并按鼠标右键，在弹出式菜单中选择“属性”［见图 2-14（b）］，将 ID 值改为 ID_IMAGE（也可以是其他值，它是该图像控件的标志，在程序中使用该图像控件时，就使用该 ID 值）；并将类型改为位图，此时图像控件变成一个小图标［见图 2-14（c）］。

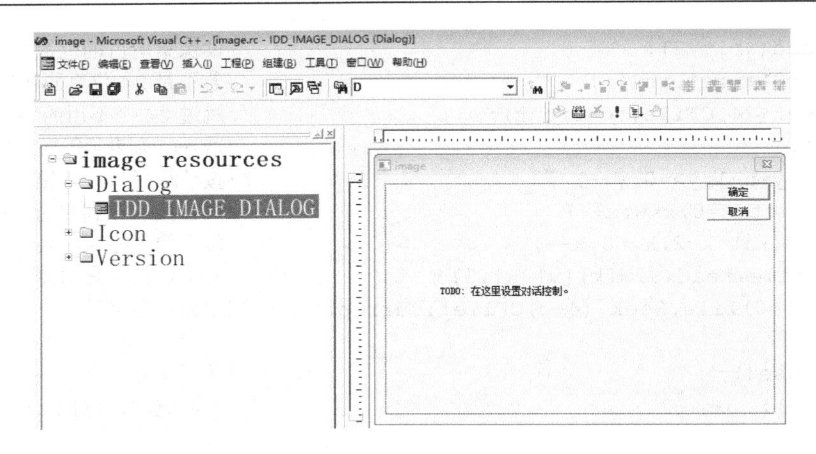

图 2-13 IDD_IMAGE_DIALOG 可视化结果

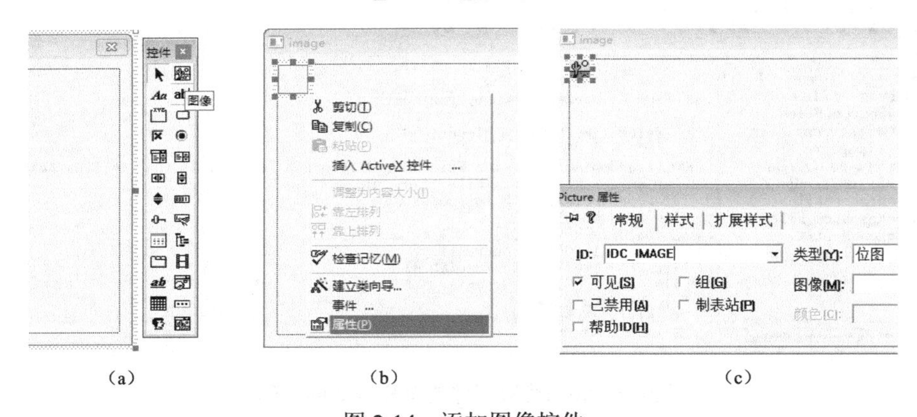

（a） （b） （c）

图 2-14 添加图像控件

（a）选择图像控件；（b）选择“属性”；（c）修改 ID

（2）添加打开图像命令按钮。在控件框中选择按钮控件［见图 2-15（a）］，放入对话框［见图 2-15（b）］；选中该按钮控件并按鼠标右键，在弹出式菜单中选择“属性”［见图 2-15（c）］，将标题改为“打开图像”，按钮中的标题也随之改变［见图 2-15（d）］。

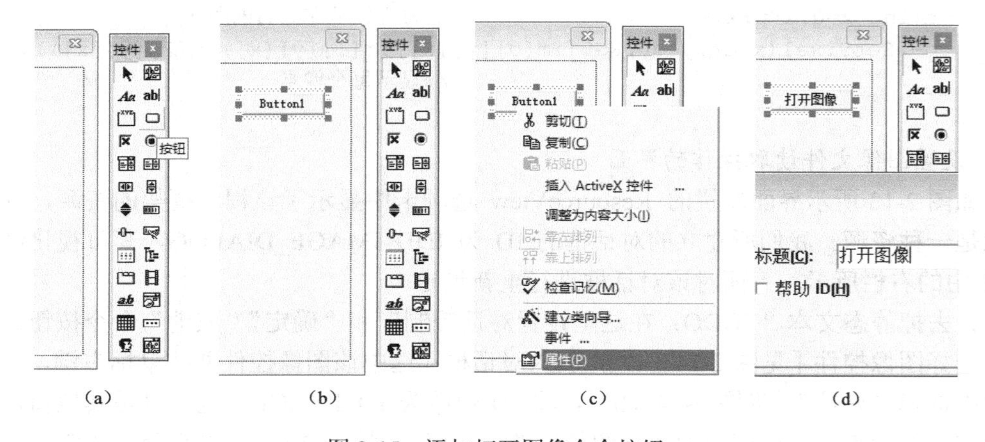

（a） （b） （c） （d）

图 2-15 添加打开图像命令按钮

（a）选择按钮控件；（b）放入对话框；（c）选择“属性”；（d）修改标题

（3）添加“打开图像”按钮的响应函数。双击“打开图像”按钮，弹出如图 2-16 所示的对话框，提示该按钮的响应函数是 OnButton1，可以更改这个函数名，也可以不改。如果不改，点击“OK”按钮，进入代码编辑界面（见图 2-17）。

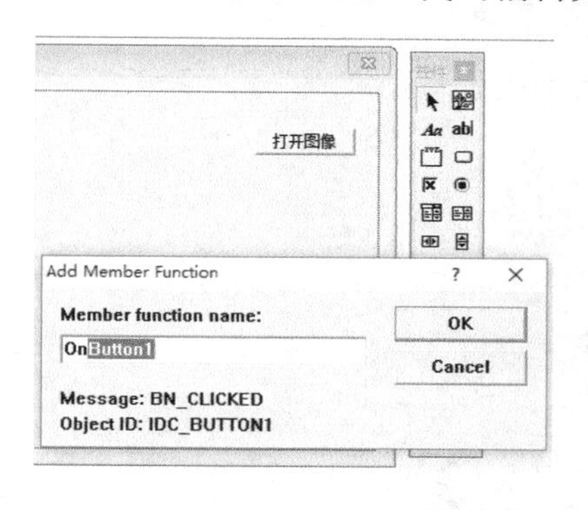

图 2-16　添加“打开图像”按钮的响应函数

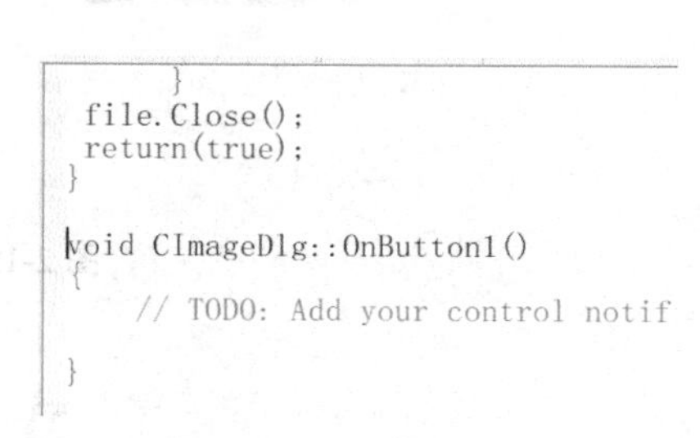

图 2-17　添加“打开图像”按钮响应函数的代码编辑界面

（4）添加打开图像文件的代码。在代码编辑界面删除“//TODO: Add your control notification handler code here. Add your specialized creation code here”，再添加打开图像文件的代码。

```
BYTE im[3][500][500];
long h,w;
void CImageDlg::OnButton1()
{
    CFileDialog dlg(true);                          //定义打开文件对话框对象
    if(dlg.DoModal()==IDOK)                         //用户在文件对话框中选择图像
    { CDC *p=GetDlgItem(IDC_IMAGE) ->GetDC();       //定义 CDC 类指针指向图像框
      ReadBmpImage(dlg.GetFileName(),im,h,w);       //读取图像
      DispColorImage(p,im,h,w);                     //显示图像
    }
}
```

程序运行实例如图 2-18、图 2-19 所示，其显示了一幅国产“红旗牌”轿车的图像。

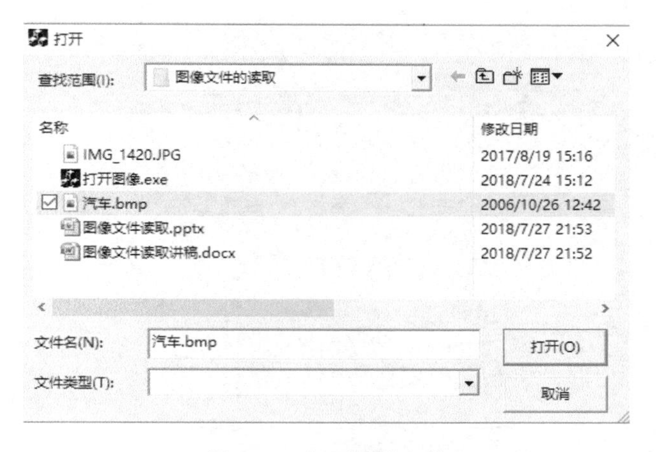

图 2-18　打开图像文件

图 2-19　显示图像

1. 什么是图像的采样与量化？
2. 举例说明什么情况下需要少采样点数？
3. 请说明读取一幅 24 位真彩 BMP 图像需要从图像文件中获取哪些数据？

第3章 灰度图像处理

在彩色图像中，如果一个图像的 R、G、B 三个分量数值相同，那么该图像就是灰度图像。也就是说一个像素只有一个灰度值。在图像处理的许多应用领域，都是对灰度图像进行处理。本章主要介绍灰度图像处理，包括彩色图像灰度化、灰度变换、灰度直方图处理、空间滤波处理、灰度投影、图像分割与图像匹配等。本章所讨论的灰度图像处理技术都是在空间域中进行的。

3.1 彩色图像灰度化

彩色图像的灰度化就是去掉彩色图像的颜色信息，用灰度表示图像的亮度。如图 3-1（a）所示的世界自然遗产、国家重点风景名胜区四川九寨沟风景彩色图像，其灰度化的结果如图 3-1（b）所示。

（a）　　　　（b）

图 3-1　彩色图像的灰度化

（a）彩色图像；（b）灰度图像

相比灰度图像，彩色图像更接近自然且更令人赏心悦目，但有时彩色图像的色彩信息较多，不方便计算机直接进行目标识别等方面的处理，因此一般需要先将彩色图像转换为灰度图像（即灰度化）后再进行处理。一般用以下四种方法对彩色图像进行灰度化。

3.1.1 分量法

一个彩色图像有 R、G、B 三个分量的灰度图，可根据图像内容中颜色的特点，取其中某一个分量的灰度图作为该图像的灰度图像。

【案例 3-1】 突出显示如图 3-2（a）所示的彩色图像中的马铃薯。

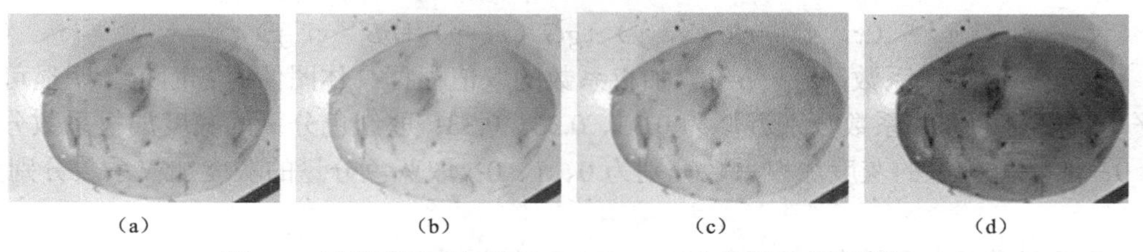

（a）　　（b）　　（c）　　（d）

图 3-2　马铃薯彩色图像及 R、G、B 三个分量的灰度图像

（a）彩色；（b）R；（c）G；（d）B

从图 3-2（b）、（c）、（d）中可以看出，B 分量的灰度图像能较好地以亮色背景突出暗色的马铃薯。

【案例 3-2】 突出显示如图 3-3（a）所示的彩色图像中的樱桃。

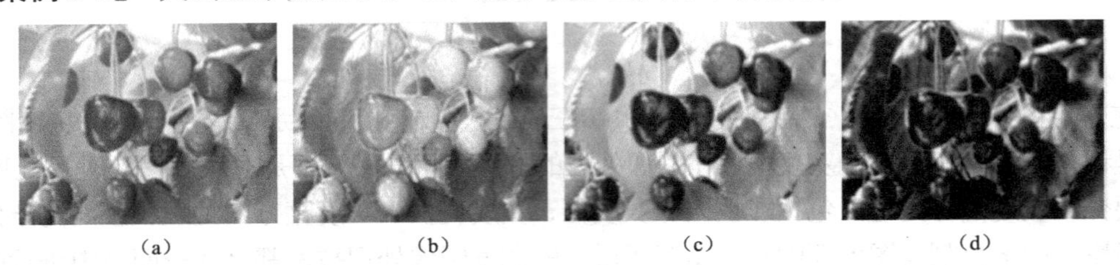

（a）（b）（c）（d）

图 3-3 樱桃彩色图像及 R、G、B 三个分量的灰度图像

（a）彩色；（b）R；（c）G；（d）B

从图 3-3（b）、（c）、（d）中可以看出，G 分量的灰度图像能较好地以亮色背景突出暗色的樱桃。

因此，利用 R、G、B 三个分量中的一个分量进行灰度化的方法针对性比较强，但通用性较差。

3.1.2 平均法

当彩色图像中的颜色没有明显特征或不需要突出特定目标时，一般采用平均法进行灰度化，简称平均灰度法，即：

$$F(x,y)=[R(x,y)+G(x,y)+B(x,y)]/3 \tag{3-1}$$

【案例 3-3】 突出显示如图 3-4（a）所示的彩色图像中的车牌号码。

该彩色车牌图像没有明显的颜色特点，在自动识别的前期可以采用平均灰度法进行灰度化，结果如图 3-4（b）所示。一般情况下平均灰度法的通用性较好。

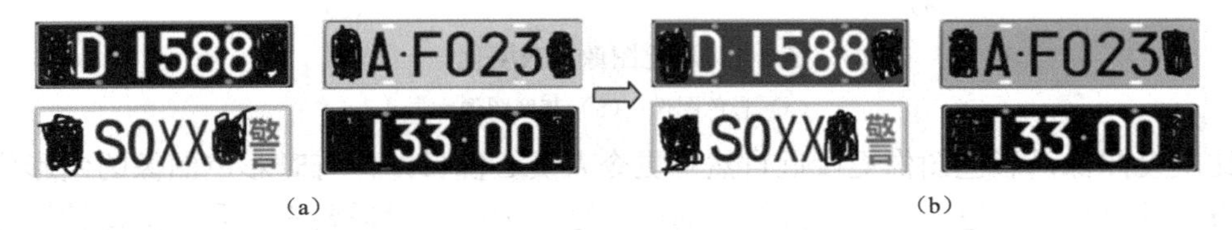

（a）（b）

图 3-4 彩色车牌图像及平均法灰度图像

（a）彩色；（b）平均法灰度

3.1.3 加权平均法

加权平均法是指根据特定情况的重要性及其他指标，将三个分量以不同的权值进行加权平均，即：

$$F(x,y)=rR(x,y)+gG(x,y)+bB(x,y) \tag{3-2}$$

式中：r、g、b 为加权系数，$r+g+b=1$。加权系数的取值根据具体图像内容而定。明显可以看出，平均灰度法的加权系数分别近似为 0.33、0.33、0.33；取红色分量的灰度加权系数分别为 1、0、0；取绿色分量的灰度加权系数分别为 0、1、0；取蓝色分量的灰度加权系数分别为 0、0、1。

1. 基于视觉的加权系数

根据人眼对绿色敏感度最高、对蓝色敏感度最低的特点，绿色分量的加权系数取 0.59，蓝色分量的加权系数取 0.11，红色分量的加权系数取 0.3，即：

$$F(x, y)=0.3R(x, y)+0.59G(x, y)+0.11B(x, y) \tag{3-3}$$

图 3-5 展示了一幅世界自然遗产、国家重点风景名胜区四川黄龙一角的彩色图像的平均灰度与基于视觉的加权平均灰度的效果。

(a)

(b)

(c)

图 3-5 平均灰度与基于视觉的加权平均灰度处理效果

（a）彩色；（b）平均灰度；（c）加权平均灰度

2. 基于内容的加权系数

图像灰度化的目的之一是尽量将图像中被关注的目标与背景的灰度差加大。这就涉及基于内容的加权系数。

【案例 3-4】 将如图 3-6（a）所示的彩色葡萄图像转换为灰度图像。

图 3-6 中 R 分量与 G 分量的灰度图像基本上能突出葡萄串，R 分量的灰度图像［见图 3-6（b)］中葡萄串比叶片背景更暗，但 G 分量的灰度图像［见图 3-6（c)］中叶片背景比 R 分量的更亮，因此可综合 R、G 两个分量，设加权系数 r、g、b 分别为 0.5、0.5、0，得到如图 3-6（e）所示的灰度图像。

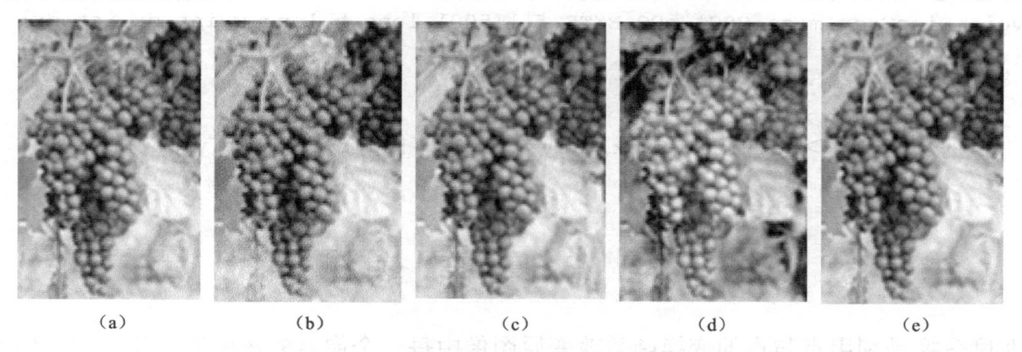
(a) (b) (c) (d) (e)

图 3-6 基于内容的加权平均处理

（a）彩色；（b）R；（c）G；（d）B；（e）$0.5R+0.5G$

3.1.4 分段线性变换法

【案例 3-5】 将图 3-7 中桃树与梨树的彩色图像转换为灰度图像，突出显示果实。该方法可用于自动机器人收割机，为农业服务。

图 3-7 中的桃树（上）与梨树（下）的 R、G、B 三个分量的灰度图像都不能突出显示果实，必须进行特殊处理。经过实验可得出如下分段线性变换函数：

$$\begin{cases} F(x,y)=R(x,y)-B(x,y) & R(x,y)>B(x,y)\&\&G(x,y)>R(x,y) \\ F(x,y)=0 & \text{其他} \end{cases} \tag{3-4}$$

利用分段线性变换法进行灰度化的结果如图 3-7（e）所示，可以看出桃与梨都以亮色突出。

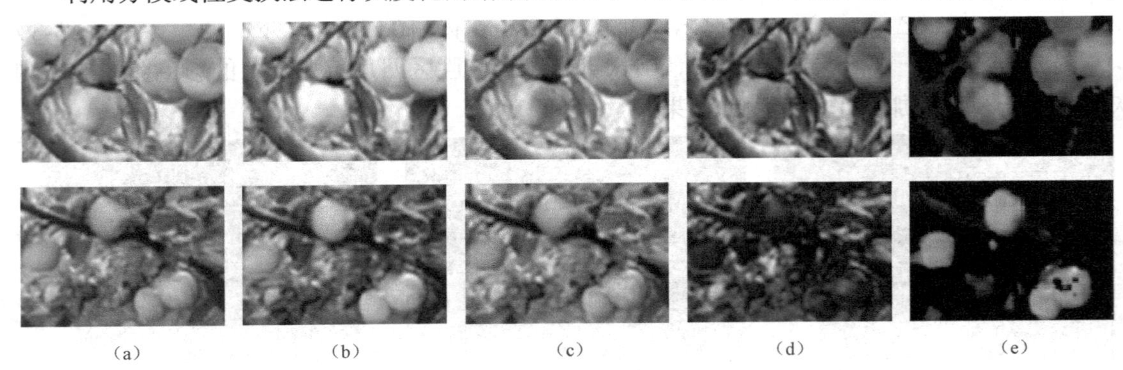

（a）　（b）　（c）　（d）　（e）

图 3-7　梨树与桃树彩色图像的灰度化

（a）彩色；（b）R；（c）G；（d）B；（e）分段线性

彩色图像灰度化函数 Gray 的程序设计如下：

```
//输入参数：彩色图像 im[3][][],图像高度 h,图像宽度 w,加权系数 a[]
//输出参数：灰度图像 f[][]
void Gray (BYTE im[3][500][500],long h,long w,float a[3],BYTE f[][500])
{for(int y=0;y<h;y++)
   for(int x=0;x<w;x++)
     f[y][x]=(a[0] *im[0][y][x]+a[1] *im[1][y][x]+a[2] *im[2][y][x]);
}
```

灰度图像显示函数的程序设计如下：

```
//输入参数：灰度图像 f[][]、图像高度 h、图像宽度 w、平移量 dx 和 dy
void DispGrayImage(CDC* pDC,BYTE f[][500],long h,long w,int dx,int dy)
{
   for(int y=0;y<h;y++)
      for(int x=0;x<w;x++)
         pDC->SetPixel(x+dx,y+dy,RGB(f[y][x],f[y][x],f[y][x]));
}
```

3.2　灰　度　变　换

灰度变换是利用点与点的变换函数改变原图像中每一个像素的灰度值，其目的是使图像显示的效果更加清晰或方便图像的进一步处理。

假设原图像的任一像素点（x，y）的灰度值为 f（x，y），经过灰度变换函数 T，得到像素点（x，y）处变换后的灰度值 g（x，y），用式（3-5）表示：

$$g(x, y)=T[f(x, y)] \tag{3-5}$$

灰度变换函数应该根据图像的性质和处理的目的来决定，其选择的标准是经过灰度变换后，像素的动态范围增加，图像的对比度增强，图像变得更加清晰且容易识别。

3.2.1　反转变换

反转变换是将像素的灰度值进行反转，即暗变亮、暗变亮。变换函数可用式（3-6）表示：

$$g(x, y)=L-1-f(x, y) \tag{3-6}$$

式中：L 为灰度级，灰度动态范围为 $0\sim L-1$，当 L 为 256 级灰度时反转变换函数可用式（3-7）表示：

$$g(x,y)=255-f(x,y) \tag{3-7}$$

反转变换曲线如图 3-8 所示。

图 3-9 中上部的图像通过反转变换后可得到图 3-9 中下部的图像。

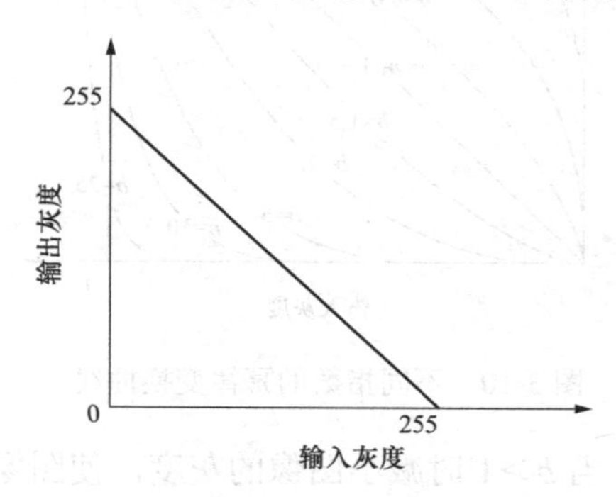

图 3-8 反转变换曲线

图 3-9 灰度图像的反转变换

反转变换函数 Reversion 的程序设计如下：

```
//输入参数：灰度图像 f[][],图像高度 h,图像宽度 w
//输出参数：反转灰度图像 g[][]
void Reversion(BYTE f[500][500],long h,long w,BYTE g[500][500])
{for(int y=0;y<h;y++)
    for(int x=0;x<w;x++)
        g[y][x]=255-f[y][x];
}
```

3.2.2 幂律变换

幂律变换是将像素的灰度值进行指数变换，从而将图像整体变暗或变亮。为了使变换后的图像灰度范围保持不变，先将灰度变换到 0～1：$f(x,y)/(L-1)$；再对其进行指数变换：$[f(x,y)/(L-1)]^b$；最后还原到原灰度级：

$$g(x,y)=(L-1)[f(x,y)/(L-1)]^b \tag{3-8}$$

幂律变换曲线如图 3-10 所示。当 L 为 256 级灰度时，幂律变换函数可用式（3-9）表示：

$$g(x,y)=255[f(x,y)/255]^b \tag{3-9}$$

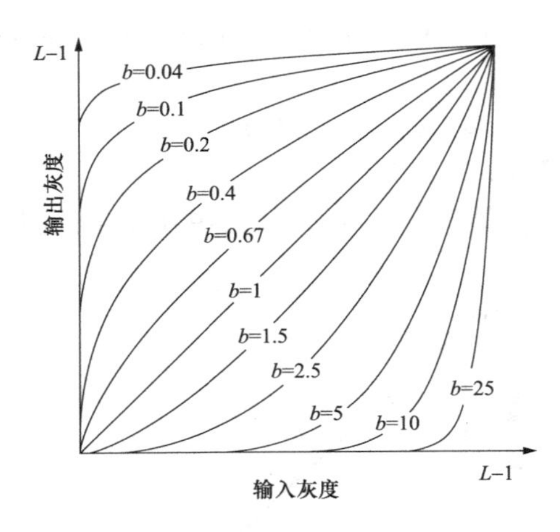

图 3-10　不同指数的幂律变换曲线

从变换曲线上可以看出，当 $b>1$ 时减小图像的灰度，使图像整体变暗；当 $b<1$ 时增加图像的灰度，使图像整体变亮。图 3-11（a）为一幅偏暗的溶洞图像[1]，通过幂律变换可使图像变亮，如图 3-11（b）、（c）所示。图 3-12（a）为一幅较亮的石林图像，通过幂律变换可使图像变暗，如图 3-12（b）、（c）所示。

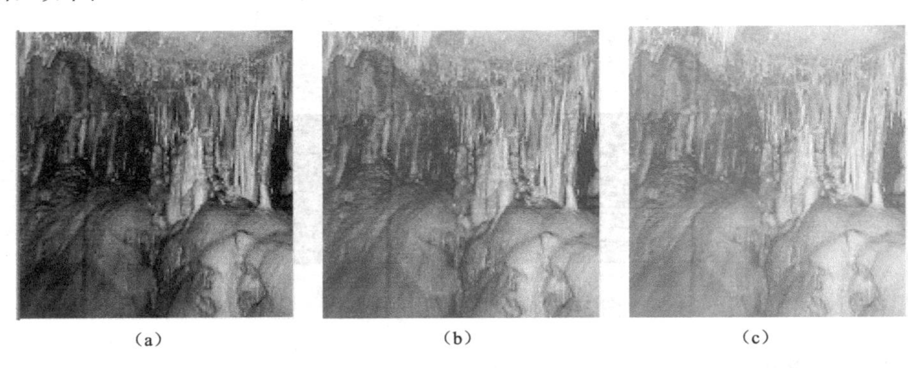

图 3-11　$b<1$ 对图像幂律变换的影响

（a）原图；（b）$b=0.6$；（c）$b=0.4$

图 3-12　$b>1$ 对图像幂律变换的影响

（a）原图；（b）$b=2$；（c）$b=4$

[1] 本书中所有与地质相关的图像均来自参考文献［18］。

幂律变换函数 Power 的程序设计如下：

```
//输入参数：灰度图像 f[][],图像高度 h,图像宽度 w,幂指数 b
//输出参数：变换后灰度图像 g [][]
void Power(BYTE f[500][500],long h,long w,float b,BYTE g[500][500])
{for(int y=0;y<h; y++)
    for(int x=0;x<w;x++)
            g[y][x]=255*pow(f[y][x]/255.0,b);
}
```

【案例 3-6】 如何将图 3-13（a）中后部暗处的人像变亮？

分析：可以考虑使用幂律变换的方法进行处理，但是这样会使图像整体变亮，图 3-13（a）中前部被闪光灯照亮的人像会变得更亮。根据图像从左到右逐渐由暗变亮的特点，使幂律变换的幂次 b 随着 x 的变换从小变大（最大等于 1），经过实验可知，b 的最小值为 0.3，则 b 与 x、w（图像宽度）的关系为 $b=0.3+x/(w-1)\times 0.7$，处理结果如图 3-13（b）所示。

（a）

（b）

图 3-13 后部暗处的人像变亮处理

（a）原图；（b）变换后

以上处理过程的关键程序代码如下：

```
for(int x=0;x<w;x++)
    {b=0.3+(1.0*x/(w-1)*0.7);
     for(int y=0;y<h;y++)
        {    f[y][x]=255*pow(f[y][x]/255.0,b);
           pDC->SetPixel(x,y,RGB(f[y][x],f[y][x],f[y][x]));
        }
    }
```

3.2.3 分段线性变换

分段线性变换是将灰度区间分为两段或者多段后分别进行线性变换。分段线性变换的目的是突出感兴趣的目标灰度区间，增加对比度。常用的三段线性变换可用式（3-10）表示：

$$g(x,y)=\begin{cases}\dfrac{c}{a}f(x,y) & 0\leqslant f(x,y)<a\\ \dfrac{d-c}{b-a}[f(x,y)-a]+c & a\leqslant f(x,y)<b\\ \dfrac{255-d}{255-b}[f(x,y)-b]+d & b\leqslant f(x,y)\leqslant 255\end{cases} \tag{3-10}$$

1．增加对比度

当 $a>c$ 且 $b<d$ 时可增加对比度，变换曲线如图 3-14（a）所示。在灰度值小的范围（暗区域），a 从大变小到 c（暗区域变得更暗）；在灰度值大的范围（亮区域），b 从小变大到 d（亮区域变得更亮），从而增加了对比度。图 3-14（c）相对图 3-14（b）而言增加了楼房的灰度，降低了窗户的亮度。

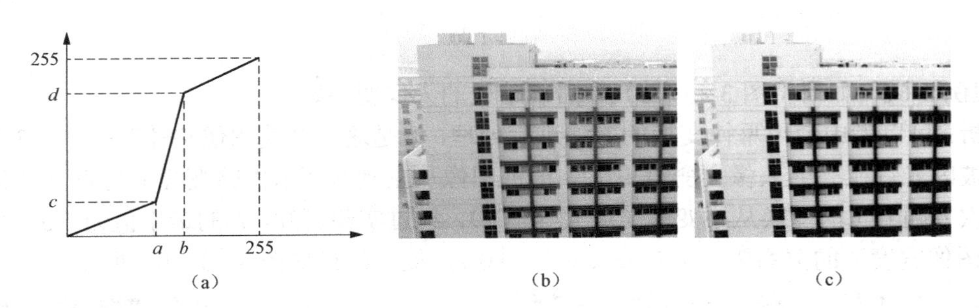

图 3-14　增加对比度

（a）变换曲线；（b）原图；（c）处理后

2．减小对比度

当 $a<c$ 且 $b>d$ 时可减小对比度，变换曲线如图 3-15（a）所示。在灰度值小的范围（暗区域），a 从小变大到 c（暗区域变亮）；在灰度值大的范围（亮区域），b 从大变小到 d（亮区域变暗），从而减小了对比度。图 3-15（c）相对图 3-15（b）而言增加了树木的亮度，降低了楼房的灰度。

图 3-15　减小对比度

（a）变换曲线；（b）原图；（c）处理后

3．增加或减小灰度

当 $a=b$ 或 $c=d$ 时为两段线性变换。当 $a<c$ 时，类似图 3-10 中幂次小于 1 的幂律变换，可增加灰度，如图 3-16（a）所示。当 $a>c$ 时，类似图 3-10 中幂次大于 1 的幂律变换，可减小灰度，如图 3-16（b）所示。

4．拉伸特定区域灰度范围

在如图 3-17（a）所示的变换曲线（c=0 且 d=255）中，当灰度小于 a 时，其值变为 0（黑色）；当灰度大于 b 时，其值变为 255（白色）；当灰度在 a 与 b 之间的小范围内时，其值拉伸到 0～255（256 级）。当图 3-17（b）中的花朵灰度级被拉伸到 256 级时，花朵中的细节更清晰，如图 3-17（c）所示。

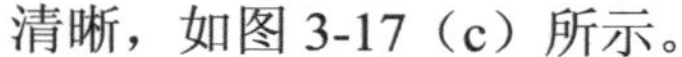

图 3-16 两段线性变换

（a）增加灰度；（b）减小灰度

图 3-17 拉伸特定区域灰度范围

（a）变换曲线；（b）原图；（c）处理后

5. 突出特定灰度范围的亮度

在如图 3-18（a）所示的变换曲线（c=0 且 d=0）中，当灰度小于 a 或大于 b 时，其值变为 0（黑色）；当灰度在 a 与 b 之间的小范围内时，其值变为 255（白色）。将图 3-18（b）中的国家体育场鸟巢一角的灰色支架被突出为白色，白色天空、伞篷和暗色树木都变为黑色，结果如图 3-18（c）所示。

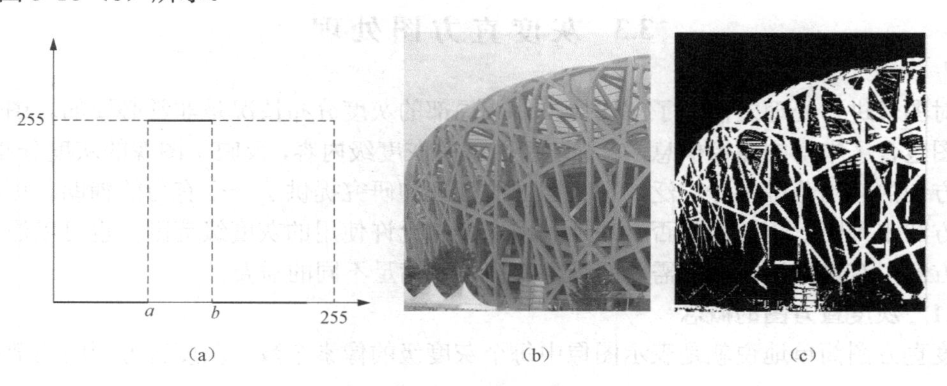

图 3-18 突出特定灰度范围的亮度

（a）变换曲线；（b）原图；（c）处理后

6. 对灰度进行分级

在如图 3-19（a）所示的变换曲线（c=0，d=255，a=b）中，当灰度小于 a 时，其值变为 0（黑色）；当灰度在 a 与 255 之间的小范围内时，其值变为 255（白色）。将图 3-19（b）中的灰色水果变为黑色，背景变为白色，也即变为二级灰度图像，结果如图 3-19（c）所示。

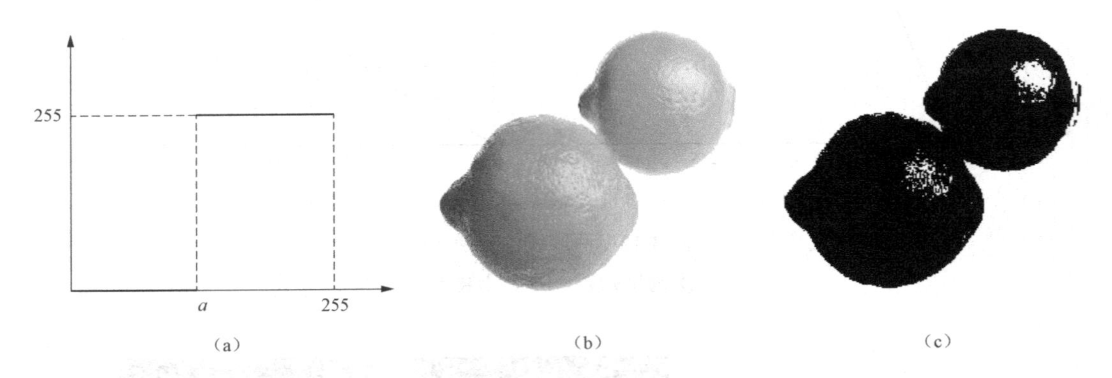

图 3-19　灰度分级

（a）变换曲线；（b）原灰度图像；（c）二级灰度图像

分段线性变换函数 SLinear 的程序设计如下：

```
//输入参数：灰度图像 f[][],图像高度 h,图像宽度 w,分段的参数 a、b、c、d
//输出参数：变换后的灰度图像 g[][]
void SLinear(BYTE f[][500],long h,long w,
             float a,float b,float c,float d,BYTE g[][500])
{for(int y=0;y<h;y++)
  for(int x=0;x<w;x++)
    if(f[y][x]>=0 && f[y][x]<a)           g[y][x]=c*f[y][x]/a;
    else if(f[y][x]>=a && f[y][x]<b)
          g[y][x]=(d-c)/(b-a)*(f[y][x]-a)+c;
    else if(f[y][x]>=b && f[y][x]<=255)
          g[y][x]=(255-d)/(255-b)*(f[y][x]-b)+d;
}
```

3.3　灰度直方图处理

在对图像进行处理之前，了解图像整体或局部的灰度分布情况是非常必要的。图像的灰度直方图包含了丰富的图像信息，它描述了图像的灰度级内容，反映了图像的灰度分布情况。灰度直方图的应用范围十分广泛，它为图像的处理和研究提供了一个有力的辅助。可以通过灰度直方图来判断一幅图像是否合理地利用了全部允许使用的灰度级范围；也可以通过修改灰度直方图，有选择地突出所需要的图像特征，以满足不同的需要。

3.3.1　灰度直方图的概念

灰度直方图简单地说就是表示图像中每个灰度级的像素个数。灰度直方图的离散函数表示为：

$$h(r_k)=n_k \tag{3-11}$$

式中：r_k是第k级的灰度值；n_k是图像中灰度为r_k的像素个数。

如图3-20（a）所示，灰度为1的像素有5个，灰度为2的像素有4个，以此类推，其灰度直方图如图3-20（b）所示。

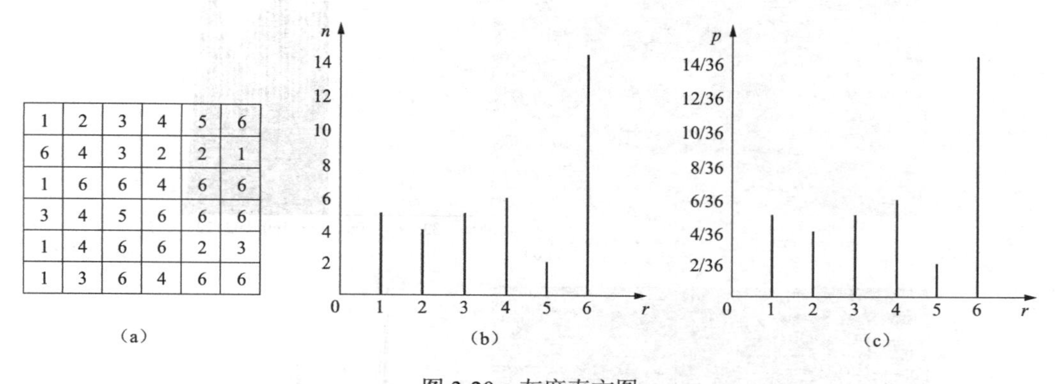

1	2	3	4	5	6
6	4	3	2	2	1
1	6	6	4	6	6
3	4	5	6	6	6
1	4	6	6	2	3
1	3	6	4	6	6

图3-20　灰度直方图

（a）图像灰度值；（b）直方图；（c）对应于r_k的图形

通常可将直方图的离散函数进行归一化，即：

$$p(r_k)=n_k/n \tag{3-12}$$

式中：n是图像中的总像素个数。该式也表示图像灰度级r_k出现的频率的近似值。

直方图也可以看成$p(r_k)=n_k/n$对应于r_k的图形，如图3-20（c）所示。

图3-21展示了不同灰度级特征图像及其对应的灰度直方图。其中，暗图像的直方图分量主要分布在灰度级低的一端（或暗端），如图3-21（a）所示；亮图像的直方图分量主要分布在灰度级高的一端（或亮端），如图3-21（b）所示；对比度低的图像的直方图分量主要分布在灰度级的中间，直方图范围较窄，如图3-21（c）所示；对比度高的图像的直方图分量分布在很宽的范围，如图3-21（d）所示。可以说，若一幅图像的像素灰度值占据整个可能的灰度范围且分布较均匀，该图像会有较高的对比度，且灰度细节丰富、动态范围较大。

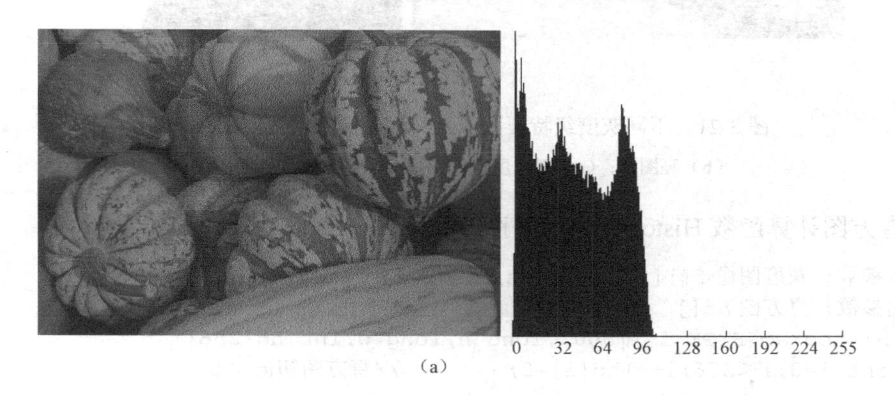

图3-21　不同灰度级特征图像及其对应的灰度直方图（一）

（a）暗图像

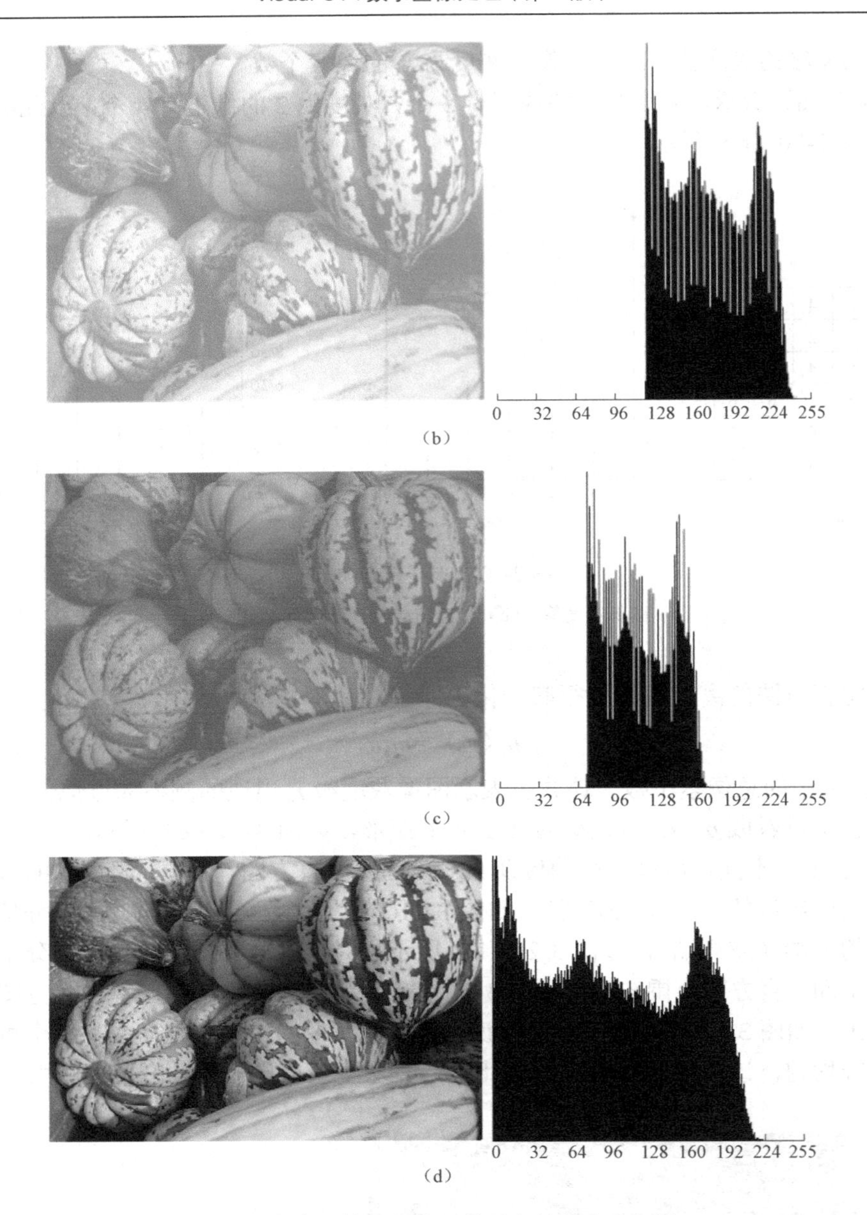

图 3-21 不同灰度级特征图像及其对应的灰度直方图（二）

（b）亮图像；（c）对比度低的图像；（d）对比度高的图像

灰度直方图计算函数 Histogram 的程序设计如下：

```
//输入参数：灰度图像 f[][],图像高度 h,图像宽度 w
//输出参数：直方图 hd[]
void Histogram(BYTE f[][500],long h,long w,int hd[256])
{for(int i=0;i<256;i++)hd[i]=0;          //直方图初值为 0
 for(int y=0;y<h;y++)
    for(int x=0;x<w;x++)
        hd[f[y][x]]++;                    //统计灰度为 f[y][x]的像素个数
}
```

3.3.2　灰度直方图均衡化

灰度直方图均衡化的基本思想是对图像的灰度动态范围进行拓宽，使图像灰度细节丰富且有较高的对比度，从而达到清晰化图像的目的。灰度直方图均衡化主要包含两个方面：一是使各级灰度像素分布尽量均匀，二是扩大灰度范围。灰度直方图的均衡化处理是以累积分布函数变换法为基础的灰度直方图修正法。

理论上灰度直方图的均匀分布如图 3-22（a）所示；各级像素累积频率都在斜线上，如图 3-22（b）所示；归一化灰度级与像素的累积频率值可以近似地一一对应，如图 3-22（c）所示。因此，通过累积频率可以将图像的各级灰度分布尽量地均衡化。

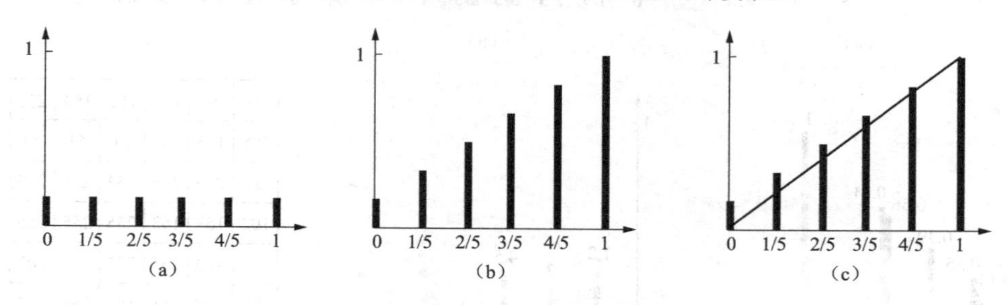

图 3-22　灰度直方图与累积频率

（a）灰度直方图的均匀分布；（b）各级像素累积频率；（c）归一化灰度级与像素的累积频率

【例 3-1】 对如图 3-23（a）所示的灰度直方图［对应灰度值见图 3-20（a）］进行均衡化。

解： 1）计算每级灰度出现的频率，如图 3-23（a）所示。

灰度：	1	2	3	4	5	6
频率：	5/36	4/36	5/36	6/36	2/36	14/36

2）将灰度级归一化，即灰度级从 0 开始，灰度间隔=1/（灰度级−1）=1/（6−1）=1/5，并计算每级灰度的累积频率，如图 3-23（b）所示。

归一灰度：	0	1/5	2/5	3/5	4/5	1
累积频率：	5/36	9/36	14/36	20/36	22/36	1

为了使数据更加直观，可将分数转换为小数形式，如图 3-23（c）所示。

归一灰度：	0	0.2	0.4	0.6	0.8	1
累积频率：	0.14	0.25	0.39	0.56	0.61	1

3）将累积频率值近似到最接近的灰度级，如图 3-23（d）所示。

累积频率：	0.14	0.25	0.39	0.56	0.61	1
接近灰度：	0.2	0.2	0.4	0.6	0.6	1

从图 3-23（d）可以看出，图中的灰度 0 与 0.2 合并为 0.2，灰度 0.6 与 0.8 合并为 0.6。各级灰度的均匀分布处理主要是将一些相邻灰度级较少的像素合并为同一个灰度级（这种现象叫作“简并”现象），但不能将同一灰度级的像素拆分为多个灰度级。

4）扩大图像的灰度范围以增加对比度，将得到的接近的灰度级乘上需要转换的灰度级 L 减 1（如需转为 256 级则乘上 255）。

接近的灰度：	0.2	0.2	0.4	0.6	0.6	1
转为 256 级：	51	51	102	153	153	255

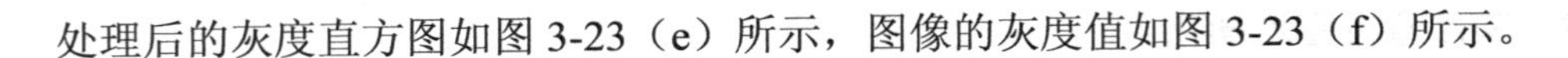
处理后的灰度直方图如图 3-23（e）所示，图像的灰度值如图 3-23（f）所示。

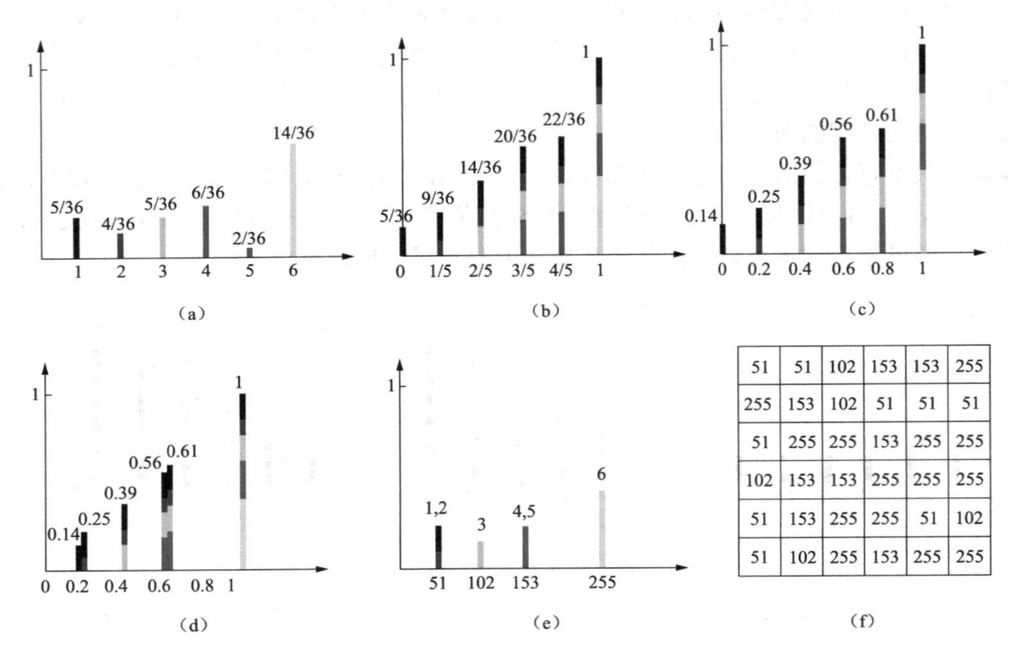

51	51	102	153	153	255
255	153	102	51	51	51
51	255	255	153	255	255
102	153	153	255	255	255
51	153	255	255	51	102
51	102	255	153	255	255

图 3-23　灰度直方图均衡化步骤

（a）灰度直方图；（b）灰度级归一化；（c）灰度级归一化的小数形式；（d）累积频率近似到最接近的灰度级；（e）处理后的直方图；（f）处理后的图像灰度值

灰度直方图的均衡化可以用式（3-13）来表示，但它没有明显地体现出“简并”灰度级的过程。

$$h(k)=\sum_{j=0}^{k} p(r_j)=\sum_{j=0}^{k}\frac{n_j}{n} \tag{3-13}$$

例如：归一灰度：　0　　0.2　　0.4　　0.6　　0.8　　1

累积频率：　0.14　　0.25　　0.39　　0.56　　0.61　　1

转为 256 级：36　　64　　99　　143　　156　　255（仍为 6 个灰度级）

如果使用特殊处理，可通过保留累积频率的小数位数产生截断误差，实现“简并”灰度级的处理。

例如：累积频率：　0.14　　0.25　　0.39　　0.56　　0.61　　1

保留一位小数：0.1　　0.3　　0.4　　0.6　　0.6　　1

转为 256 级：　26　　77　　102　　153　　153　　255（减为 5 个灰度级）

灰度直方图均衡化的程序设计如下（累积频率保留 2 位小数）：

```
//输入参数：灰度图像 f[][]，图像高度 h，图像宽度 w，均衡化后的灰度级 grad
//输出参数：均衡化后的灰度图像 g[][]
void ImageBalance(BYTE f[500][500],int h,int w,int grad,BYTE g[500][500])
{   float p,q[256];int hd[256];
    Histogram(f,h,w,hd);
```

```
    q[0]=(float) hd[0]/(h*w);
    for(int i=1;i<256;i++)
    {   p=(float) hd[i]/(h*w);                    //计算灰度概率密度
    q[i]=q[i-1]+p;                                //计算累积频率
    }
    for(int y=0;y<h;y++)
        for(int x=0;x<w;x++)
            g[y][x]=(int)  (q[f [y][x]]*100)/100.0*(grad-1);
                                                  //计算均衡后的相应灰度值
}
```

图 3-24 展示了不同灰度级的特征图像及其灰度直方图均衡化的效果。其中，如图 3-24（a）～（c）所示的三种图像直方图均衡化前后的改进效果较明显，如图 3-24（d）所示的图像直方图均衡化前后的变化不大，这是因为该图像的灰度几乎已经分布在全部灰度级范围。可以看出，直方图均衡化可作为自适应对比度增强的一种方法。

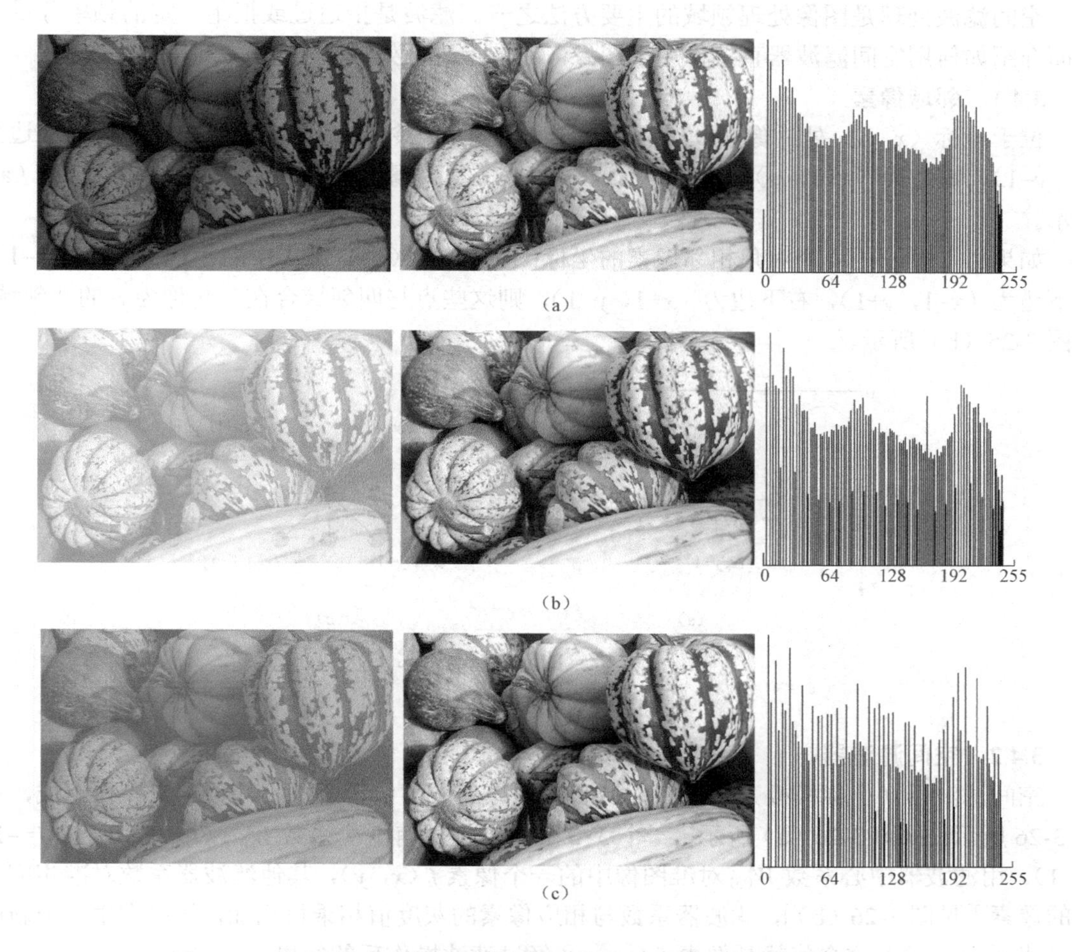

图 3-24 不同灰度级的特征图像及其灰度直方图均衡化的效果（一）

（a）暗图像直方图均衡化；（b）亮图像直方图均衡化；（c）对比度低的图像直方图均衡化

（d）

图 3-24 不同灰度级的特征图像及其灰度直方图均衡化的效果（二）

（d）对比度高的图像直方图均衡化

3.4 空间滤波处理

空间滤波处理是图像处理领域的主要方法之一。滤波是指通过或拒绝一定的频率分量。下面介绍如何用空间滤波器直接作用于图像，对图像进行处理。

3.4.1 邻域像素

位于坐标（x，y）处的像素 p 有 4 个水平和垂直的相邻像素：左边为（x–1，y），上边为（x，y–1），右边为（x+1，y），下边为（x，y+1）。这组像素称为 p 的四邻域，如图 3-25（a）所示。

如果再加上 p 的 4 个对角相邻像素的坐标：左上边为（x–1，y–1），右上边为（x+1，y–1），左下边为（x–1，y+1），右下边为（x+1，y+1），则这些点与四邻域合在一起称为 p 的八邻域，如图 3-25（b）所示。

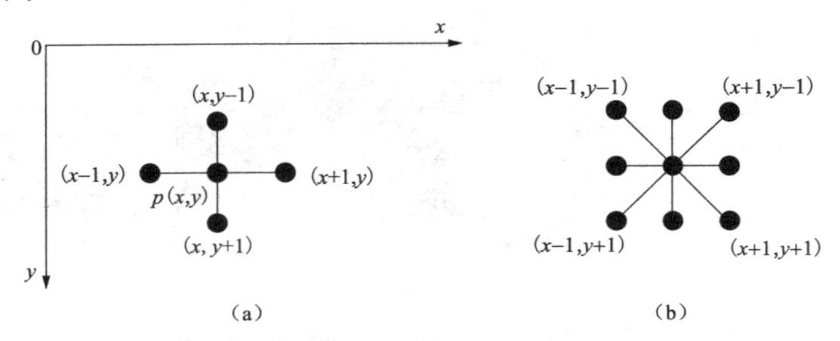

图 3-25 像素的四邻域与八邻域

（a）四邻域；（b）八邻域

3.4.2 空间滤波器

空间滤波器（也称模板）由一个邻域和包围该邻域的像素所执行的预定义操作组成，如图 3-26 所示。如图 3-26（a）所示，一个 3×3 邻域滤波器有 9 个系数 $W_{i,j}$（i=–1，0，1；j=–1，0，1）。用滤波器中心系数 $W_{0,0}$ 对准图像中的一个像素 f（x，y），其他滤波器系数对准相应位置的像素［见图 3-26（b）］，滤波器系数与相应像素的灰度值相乘再相加，就可产生一个新的像素值 g（x，y），这个值就是像素 f（x，y）经过滤波操作后的结果。

$$g(x,y)=\sum_{i=-1}^{1}\sum_{j=-1}^{1}W_{i,j}f(x+i,y+j) \tag{3-14}$$

$W_{-1,-1}$	$W_{0,-1}$	$W_{1,-1}$
$W_{-1,0}$	$W_{0,0}$	$W_{1,0}$
$W_{-1,1}$	$W_{0,1}$	$W_{1,1}$

（a）

		$f(x-1,y-1)$	$f(x,y-1)$	$f(x+1,y-1)$	
		$f(x-1,y)$	$f(x,y)$	$f(x+1,y)$	
		$f(x-1,y+1)$	$f(x,y+1)$	$f(x+1,y+1)$	

（b）

图 3-26 空间滤波器

（a）3×3 邻域滤波器；（b）对准相应位置像素

对图像中所有的像素进行类似操作，就可得到图像经空间滤波处理后的新图像。可以看出，这是一个线性滤波器。空间滤波是一种邻域运算，即某个像素点的处理不仅和本像素的灰度值有关，而且和其邻域点的灰度值有关。

当空间滤波器中心与边界像素对准时，滤波器中的一些系数没有对应的像素灰度进行运算，在此情况下一般采用不处理边界像素或保留原边界像素灰度值的方法。

一般情况下，滤波器系数之和为 0 或 1。对于 256 级灰度图像，经过空间滤波运算后，其灰度范围一般也应该为 0～255。当滤波器系数中有负数时，滤波运算的结果可能会出现负值。因此，空间滤波处理的结果要归到 0～255。最简单的处理方法是负数归零，大于 255 的归 255。

对图像进行空间滤波处理的关键是滤波器的设计，即如何设计滤波器的大小与滤波器的系数。空间滤波运算的方法都相同，因此可以设计一个函数用于图像的空间滤波处理。

根据前面 3×3 空间滤波运算的表达式，可以得到 $n \times n$（n 为奇数）空间滤波运算表达式：

$$g(x,y)=\sum_{i=-n/2}^{n/2}\sum_{j=-n/2}^{n/2}W_{i,j}f(x+i,y+j) \tag{3-15}$$

式中：$n/2$ 为简单取整。例如，n=3，则 $n/2$ 为 1；n=5，则 $n/2$ 为 2。

在 Visual C++程序设计中，$W_{i,j}$ 可用二维数组表示，但其下标只能从 0 开始，因此对式（3-15）中 $W_{i,j}$ 的下标进行变换，可得：

$$g(x,y)=\sum_{i=-n/2}^{n/2}\sum_{j=-n/2}^{n/2}W_{i+n/2,j+n/2}f(x+i,y+j) \tag{3-16}$$

空滤滤波函数的程序设计如下（空间滤波器最大为 11×11）：

```
//输入参数：灰度图像 f[][],图像高度 h,图像宽度 w,滤波器 W[][],
//          实际滤波器大小 n(如果为 3×3,则 n 为 3)
//输出参数：g[][]为滤波后的图像
void Filtering(BYTE f[][500],long h,long w,float W[11][11],int n,
               BYTE g[][500])
{ for(int y=0;y<h; y++)
    for(int x=0;x<w;x++)                        //循环图像中所有像素
      { if(y<n/2||y>=h-n/2||x<n/2||x>=w-n/2)
           g[y][x]=f[y][x];continue;}   //边界像素取原像素值
        float sum=0;
        for(int i=-n/2;i<=n/2;i++)
           for(int j=-n/2;j<=n/2;j++)    //循环滤波器内的有像素
```

```
                sum=sum+W[j+n/2][i+n/2] *f[y+j][x+i];
            if (sum<0) g[y][x]=0;                    //像素灰度值范围规范
            else if(sum>255)g[y][x]=255;
            else g[y][x]=sum;
        }
}
```

3.4.3　平滑空间滤波器

平滑空间滤波器可以对图像进行模糊处理和降低噪声（干扰信息）处理。

常用的 3×3 均值滤波器为：

$$\begin{bmatrix} 1/9 & 1/9 & 1/9 \\ 1/9 & 1/9* & 1/9 \\ 1/9 & 1/9 & 1/9 \end{bmatrix} \text{或} \frac{1}{9}\begin{bmatrix} 1 & 1 & 1 \\ 1 & 1* & 1 \\ 1 & 1 & 1 \end{bmatrix}$$

常用的 5×5 均值滤波器为：

$$\begin{bmatrix} 1/25 & 1/25 & 1/25 & 1/25 & 1/25 \\ 1/25 & 1/25 & 1/25 & 1/25 & 1/25 \\ 1/25 & 1/25 & 1/25* & 1/25 & 1/25 \\ 1/25 & 1/25 & 1/25 & 1/25 & 1/25 \\ 1/25 & 1/25 & 1/25 & 1/25 & 1/25 \end{bmatrix} \text{或} \frac{1}{25}\begin{bmatrix} 1 & 1 & 1 & 1 & 1 \\ 1 & 1 & 1 & 1 & 1 \\ 1 & 1 & 1* & 1 & 1 \\ 1 & 1 & 1 & 1 & 1 \\ 1 & 1 & 1 & 1 & 1 \end{bmatrix}$$

带*号的系数表示该系数为中心系数，即这个系数要对准要处理的像素。

【例 3-2】 用 3×3 均值滤波器对如图 3-27（a）所示的灰度图像进行滤波（不处理边界像素，结果四舍五入）。

1	2	1	4	3
1	2	2	3	4
5	7	6	8	9
5	7	6	8	8
5	6	7	8	9

（a）

3	4	4
4	5	6
6	7	8

（b）

图 3-27　灰度图像的均值滤波处理

（a）原图；（b）滤波后

解：滤波器中心对准 2：（1+2+1+1+2+2+5+7+6)/9=3。

滤波器中心对准下一个 2：（2+1+4+2+2+3+7+6+8）/ 9≈4。

以此类推，最后图像经均值滤波后的结果如图 3-27（b）所示。可以看出，3×3 均值滤波器是将当前点和周围 8 个点的灰度进行平均，从而减弱相邻像素灰度突变的状况，弱化边界，使图像有一定程度的模糊。

对如图 3-28（a）所示的福建永定土楼（已列入世界遗产名录）图像进行均值滤波，3×3 均值滤波器的滤波结果如图 3-28（b）所示，5×5 均值滤波器的滤波结果如图 3-28（c）所示。可以看出，随着滤波器半径的增大，图像变得更加模糊。

（a）

（b）

（c）

图 3-28　不同大小的均值滤波器的滤波效果

（a）原图；（b）3×3 均值滤波；（c）5×5 均值滤波

【案例 3-7】 人像均值滤波去皱。

对如图 3-29（a）所示的人像进行均值滤波去皱，可以对人脸区域进行局部均值滤波以平滑人脸，结果如图 3-29（b）所示；也可以模糊背景，结果如图 3-29（c）所示。

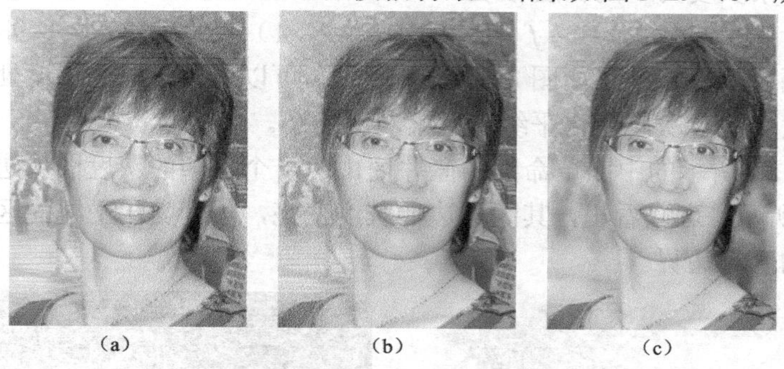

（a）（b）（c）

图 3-29 人像均值滤波处理

（a）原图；（b）平滑人脸；（c）模糊背景

3.4.4 锐化空间滤波器

锐化处理与平滑处理相反，其主要目的是突出灰度的过渡部分（一般为区域的边界）。平滑是平均处理，类似于空间积分，因此可以利用空间微分进行锐化处理。

1. 一阶微分对图像锐化

（1）梯度法。对于图像函数 $f(x, y)$，f 在坐标 (x, y) 处的梯度可用式（3-17）表示：

$$\nabla f = \left(\frac{\partial f}{\partial x}, \frac{\partial f}{\partial y}\right) \tag{3-17}$$

该梯度是一个向量，表示 f 在 (x, y) 处的最大变化率的方向，其梯度幅度为：

$$G[f(x,y)] = \left[\left(\frac{\partial f}{\partial x}\right)^2 + \left(\frac{\partial f}{\partial y}\right)^2\right]^{1/2} \tag{3-18}$$

对于数字图像来说，梯度幅度可以近似表示为当前像素灰度 $f(x, y)$ 与正右方水平相邻像素灰度 $f(x+1, y)$ 差的绝对值，加上当前像素灰度 $f(x, y)$ 与正下方垂直相邻像素灰度 $f(x, y+1)$ 差的绝对值，即：

$$\begin{aligned} G[f(x,y)] &\approx \sqrt{\left(\frac{\Delta f}{\Delta x}\right)^2 + \left(\frac{\Delta f}{\Delta y}\right)^2} \approx \sqrt{\left[\frac{f(x,y)-f(x+1,y)}{1}\right]^2 + \left[\frac{f(x,y)-f(x,y+1)}{1}\right]^2} \\ &\approx |f(x,y)-f(x+1,y)| + |f(x,y)-f(x,y+1)| \end{aligned} \tag{3-19}$$

梯度处理的一种方法是用当前像素灰度的梯度幅度代替当前像素的灰度。

【例 3-3】 对如图 3-30（a）所示的图像进行梯度处理。

（a）

1	1	1	9	9	9
1	1	①	9	9	9
1	1	1	9	9	9
1	1	1	9	9	9
1	1	1	9	9	9

（b）

0	0	8	0	0
0	0	8	0	0
0	0	8	0	0
0	0	8	0	0

图 3-30 梯度处理

（a）原图；（b）处理后

解：由于梯度处理涉及右邻及下邻像素，因此对图像的最右边像素与最下边像素不进行处理。

计算圆圈内像素灰度为 1 的梯度幅度：

$$G[f(2,1)]=|f(2,1)-f(3,1)|+|f(2,1)-f(2,2)|=|1-9|+|1-1|=8$$

各像素梯度幅度的计算结果如图 3-30（b）所示。可以看出，经过梯度处理后，灰度变化大的边界像素灰度变大，灰度变化平缓的像素灰度变小。

对如图 3-31（a）所示的中国革命的摇篮井冈山的一个雕塑的灰度图像进行梯度处理，结果如图 3-31（b）所示。可以看出，其区域边界灰度变亮，灰度变化平缓的区域变暗，并以亮灰度突出图像中的区域边界。

（a）

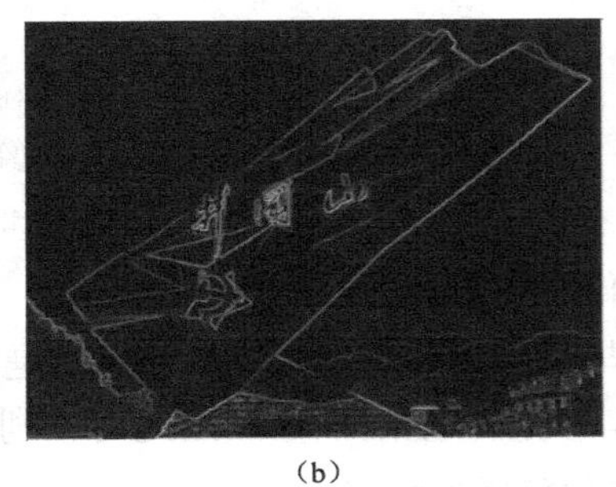

（b）

图 3-31　图像梯度处理

（a）原图；（b）处理后图像

（2）交叉梯度（Reborts 梯度法）。交叉梯度幅度可近似为当前像素灰度 $f(x, y)$ 与右下相邻像素灰度 $f(x+1, y+1)$ 差的绝对值，加上当前像素正右方水平相邻像素灰度 $f(x+1, y)$ 与当前像素正下方像素灰度 $f(x, y+1)$ 差的绝对值，即：

$$G[f(x,y)]\approx\sqrt{\left[\frac{f(x,y)-f(x+1,y+1)}{1}\right]^2+\left[\frac{f(x+1,y)-f(x,y+1)}{1}\right]^2} \tag{3-20}$$
$$\approx|f(x,y)-f(x+1,y+1)|+|f(x+1,y)-f(x,y+1)|$$

【例 3-4】　对如图 3-30（a）所示的图像进行交叉梯度处理。

解：计算圆圈内像素灰度为 1 的交叉梯度幅度：

$$G[f(2,1)]=|f(2,1)-f(3,2)|+|f(3,1)-f(2,2)|=|1-9|+|9-1|=16$$

各像素交叉梯度幅度的计算结果如图 3-32（a）所示，其区域边界灰度值比梯度处理的更大。

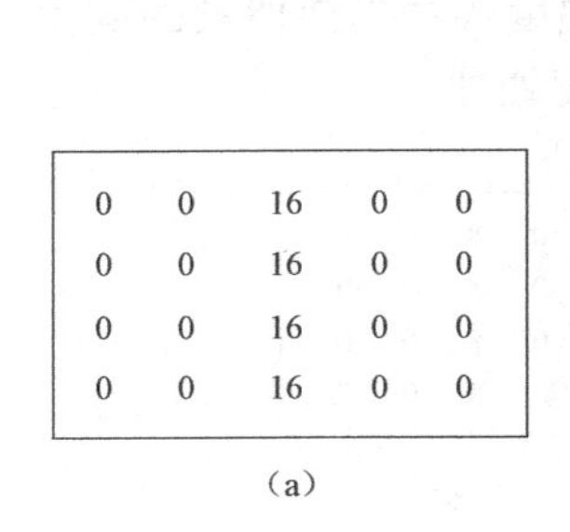

0	0	16	0	0
0	0	16	0	0
0	0	16	0	0
0	0	16	0	0

（a）

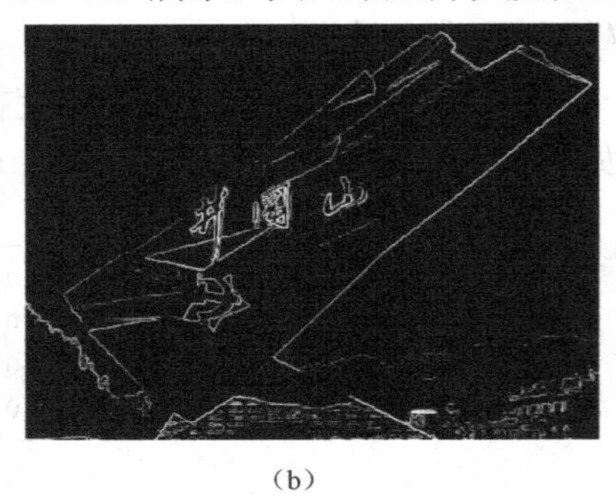

（b）

图 3-32　交叉梯度处理结果

（a）梯度幅度计算结果；（b）处理后图像

对比图 3-31（b）与图 3-32（b），可以发现经交叉梯度处理的区域边界像素灰度比经梯度处理的结果更亮。可见，交叉梯度幅度比梯度幅度更能突出边界。

梯度及交叉梯度处理可用滤波器来表示，但它们分别有两个滤波器。

梯度滤波器为：

$$\begin{bmatrix} 1* & -1 \\ 0 & 0 \end{bmatrix} \quad \begin{bmatrix} 1* & 0 \\ -1 & 0 \end{bmatrix}$$

交叉梯度滤波器为：

$$\begin{bmatrix} 1* & 0 \\ 0 & -1 \end{bmatrix} \quad \begin{bmatrix} 0* & 1 \\ -1 & 0 \end{bmatrix}$$

如果将待处理的像素对准滤波器的中心，可将滤波器写成 3×3 形式。

梯度 3×3 形式的滤波器为：

$$\begin{bmatrix} 0 & 0 & 0 \\ 0 & 1* & -1 \\ 0 & 0 & 0 \end{bmatrix} \quad \begin{bmatrix} 0 & 0 & 0 \\ 0 & 1* & 0 \\ 0 & -1 & 0 \end{bmatrix}$$

交叉梯度 3×3 形式的滤波器为：

$$\begin{bmatrix} 0 & 0 & 0 \\ 0 & 1* & 0 \\ 0 & 0 & -1 \end{bmatrix} \quad \begin{bmatrix} 0 & 0 & 0 \\ 0 & 0* & 1 \\ 0 & -1 & 0 \end{bmatrix}$$

（3）Sobel 算子。可将差分近似表示为：

$$\frac{\partial f}{\partial x} = f(x+1,y-1) + 2f(x+1,y) + f(x+1,y+1) - f(x-1,y-1) - 2f(x-1,y) - f(x-1,y+1) \tag{3-21}$$

$$\frac{\partial f}{\partial y} = f(x-1,y+1) + 2f(x,y+1) + f(x+1,y+1) - f(x-1,y-1) - 2f(x,y-1) - f(x+1,y-1) \tag{3-22}$$

则 Sobel 算子幅度可表示为

$$\begin{aligned} G[f(x,y)] = & |f(x+1,y-1)+2f(x+1,y)+f(x+1,y+1)-f(x-1,y-1)-2f(x-1,y)-f(x-1,y+1)| \\ & +|f(x-1,y+1)+2f(x,y+1)+f(x+1,y+1)-f(x-1,y-1)-2f(x,y-1)-f(x+1,y-1)| \end{aligned} \tag{3-23}$$

因此，Sobel 算子的滤波器可表示为：

$$\begin{bmatrix} -1 & 0 & 1 \\ -2 & 0* & 2 \\ -1 & 0 & 1 \end{bmatrix} \quad \begin{bmatrix} -1 & -2 & -1 \\ 0 & 0* & 0 \\ 1 & 2 & 1 \end{bmatrix}$$

由于 Sobel 算子使用了多个像素的差值，因此它有以下两个优点：

1）引入了平均因素，对图像中的随机噪声有一定的平滑作用。

2）相隔两行或两列的差分，使边缘两侧元素得到了增强，边缘显得粗而亮。

【例 3-5】 对如图 3-30（a）所示的图像进行 Sobel 算子处理。

解：计算圆圈内像素灰度为 1 的 Sobel 算子幅度：

$$
\begin{aligned}
G[f(2,1)]=&|f(3,0)+2f(3,1)+f(3,2)-f(1,0)+2f(1,1)+f(1,2)|\\
&+|f(1,2)+2f(2,2)+f(3,2)-f(1,0)+2f(2,0)+f(3,0)|\\
=&|9+2\times9+9-1-2\times1-1|+|1+2\times1+9-1-2\times1-9|=32
\end{aligned}
$$

各像素 Sobel 算子幅度的结果如图 3-33（a）所示。可以看出，经 Sobel 算子处理后，灰度变化大的边界像素灰度变得又大又宽。对比图 3-32（b）与图 3-33（b），可以发现经 Sobel 算子处理的区域边界像素灰度比经交叉梯度处理的结果更粗更亮。

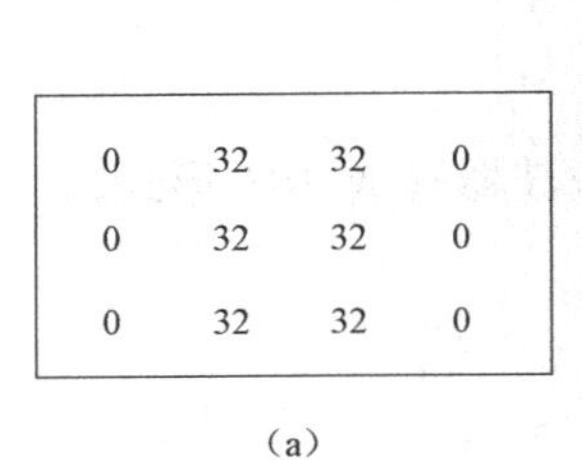

0	32	32	0
0	32	32	0
0	32	32	0

（a）

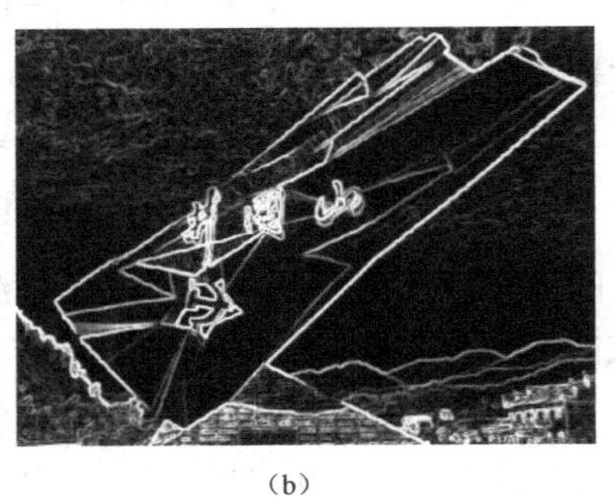

（b）

图 3-33　Sobel 算子处理结果

（a）Sobel 算子幅度计算结果；（b）处理后图像

（4）Prewitt 算子。Prewitt 算子的两个滤波器如下：

$$
\begin{bmatrix} -1 & -1 & -1 \\ 0 & 0^* & 0 \\ 1 & 1 & 1 \end{bmatrix}
\quad
\begin{bmatrix} -1 & 0 & 1 \\ -1 & 0^* & 1 \\ -1 & 0 & 1 \end{bmatrix}
$$

对如图 3-30（a）所示的图像进行 Prewitt 算子处理，各像素 Prewitt 算子幅度的计算结果如图 3-34（a）所示。对比图 3-33（b）与图 3-34（b），可以发现经 Prewitt 算子增强边界的结果比经 Sobel 算子增强边界的结果要弱些。

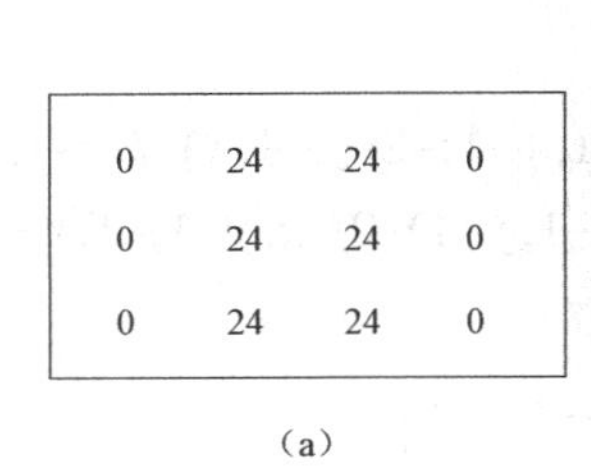

0	24	24	0
0	24	24	0
0	24	24	0

（a）

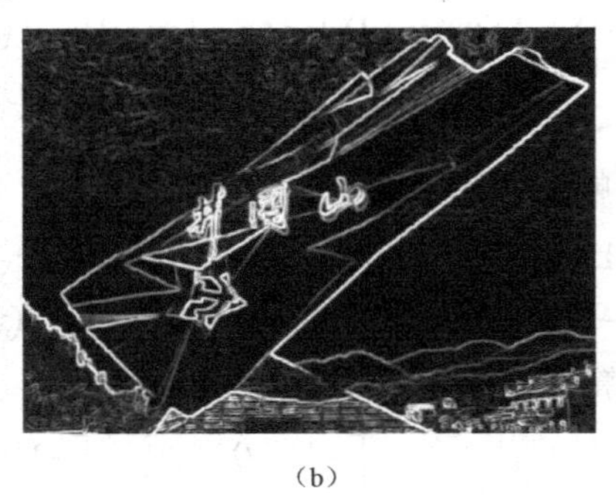

（b）

图 3-34　Prewitt 算子处理结果

（a）Prewitt 算子幅度计算结果；（b）处理后图像

可以看出，一阶微分对图像锐化的效果从高到低依次是 Sobel 算子、Prewitt 算子、交叉梯度、梯度。一阶微分都由两个滤波器组成，每个滤波器的系数之和为 0。

一阶微分算子的特点是它有两个算子，且都是 3×3 滤波器，因此可用一个函数实现，其程序设计如下：

```
//输入参数：灰度图像 f[][],图像高度 h,图像宽度 w,两个滤波器 W1[][]和 W2[][]
//输出参数：滤波后的图像 g[][]
void Filtering2(BYTE f[][500],long h,long w,
                float W1[3][3],float W2[3][3],BYTE g[][500])
{for(int y=0;y<h;y++)
   for(int x=0;x<w;x++)                              //循环图像中所有像素
     {if(y<1||y>=h-1||x<1||x>=w-1)
          {g[y][x]=f[y][x];continue;}                //边界像素取原像素值
      float s1=0, s2=0;
      for(int i=-1;i<=1;i++)
        for(int j=-1;j<=1;j++)
           s1=s1+W1[j+1][i+1]*f[y+j][x+i];            //第一个滤波器运算
      for(i=-1;i<=1;i++)
        for(int j=-1;j<=1;j++)
                s2=s2+W2[j+1][i+1]*f[y+j][x+i]; //第二个滤波器运算
      s1=fabs(s1)+fabs(s2);                          //两个滤波结果绝对值相加
      if(s1>255)g[y][x]=255;                         //像素灰度值范围规范
      else g[y][x]=s1;
      }
}
```

【案例 3-8】 对如图 3-35 所示的玩具汽车图像，突出其目标（玩具汽车）的黑色边界。

图 3-35 待处理图像

首先采用 Sobel 算子对图像进行滤波处理，结果如图 3-36（a）所示，其目标边界有很明显的亮色，背景是暗色；为了将边界变暗，背景变亮，对其进行灰度变换中的反转处理，结果如图 3-36（b）所示；图中有一些灰色是不需要的干扰信息，对其采用灰度变换中的分段线性变换（a=150，b=151，c=0，d=255），结果如图 3-36（c）所示。

如果采用 Prewitt 算子，虽然 Prewitt 算子滤波处理及反转处理的效果不如 Sobel 算子处理及反转处理的效果，但在分段线性变换中，取不同的参数值（a=170、b=171、c=0、d=255），也能得到与图 3-36 相似的结果，如图 3-37 所示。

同样，采用交叉梯度处理，再经反转处理，后经分段线性变换（参数取 a=230、b=231、c=0、d=255），也能得到较好的结果，如图 3-38 所示。

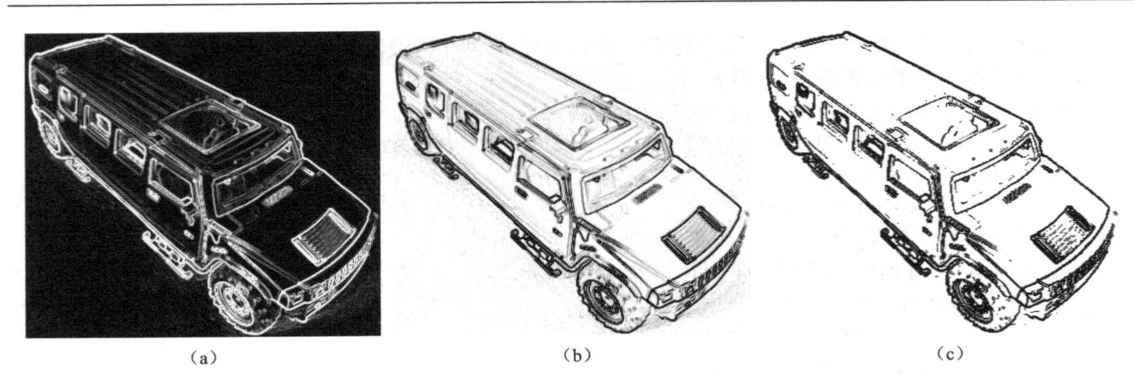
（a） （b） （c）

图 3-36　Sobel 算子及后期处理结果

（a）Sobel 算子处理；（b）反转处理；（c）分段线性变换

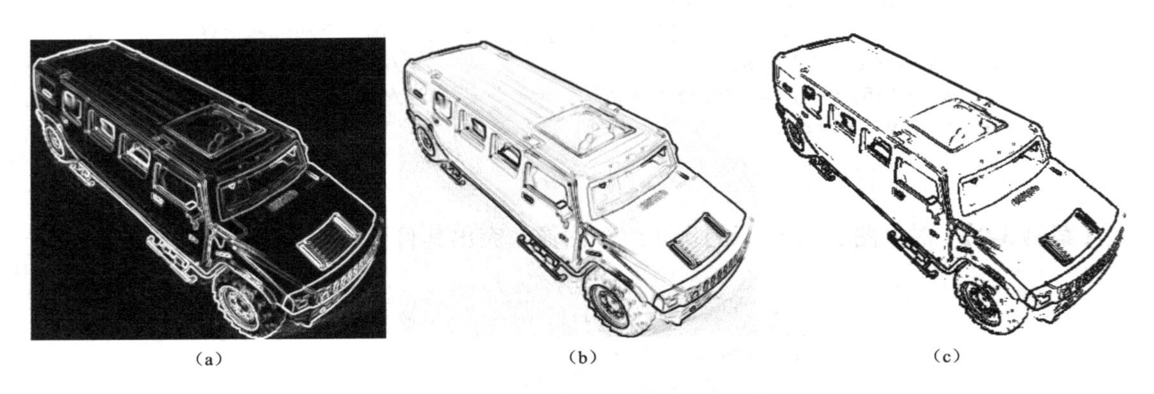
（a） （b） （c）

图 3-37　Prewitt 算子及后期处理结果

（a）Prewitt 算子处理；（b）反转处理；（c）分段线性变换

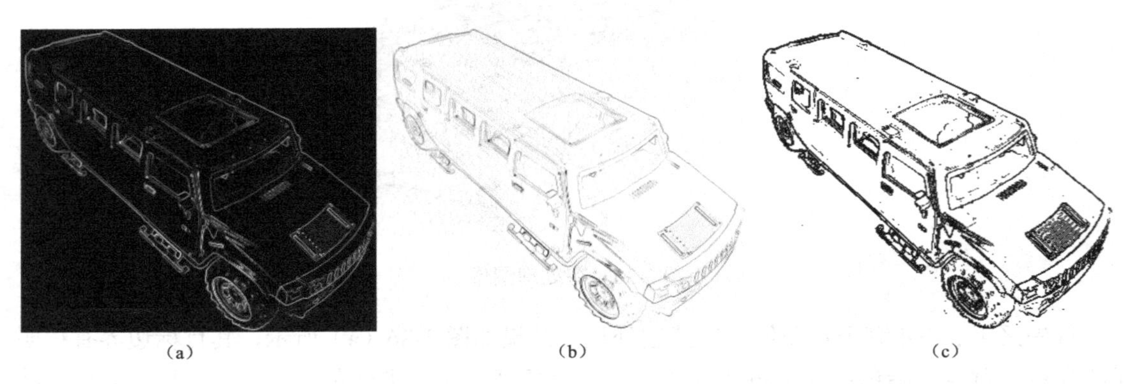
（a） （b） （c）

图 3-38　交叉梯度及后期处理结果

（a）交叉梯度处理；（b）反转处理；（c）分段线性变换

因此，不同的锐化滤波方法，如果后期处理的方法适当，都能得到较好的结果。

2. 二阶微分对图像锐化

（1）拉普拉斯算子。拉普拉斯（Laplacian）算子是常用的二阶微分边缘增强算子：

$$\nabla^2 f = \frac{\partial^2 f}{\partial x^2} + \frac{\partial^2 f}{\partial y^2} \tag{3-24}$$

数字图像f（x，y）的二阶偏导数可表示为：

$$\frac{\partial^2 f(x,y)}{\partial x^2} = \nabla_x f(x+1,y) - \nabla_x f(x,y) = [f(x+1,y) - f(x,y)] - [f(x,y) - f(x-1,y)] \\ = f(x+1,y) + f(x-1,y) - 2f(x,y) \tag{3-25}$$

$$\frac{\partial^2 f(x,y)}{\partial y^2} = f(x,y+1) + f(x,y-1) - 2f(x,y) \tag{3-26}$$

$$\nabla^2 f = \frac{\partial^2 f(x,y)}{\partial x^2} + \frac{\partial^2 f(x,y)}{\partial y^2} = f(x+1,y) + f(x-1,y) + f(x,y+1) + f(x,y-1) - 4f(x,y) \tag{3-27}$$

拉普拉斯算子的滤波器如下：

$$\begin{bmatrix} 0 & 1 & 0 \\ 1 & -4^* & 1 \\ 0 & 1 & 0 \end{bmatrix} \quad \begin{bmatrix} 1 & 1 & 1 \\ 1 & -8^* & 1 \\ 1 & 1 & 1 \end{bmatrix} \quad \begin{bmatrix} 0 & -1 & 0 \\ -1 & 4^* & -1 \\ 0 & -1 & 0 \end{bmatrix} \quad \begin{bmatrix} -1 & -1 & -1 \\ -1 & 8^* & -1 \\ -1 & -1 & -1 \end{bmatrix}$$

其中，第一个滤波器由式（3-27）得出，通过其处理图像的结果如图 3-29（a）所示；如果设置四个角的系数非 0，修改中心系数的值，使系数总和为 0，则得到第二个滤波器，通过其处理图像的结果如图 3-29（b）所示；如果在推导过程中改变相邻像素的顺序，则可得出第三、第四个滤波器。

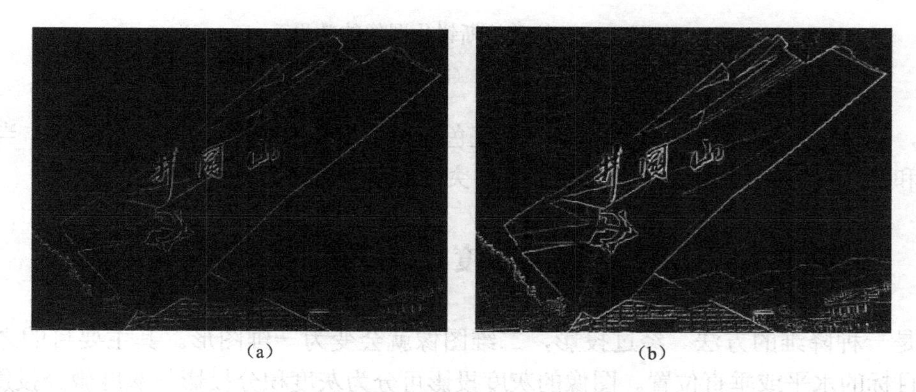

图 3-39 拉普拉斯算子增加图像的效果

（a）用第一个滤波器处理；（b）用第二个滤波器处理

从图 3-39 中可以看出，八方向的拉普拉斯算子比四方向的拉普拉斯算子锐化图像边界的效果更明显。

拉普拉斯算子与前面的梯度、Sobel 算子等方法一样，是用亮色突出图像中灰度的变化信息（边界信息），用暗色表示图像中灰度变化缓慢的区域，丢掉了原图像的灰度特征。为了在保留原图像的灰度特征的同时又加强边界的灰度，可采用下面的拉普拉斯锐化图像的方法。

（2）拉普拉斯锐化图像。拉普拉斯锐化图像的方法可表示为：

$$g(x,y) = f(x,y) + c\nabla^2 f(x,y) \tag{3-28}$$

当使用第一或第二个拉普拉斯算子滤波器时，c=–1；当使用第三或第四个拉普拉斯算子滤波器时，c=1。因此，可以推出四方向与八方向的拉普拉斯锐化图像的滤波器，滤波器的系数之和为 1。

四方向和八方向的拉普拉斯锐化图像的滤波器分别为：

$$\begin{bmatrix} 0 & -1 & 0 \\ -1 & 5* & -1 \\ 0 & -1 & 0 \end{bmatrix} \qquad \begin{bmatrix} -1 & -1 & -1 \\ -1 & 9* & -1 \\ -1 & -1 & -1 \end{bmatrix}$$

图 3-40 展示了原图［见图 3-31（a）］经拉普拉斯锐化后的效果，可以看出经锐化后的图像细节更清晰，八方向的锐化效果［见图 3-40（b）］的比四方向的锐化效果［见图 3-40（a）］更明显。拉普拉斯锐化可以使模糊的图像变得更清晰。

（a）

（b）

图 3-40　拉普拉斯锐化图像的效果

（a）四方向；（b）八方向

所以，当滤波器的系数之和为 0 时，以亮色突出边界，用暗色忽略平缓区域；当滤波器的系数之和为 1 时，基本保留原图像灰度，并突出边界。

3.5 灰　度　投　影

投影是一种降维的方法。经过投影，二维图像就会变为一维图形。其主要目的之一是确定图像中目标的水平或垂直位置。图像的灰度投影可分为灰度积分投影与灰度微分投影两种。

3.5.1　灰度积分投影

灰度积分投影可分为水平灰度积分投影与垂直灰度积分投影两种。

1. 水平灰度积分投影

水平灰度积分投影是将每一行像素的灰度值求和（或平均）后投影到垂直方向上。设 $f(x, y)$ 是图像中像素点（x，y）处的灰度值，且 x 的范围为 $x_1 \leqslant x \leqslant x_2$，那么水平灰度积分投影可用式（3-29）、式（3-30）表示。

求和：

$$S_h(y) = \sum_{x=x_1}^{x_2} f(x,y) \tag{3-29}$$

平均：

$$M_h(y) = \frac{1}{x_2 - x_1 + 1} \sum_{x=x_1}^{x_2} f(x,y) \tag{3-30}$$

水平灰度积分投影可以反映垂直方向上每行像素总灰度的变化情况。图 3-41（b）是图 3-41（a）水平灰度积分投影的直方图，图 3-42（c）则是其折线图。

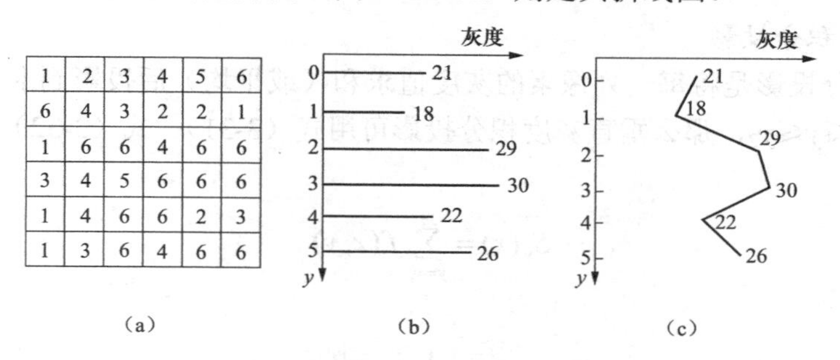

图 3-41 水平灰度积分投影

（a）原图；（b）直方图；（c）折线图

水平灰度积分平均投影的函数设计如下：

```
//输入参数：灰度图像 f[][]，投影范围 r
//输出参数：投影折线点的水平值 p
void HIntegralProjection(BYTE f[][500],RECT r,int p[500])
{ int k=0;
  for(int y=r.top;y<=r.bottom;y++)          //循环垂直范围内每行像素
     { float s=0;
       for(int x=r.left;x<=r.right;x++)
              s=s+f[y][x];                   //一行范围内所有像素灰度求和
       p[k++]=s/(r.right-r.left+1);          //一行范围内像素平均灰度
     }
}
```

绘制水平灰度投影折线函数的程序设计如下：

```
DispHProjectuionCurve(CDC*pDC,RECT r,int p[])
{ pDC->MoveTo(p[0],r.top);
  for(int y=r.top+1;y<=r.bottom;y++)pDC->LineTo(p[y-r.top],y);
}
```

【案例 3-9】 对图 3-42（a）中的目标（红旗轿车）进行垂直方向定位。

图 3-42 红旗轿车灰度图像及垂直方向定位

（a）原图；（b）投影曲线

分析轿车灰度图像的特点，目标轿车为暗色，其他背景为亮色，可以使用水平灰度积分投影。根据如图 3-42（b）所示的水平灰度积分投影曲线，可以确定轿车在图像中垂直方向的上下边界。

2. 垂直灰度积分投影

垂直灰度积分投影是将每一列像素的灰度值求和（或平均）后投影到水平方向上。设 y 的取值范围为 $y_1 \leqslant y \leqslant y_2$，那么垂直灰度积分投影可用式（3-31）、式（3-32）来表示。

求和：

$$S_v(x)=\sum_{y=y_1}^{y_2} f(x,y) \tag{3-31}$$

平均：

$$M_v(x)=\frac{1}{y_2-y_1+1}\sum_{y=y_1}^{y_2} f(x,y) \tag{3-32}$$

垂直灰度积分投影可以反映水平方向上每列像素总灰度的变化情况，图 3-43（a）是图 3-41（a）垂直灰度积分投影的直方图，图 3-43（b）则是其折线图。

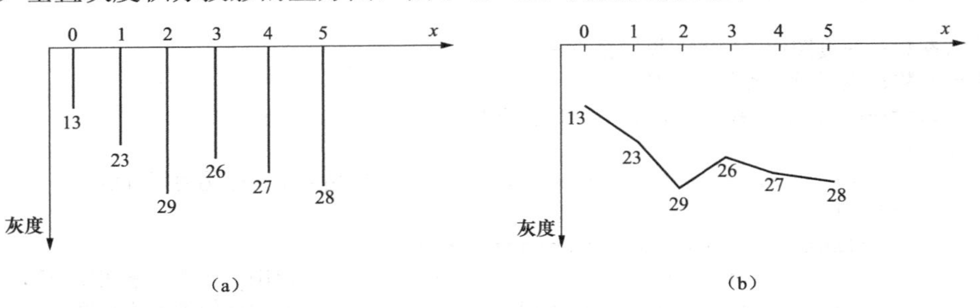

图 3-43　垂直灰度积分投影

（a）直方图；（b）折线图

垂直灰度积分平均投影函数的程序设计如下：

```
//输入参数：灰度图像 f[][]，投影范围 r
//输出参数：投影折线点的垂直值 p
void VIntegralProjection (BYTE f[500][500],RECT r,int p[500])
{   int k=0;
    for(int x=r.left;x<=r.right;x++)          //循环水平范围内每列像素
       { float s=0;
         for(int y=r.top;y<=r.bottom;y++)
            s=s+f[y][x];                       //一列范围内所有像素灰度求和
         p[k++]=s/(r.bottom-r.top+1);          //一列范围内像素平均灰度
       }
}
```

绘制垂直灰度积分投影折线函数的程序设计如下：

```
DispVProjectuionCurve(CDC*pDC,RECT r,int p[])
{ pDC->MoveTo(r.left,p[0]);
  for(int x=r.left+1;x<=r.right;x++)pDC->LineTo(x, p[x-r.left]);
}
```

【案例 3-10】 对图 3-44（a）中的目标（红旗轿车）进行水平方向定位。

利用垂直灰度积分投影定位目标的水平位置，其投影曲线如图 3-44（b）所示。

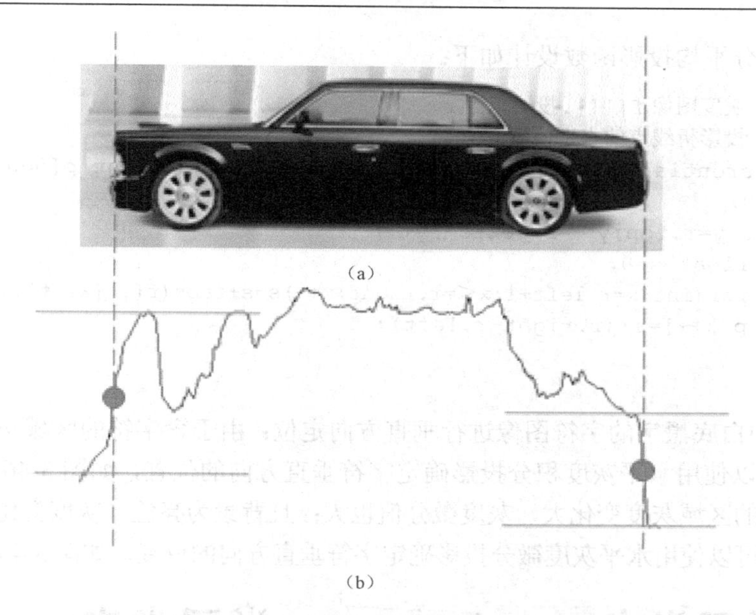

图 3-44 红旗轿车图像及水平方向定位

(a) 原图；(b) 投影曲线

3.5.2 灰度微分投影

灰度微分投影也分为水平灰度微分投影与垂直灰度微分投影两种。

1. 水平灰度微分投影

水平灰度微分投影是将每一行相邻像素灰度差值求和（或平均）后投影到垂直方向上。设 x 的范围为 $x_1 \leqslant x \leqslant x_2$，那么水平灰度微分投影可用式（3-33）、式（3-34）来表示。

求和：

$$D_h(y) = \sum_{x=x_1+1}^{x_2} \left| f(x,y) - f(x-1,y) \right| \tag{3-33}$$

平均：

$$A_h(y) = \frac{1}{x_2 - x_1} \sum_{x=x_1+1}^{x_2} \left| f(x,y) - f(x-1,y) \right| \tag{3-34}$$

水平灰度微分投影可以反映垂直方向上每行像素灰度差的变化情况，图 3-45（b）是图 3-45（a）水平灰度微分投影的直方图，图 3-45（c）则是其折线图。

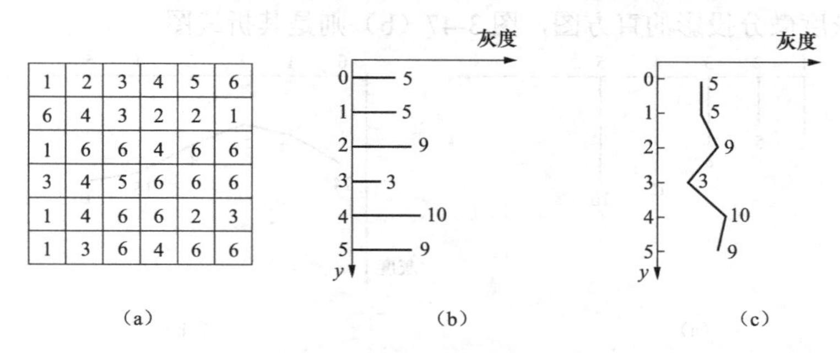

图 3-45 水平灰度微分投影

(a) 原图；(b) 直方图；(c) 折线图

水平灰度微分平均投影函数设计如下：

```
//输入参数：灰度图像 f[][],投影范围 r
//输出参数：投影折线点的水平值 p
void HDifferentialProjection(BYTE f[500][500],RECT r,int p[500])
{   int k=0;
    for(int y=r.top;y<=r.bottom;y++)
        { float s=0;
          for(int x=r.left+1;x<=r.right;x++) s=s+fabs(f[y][x]-f[y][x-1]);
          p[k++]=s/(r.right-r.left);
        }
}
```

对图 3-46 中白底黑字的字符图像进行垂直方向定位：由于含字符的区域灰度值小，背景灰度大，因此可以使用水平灰度积分投影确定字符垂直方向的位置，如图 3-46（a）所示。另外，由于含字符的区域灰度变化大，灰度微分值也大；且背景为亮色，灰度变化小，灰度微分值也小，因此也可以使用水平灰度微分投影确定字符垂直方向的位置，如图 3-46（b）所示。

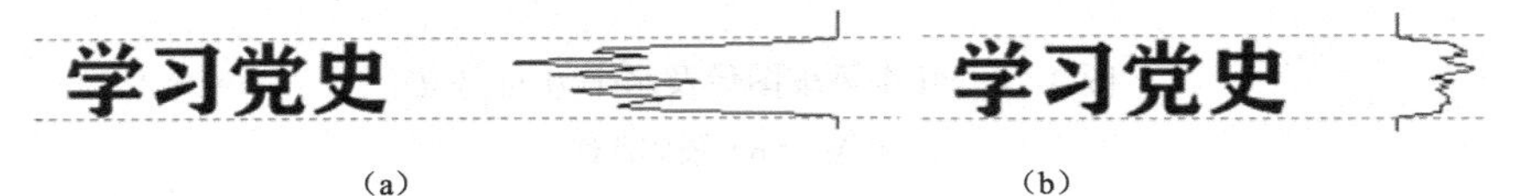

图 3-46 字符图像垂直方向定位

（a）水平灰度积分投影；（b）水平灰度微分投影

2. 垂直灰度微分投影

垂直灰度微分投影是将每一列相邻像素的灰度差值求和（或平均）后投影到水平方向上。设 y 的取值范围为 $y_1 \leqslant y \leqslant y_2$，那么垂直灰度微分投影可用式（3-35）、式（3-36）来表示。

求和：

$$D_v(x)=\sum_{y=y_1+1}^{y_2}\left|f(x,y)-f(x,y-1)\right| \tag{3-35}$$

平均：

$$A_v(x)=\frac{1}{y_2-y_1}\sum_{y=y_1+1}^{y_2}\left|f(x,y)-f(x,y-1)\right| \tag{3-36}$$

垂直灰度微分投影可以反映水平方向上每列像素灰度差的变化情况，图 3-47（a）是图 3-45（a）垂直灰度微分投影的直方图，图 3-47（b）则是其折线图。

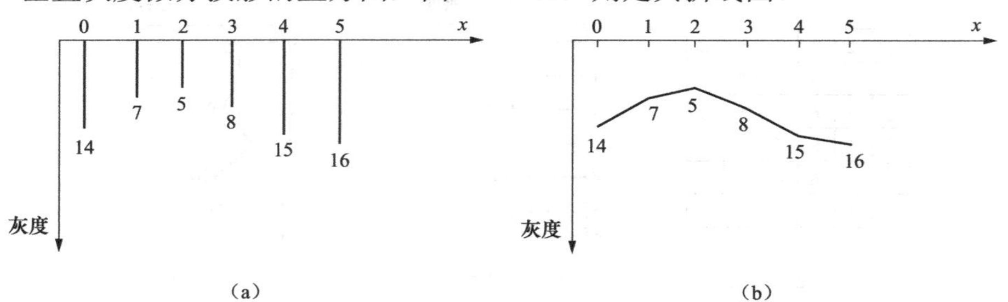

图 3-47 垂直灰度微分投影

（a）直方图；（b）折线图

垂直灰度微分平均投影函数的程序设计如下：

```
//输入参数：灰度图像 f[][]，投影范围 r
//输出参数：投影折线点的水平值 p
void VDifferentialProjection(BYTE f[500][500],RECT r,int p[500])
{   int k=0;
    for(int x=r.left+1;x<=r.right;x++)
        {   float s=0;
            for(int y=r.top+1;y<=r.bottom;y++) s=s+fabs(f[y][x]-f[y-1][x]);
            p[k++]=s/(r.bottom-r.top);
        }
}
```

对图 3-48 中的灰度字符进行分割，其中利用垂直灰度积分投影进行字符分割如图 3-48（a）所示，利用垂直灰度微分投影进行字符分割如图 3-48（b）所示。

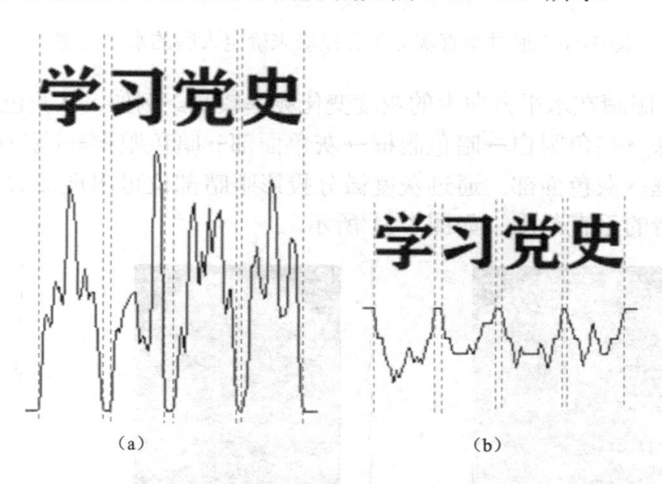

图 3-48　灰度字符分割

（a）垂直灰度积分投影；（b）垂直灰度微分投影

【案例 3-11】 对图 3-49 中的两个标准化人脸图像（源自 BJUT-3D 大型中文人脸数据库，The BJUT-3D large-scale Chinese face database）进行人眼定位。

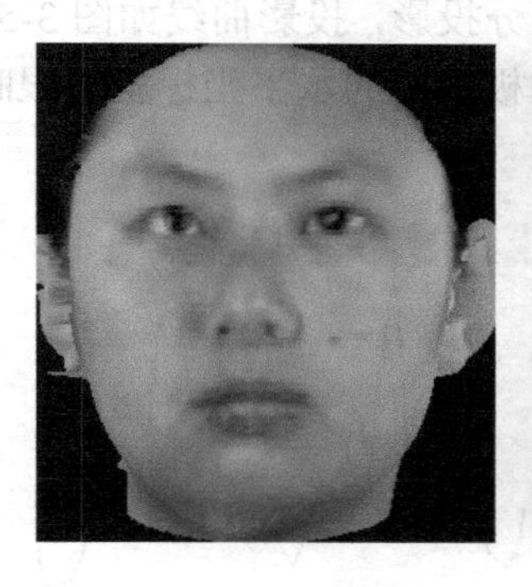 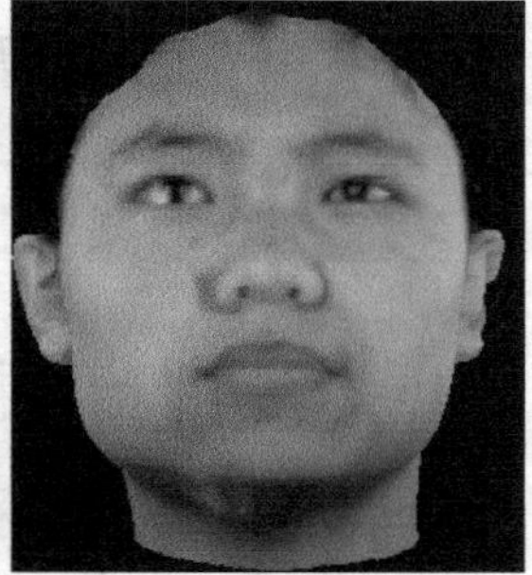

图 3-49　标准化人脸图像

根据背景暗、人脸亮的特点，通过垂直灰度积分投影来确定人脸的水平范围，如图 3-50 所示。

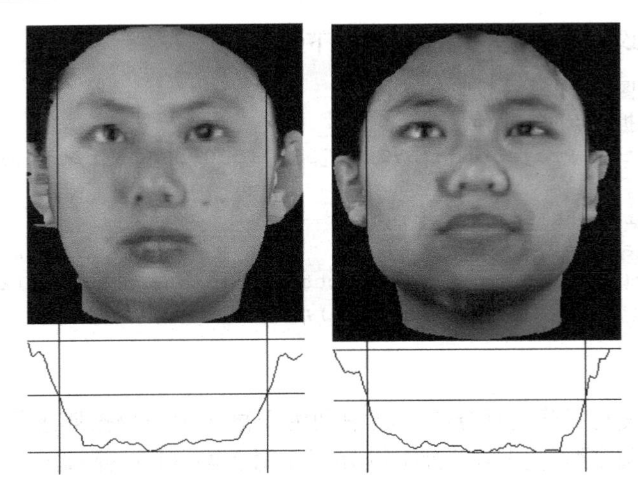

图 3-50　通过垂直灰度积分投影来确定人脸的水平范围

在人脸区域内，眼睛在水平方向上的灰度变化频率较高。例如，从灰色面部→暗色眼框→亮色眼白→暗黑眼珠→亮色眼白→暗色眼框→灰色面部→暗色眼框→亮色眼白→暗黑眼珠→亮色眼白→暗色眼框→灰色面部。通过灰度微分投影眼睛部位可出现极大值，根据极大值曲线的宽度可确定眼睛的垂直范围，如图 3-51 所示。

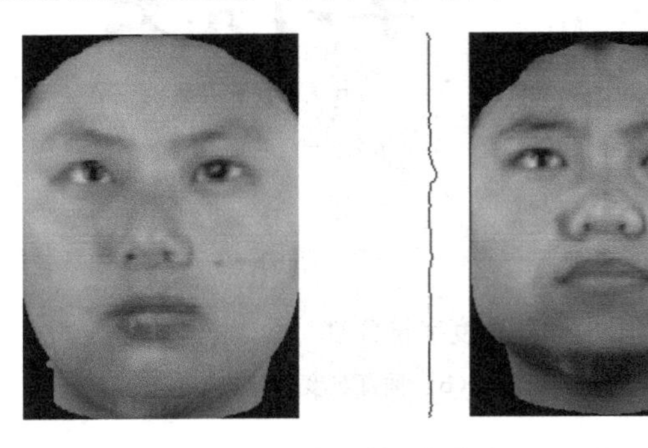

图 3-51　通过水平灰度微分投影确定眼睛的垂直范围

对眼睛垂直范围内的图像进行垂直灰度积分投影，投影曲线如图 3-52 所示。因为眼睛部位的眼珠灰度值较小，所以曲线中两个较小的极值峰的水平坐标就是眼睛在水平方向上的定位。

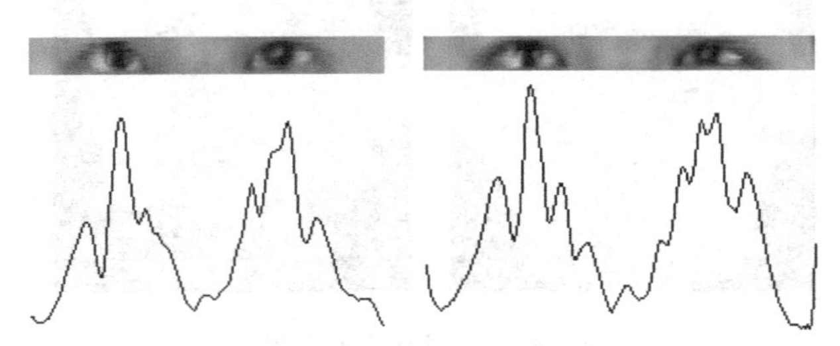

图 3-52　通过垂直灰度积分投影定位眼睛

【案例 3-12】 对图 3-53 中的人脸图像［源自奥利维蒂研究实验室（ORL）人脸数据库，

Olivetti Research Laboratory face database〕进行人眼定位。

图 3-53 人脸库图像

因为耳环与服装的影响，采用前面的方法并不能确定人眼的垂直位置。根据眼睛在人眼区域水平方向上灰度变化频率较高的特点，可以只突出垂直边界，使这个区域变亮。采用 Sobel 算子的一个滤波器，并增加一个符号可得到相反的滤波器，分别如下所示：

$$\begin{bmatrix} 1 & 0 & -1 \\ 2 & 0* & -2 \\ 1 & 0 & -1 \end{bmatrix} \begin{bmatrix} -1 & 0 & 1 \\ -2 & 0* & 2 \\ -1 & 0 & 1 \end{bmatrix}$$

通过 Sobel 算子处理可突出图像的垂直边缘，如图 3-54（a）所示。通过水平灰度积分投影，其最大值位置就是人眼的垂直位置，如图 3-54（b）所示。

为了后续处理的方便，需将投影曲线进行平滑处理。水平灰度积分投影曲线的平滑结果如图 3-54（c）所示。

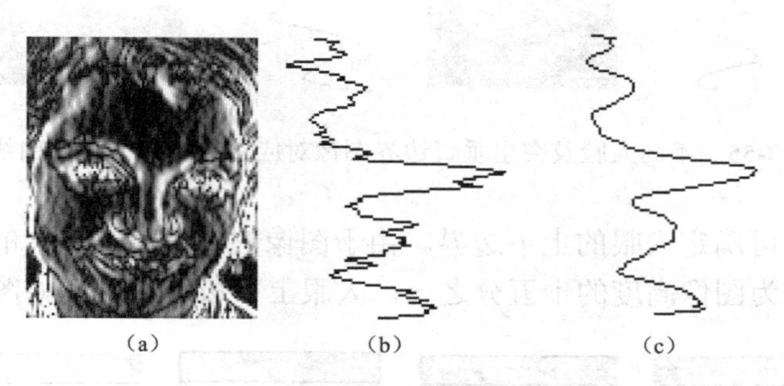

图 3-54 确定人眼垂直位置

（a）Sobel 算子处理；（b）水平灰度积分投影；（c）平滑处理

曲线平滑函数的程序设计如下：

```
//输入参数：原曲线 p[],曲线点数 n,平滑点数 s （s 为奇数）
//输出参数：平滑曲线 q
void ph(int p[],int n,int s,int q[])
{   for(int i=0;i<s/2;i++)
        q[i]=p[i],q[n-1-i]=p[n-1-i];    //曲线两端的点保留原值
    for(i=s/2;i<n-s/2;i++)
      {  q[i]=0;
         for(int j=-s/2;j<=s/2;j++)q[i]=q[i]+p[i+j];
         q[i]=q[i]/s;                   //曲线中的点取 s 个点平均
      }
}
```

计算曲线最大值函数的程序设计如下：

```
int Max(int p[],int n)
{   int pmax=p[0],max=0;
    for(int k=1;k<n; k++)
        if(pmax<p[k])pmax=p[k],max=k;    //定位人眼水平位置
    return max;
}
```

人眼水平位置定位的程序设计如下：

```
BYTE g[500][500];RECT r; int p[500],q[500];
float W1[3][3]={1,0,-1,2,0,-2,1,0,-1},
      W2[3][3]={-1,0,1,-2,0,2,-1,0,1};         //突出垂直边缘滤波器
Filtering2(f,h,w,W1,W2,g);                      //突出垂直边界滤波，f 为灰度图像
r.top=0,r.bottom=h-1,r.left=0,r.right=w-1;  //图像范围
HIntegralProjection(g,r,p);                     //水平灰度积分投影
ph(p,h,7,q);                                    //平滑曲线
int Yeye=Max(q,h);                              //定位眼睛垂直位置
```

不同人脸及突出垂直边界图像对应的灰度积分投影曲线如图 3-55 所示，曲线的水平最大值位置都能确定人眼的垂直位置。

图 3-55 不同人脸及突出垂直边界图像对应的灰度积分投影曲线

根据人眼的高度可确定人眼的上下边界。由于图像的高度就是人头的高度，因此可近似地定义人眼的半高度为图像高度的十五分之一。人眼上下边界的实例如图 3-56 所示。

图 3-56 人眼上下边界实例

对人眼上下边界区域内的突出水平边缘图像进行垂直灰度积分投影，可确定人眼的垂直位置。垂直灰度积分投影结果如图 3-57 所示。

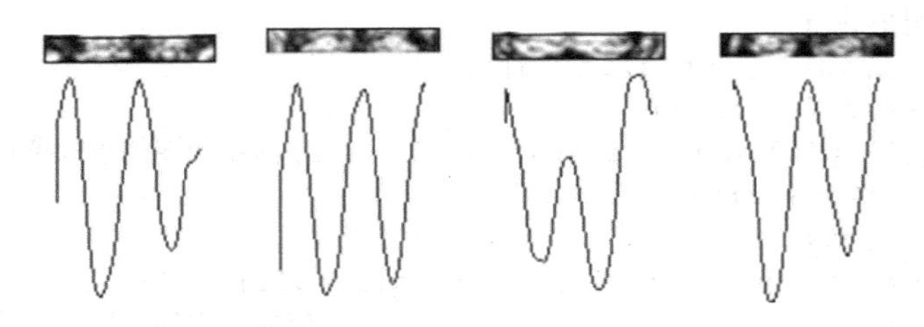

图 3-57 垂直灰度积分投影结果

从图 3-57 中可以看出，距离两眼中心最近的极小值是两眼中心垂直位置，在其两边最近的极大值就是眼睛的垂直位置。因此，需要计算投影曲线的所有极小值位置与极大值位置。

曲线的所有极小值位置函数的程序设计如下：

```
//输入参数：原曲线 q[],曲线的坐标范围 y1,y2
//输出参数：极小值位置 p[],极小值个数 k
void LimMin(int q[],int y1,int y2,int p[],int &k)
```

```
{   int t=0; k=0;
    for(int y=y1+1;y<y2;y++)
       if(q[y]-q[y-1]<0)t=1;
       else if(q [y]-q[y-1]==0 && t>=1)t++;
       else if(q [y]-q[y-1]>0 && t>=1)
         {p[k]=y-1-t/2,t=0;
          if(k>0 && p[k]-p[k-1]<3)p[k-1]=p[k-1]+(p[k]-p[k-1])/2;
          else k++;
         }
}
```

曲线的所有极大值位置函数的程序设计如下：

```
//输入参数：原曲线 q[],曲线的坐标范围 y1,y2
//输出参数：极大值位置 p[],极大值个数 k
void LimMax(int q[],int y1,int y2,int p[],int &k)
{   int t=0;k=0;
    for(int y=y1+1;y<y2;y++)
       if(q[y]-q[y-1]>0)t=1;
       else if(q[y]-q[y-1]==0 && t>=1)t++;
       else if(q[y]-q[y-1]<0 && t>=1)
          {p[k]=y-1-t/2,t=0;
          if(k>0 && p[k]-p[k-1]<3)p[k-1]=p[k-1]+(p[k]-p[k-1])/2;
          else k++;
          }

}
```

人眼垂直位置定位的程序设计如下：

```
float w1[3][3]={1,2,1,0,0,0,-1,-2,-1},
      w2[3][3]={-1,-2,-1,0,0,0,1,2,1};                   //突出水平边缘滤波器
Filtering2(im[0],h,w,w1,w2,g);                            //突出水平边界滤波
r.top=Yeye-h/5,r.bottom=Yeye+h/5,r.left=0,r.right=w-1;   //人眼范围
VIntegralProjection(g,r,p);                               //垂直灰度积分投影
ph(p,w,7,q);                                              //平滑曲线
int m,mx,Xeye1,Xeye2;
LimMin(q,3,w-3,p,m);                             //计算极小值
int mid=w/2;int min=fabs(mid-p[0]);mx=p[0];
for(int x=1;x<m;x++)
    if(fabs (mid-p[x])<min)
       {min=fabs(mid-p[x]);
        mx=p[x];                                 //离中心最近的极小值为两眼中心垂直位置mx
       }
LimMax(q,3,h-3,p,m);
    for(x=0;x<m;x++)
       if(mx>p[x] && mx<p[x+1])
          {Xeye1=p[x],Xeye2=p[x+1];              //离mx最近的极大值定位两个眼睛垂直位置
           break;
          }
```

人眼定位结果如图 3-58 所示。

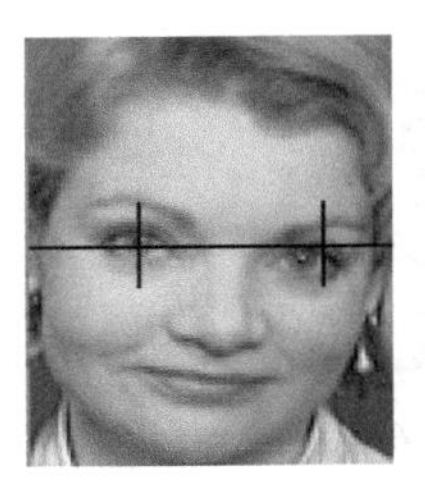 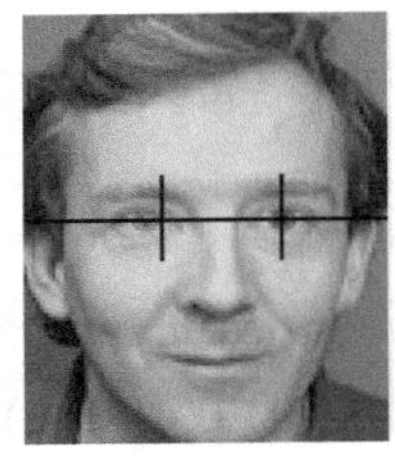 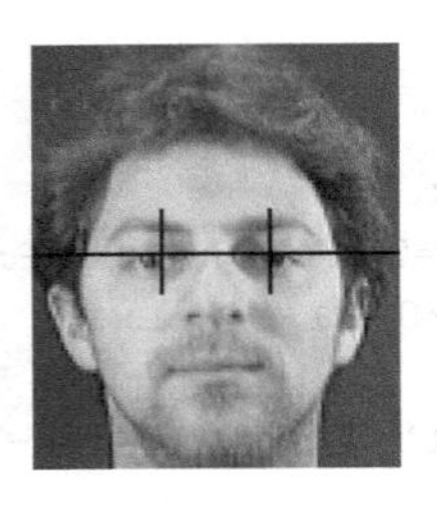 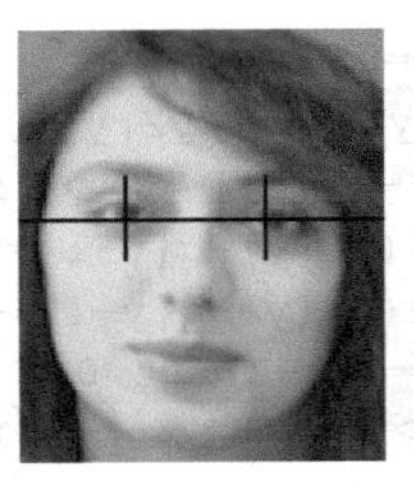 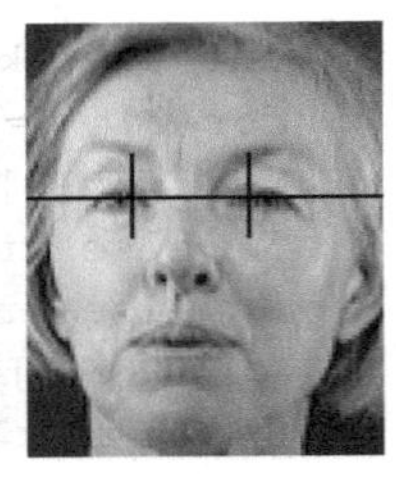

图 3-58　人眼定位结果

3.6 图 像 分 割

图像分割是将图像划分成若干个互不相交的小区域。小区域是某种意义下具有共同属性的像素的连通集合。

3.6.1　阈值分割

阈值分割是图像分割的一种常用方法。这里仅介绍只有一个全局阈值的图像分割，即通过一个全局阈值，将图像分割成目标与背景两个部分，一般称为二值化处理，二值化处理后的图像大都用黑、白两色表示。例如：

$$g(x,y)=\begin{cases}0 & f(x,y)<T\\255 & f(x,y)\geqslant T\end{cases} \tag{3-37}$$

这是灰度变换中的一种处理方法。

1. 基本全局阈值法

基本全局阈值法是通过多次迭代，自动地逐渐逼近最佳阈值。具体过程如下：

（1）计算初始阈值。将图像的平均灰度作为初始阈值 T。

（2）计算新的阈值。利用阈值将图像分为两组，并计算两组灰度的平均值 $G1$、$G2$，重新计算阈值，$T'=(G1+G2)/2$。

（3）重复步骤（2），直到最近两次迭代的阈值误差小于给定的误差为止。

【例 3-6】 对如图 3-59（a）所示的图像用基本全局阈值法进行分割（两次迭代的阈值误差小于 1）。

0	8	8	0
1	7	8	4
8	0	2	8
6	1	6	8

（a）

0	255	255	0
0	255	255	255
255	0	0	255
255	0	255	255

（b）

图 3-59　基本全局阈值法分割图像实例

（a）原图；（b）分割后的图像

解： 1）计算图像的平均灰度作为初始阈值：T=（6×8+7+2×6+4+2+2×1）/16≈4.7。

2）用阈值 4.7 将图像分为两组：

＜4.7　0，0，1，4，0，2，1　　　　　平均值为 1.14；

＞4.7　8，8，7，8，8，8，6，6，8　　　平均值为 7.44。

3）计算新的阈值：T'=（1.14+7.44）/2≈4.3。

4）用阈值 4.3 将图像分为两组：

<4.3　0，0，1，4，0，2，1　　　　平均值为 1.14；

>4.3　8，8，7，8，8，8，6，6，8　　平均值为 7.44。

5）计算新的阈值：T'=（1.14+7.44）/2≈4.3。

6）最近两次迭代的阈值差为 0，结束。

阈值取整为 4，分割后的图像如图 3-59（b）所示。

基本全局阈值法计算阈值函数的程序设计如下：

```
//输入参数：灰度图像 f[][]，图像高度 h，图像宽度 w，两次迭代的误差 e
//输出参数：函数返回阈值
int BasicGlobal(BYTE f[][500],int h,int w,int e)
{   float s=0,t0,t,m1,m2;int n1,n2,x,y;
    for(y=0;y<h;y++)
      for(x=0;x<w;x++)
          s=s+f[y][x];                      //所有像素灰度求和
    t0=s/(h*w);                             //灰度平均值作为阈值初值
    for(int k=0;k<100;k++)                  //迭代最多 100 次
       {n1=n2=m1=m2=0;
        for(y=0;y<h;y++)
          for(x=0;x<w;x++)
              if(f[y][x]>t0)m1=m1+f[y][x],n1++;
                                            //计算大于阈值灰度之和并统计个数
              else m2=m2+f[y][x],n2++;      //计算小于等于阈值的灰度之和并统计个数
        t=(m1/n1+m2/n2)/2;                  //重新计算阈值
        if(fabs(t-t0)<e)break;              //如果最近两次计算的阈值小于 e,则结束
        t0=t;
       }
    return((int)(t+0.5));                   //阈值四舍五入
}
```

将灰度图像二值化的函数的程序设计如下：

```
//输入参数：灰度图像 f[][]，图像高度 h，图像宽度 w，阈值 t
//输出参数：二值图像 g[][]
void GrayToTwo(BYTE f[][500], int h, int w, int t, BYTE g[][500])
{for (int y=0; y<h; y++)
     for (int x=0; x<w; x++)
         if (f[y][x]<t)g[y][x]=0;
         else g[y][x]=255;
}
```

基本全局阈值法适用于目标与背景的灰度分布差别比较明显的情况。如图 3-60（a）所示的图像，中间亮色目标与暗色背景对比非常明显，其灰度直方图如图 3-60（b）所示，从中也可以看出两组波峰分离较大，有明显的波谷，阈值在波谷中，比较容易选择。二值化后的图像如图 3-60（c）所示。

在目标与背景的灰度分布不太明显的情况下，可采用下面的最佳全局阈值法。

2. 最佳全局阈值法（Otsu 算法、大津算法）

采用 Otsu 算法确定最佳阈值的准则是分离的像素灰度组的组间方差最大。Ostu 算法是常用的自动计算图像阈值的方法。设图像总像素个数为 N，灰度值为 i 的像素个数为 n_i。Otsu 算法的计算步骤如下：

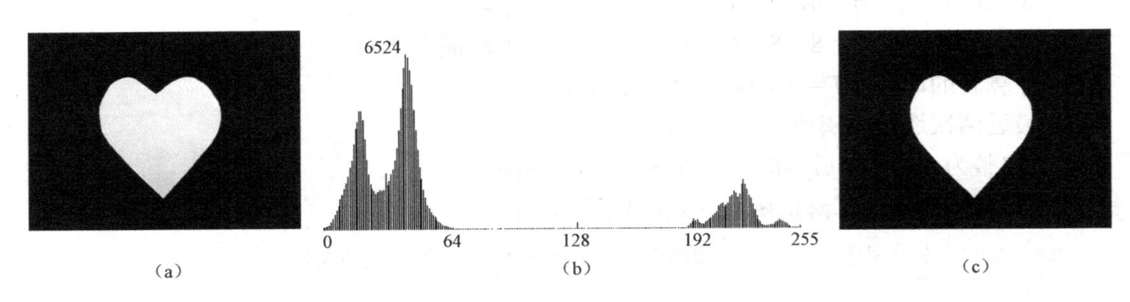

（a） （b） （c）

图 3-60 通过基本全局阈值法分割图像

（a）原图；（b）直方图；（c）二值化后的图像

（1）计算图像的归一化直方图 p_i：

$$p_i = \frac{n_i}{N} \tag{3-38}$$

（2）计算全局灰度均值 G：

$$G = \sum_{i=0}^{255} i p_i \tag{3-39}$$

（3）计算直方图累积和 P（k）（k=0，1，…，255）：

$$P(k) = \sum_{i=0}^{k} p_i \tag{3-40}$$

（4）计算累积均值 A（k）（k=0，1，…，255）：

$$A(k) = \sum_{i=0}^{k} i p_i \tag{3-41}$$

（5）计算组间方差 σ^2（k）（k=0，1，…，255）：

$$\sigma^2(k) = \frac{[GP(k) - A(k)]^2}{P(k)[1 - P(k)]} \quad [0 < P(k) < 1] \tag{3-42}$$

（6）使 σ^2（k）最大的 k^*就是 Otsu 阈值：

$$\sigma^2(k^*) = \max_{0 \leqslant k \leqslant 255} \sigma^2(k) \tag{3-43}$$

最佳全局阈值法计算阈值函数的程序设计如下：

```
//输入参数：灰度图像 f[][]，图像高度 h，图像宽度 w
//输出参数：函数返回阈值
int Otsu(BYTE f[][500], int h, int w)
{   float p[256], P[256], m[256], mG, mB[256], hd[256];
    for(int i=0; i<256; i++)hd[i]=0;
    for(int y=0; y<h; y++)
      for(int x=0; x<w; x++)
        hd[f[y][x]]++;                          //统计原图直方图
    for(i=0; i<256; i++) p[i]=hd[i]/(h*w);  //计算归一化直方图（频率）
    mG=0;
    for(i=0; i<256; i++) mG=mG+i*p[i];      //计算全局灰度均值
    for(int k=0; k<256; k++)
    {    P[k]=0,m[k]=0;
```

```
    for(i=0; i<=k; i++)P[k]=P[k]+p[i], m[k]=m[k]+i*p[i];
                                              //计算累积频率和累积频率均值
    if(P[k]>0 && P[k]<1)
       mB[k]=(mG*P[k]-m[k])*(mG*P[k]-m[k])/(P[k]*(1-P[k]));
                                              //计算组间方差
    else mB[k]=0;
  }
  float maxk=mB[0], kO=0;
  for(k=1; k<256; k++)
    if(mB[k]>maxk)maxk=mB[k],kO=k;            //计算最大组间方差
  return((int)(kO+0.5));
}
```

图3-61（a）是一个放在桌布上的过滤网勺的图像，图3-61（b）是相应的直方图，从中可以看出两组波峰不是很明显，图像对比度不高。采用基本全局阈值法分割的结果如图3-61（c）所示，没有达到期望的结果；采用最佳全局阈值法分割的结果如图3-61（d）所示，分割效果比较好。

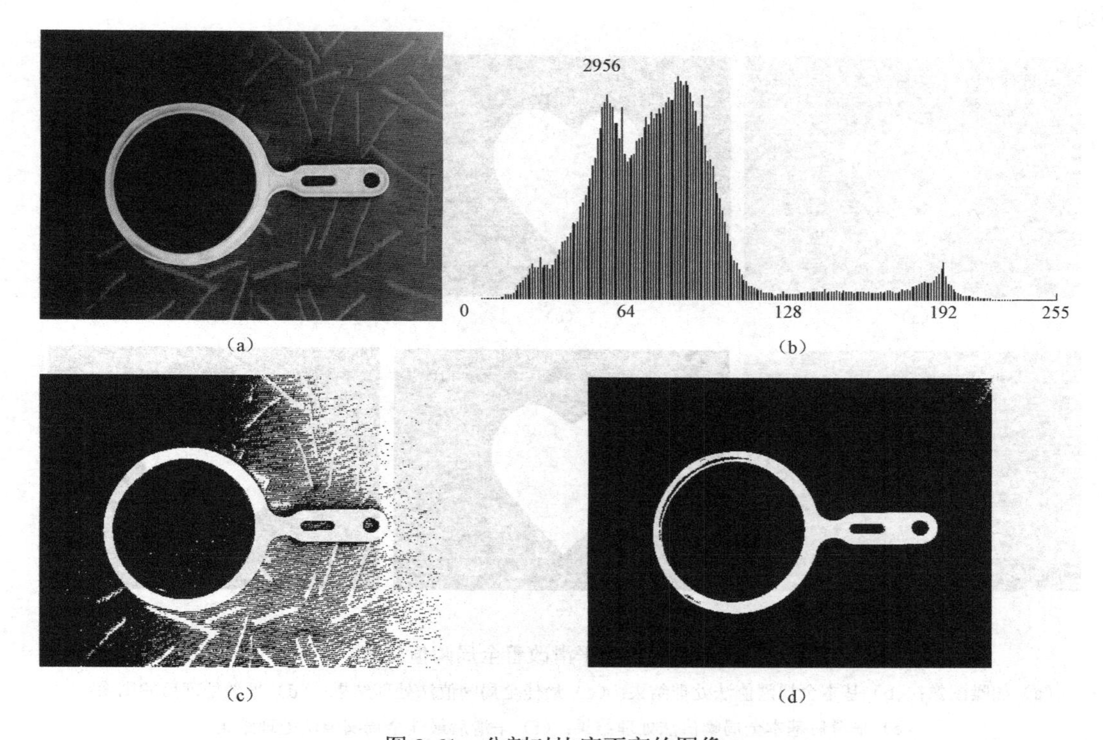

(a) (b) (c) (d)

图3-61 分割对比度不高的图像

（a）原图；（b）直方图；（c）采用基本全局阈值法分割；（d）采用最佳全局阈值法分割

图3-62（a）是一个小目标的图像，对其采用基本全局阈值法分割的结果不佳，如图3-62（b）所示；而对其采用最佳全局阈值法分割的结果较好，如图3-62（c）所示。所以，最佳全局阈值法较基本全局阈值法适用范围更广。

3. *用图像平滑改善全局阈值处理*

当图像有噪声干扰时，全局阈值法效果都不理想，但可以先对图像进行均值滤波处理。

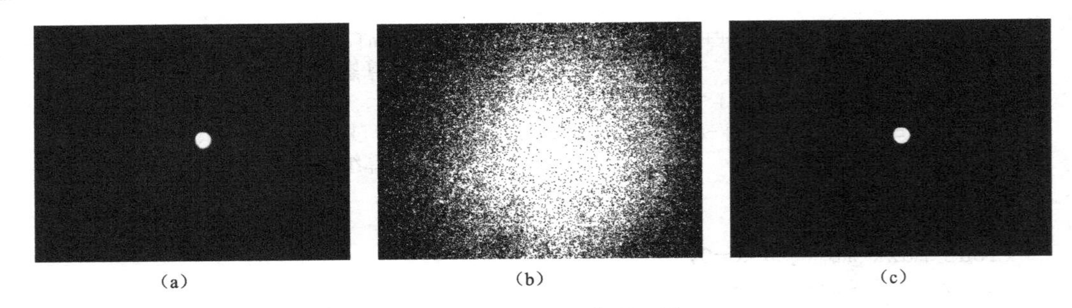

图 3-62　分割小目标的图像

（a）小目标图像；（b）基本全局阈值法分割；（c）最佳全局阈值法分割

图 3-63（a）是在图 3-60（a）的基础上添加了标准差为 20 个灰度级的高斯噪声的图像，对其进行基本全局阈值法和最佳全局阈值法处理的结果分别如图 3-63（b）、（c）所示，分割效果都不理想。对图 3-63（a）先进行 3×3 均值滤波器平滑处理，结果如图 3-63（d）所示；对平滑图像再进行基本全局阈值法和最佳全局阈值法处理的结果如图 3-63（e）、（f）所示，效果都很好。

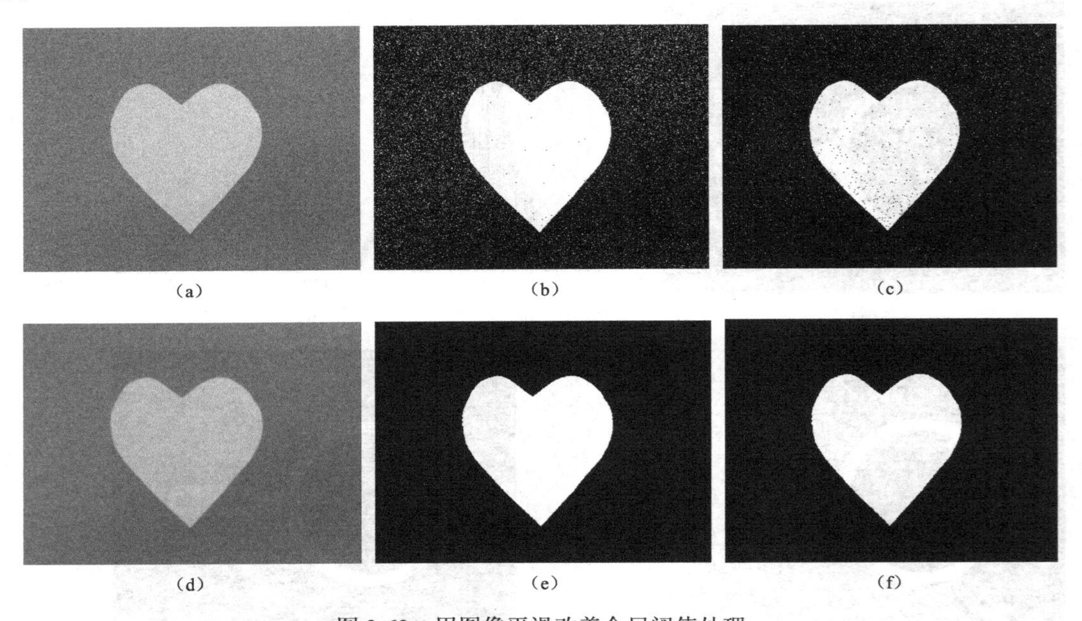

图 3-63　用图像平滑改善全局阈值处理

（a）加噪图像；（b）基本全局阈值法处理结果；（c）最佳全局阈值法处理结果；（d）平滑处理后的图像；
（e）平滑后基本全局阈值法处理结果；（f）平滑后最佳全局阈值法处理结果

【案例 3-13】 分割出如图 3-64（a）所示车牌图像中的每个字符。

从图 3-64（a）中可以看出，字符与背景灰度明显不同，采用最佳全局阈值法分割的结果如图 3-64（b）所示，其中上、下部有 4 个固定钉的噪点。对此，改进方法是先采用平滑处理，结果如图 3-64（c）所示；然后再进行最佳全局阈值法分割，结果如图 3-64（d）所示。

使用水平灰度积分投影，根据投影曲线在拐点从 0 到非 0 处对应起始位置，在拐点从非 0 到 0 处对应终止位置，确定车牌中每个字符的上下边界；再进行垂直灰度积分投影，根据投影曲线在拐点从 0 到非 0 处对应字符起始位置，在拐点从非 0 到 0 处对应字符终止位置，就可确定车牌中每个字符的左右边界，如图 3-65 所示。

图 3-64　车牌图像及其阈值分割

（a）原图；（b）最佳全局阈值法处理结果；（c）平滑处理结果；（d）平滑后最佳全局阈值法处理结果

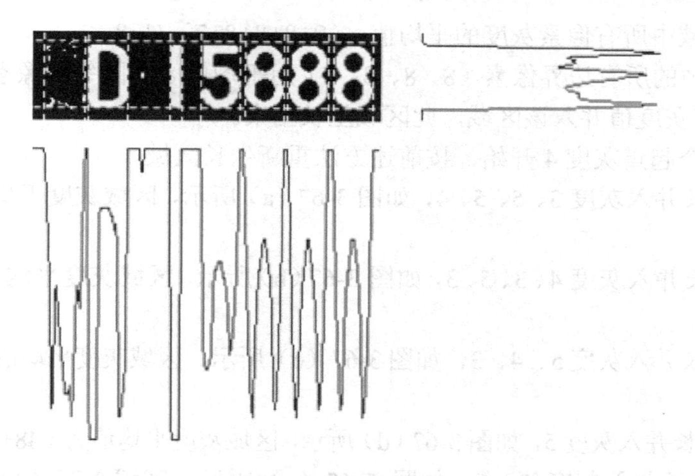

图 3-65　水平灰度积分投影和垂直灰度积分投影

3.6.2　区域生长分割

这里介绍的区域生长分割是以灰度的计算值为判别标准，考虑区域内部和区域边界的灰度计算值的不同，尽量保持区域中像素的灰度计算值的一致性，这样就可以更好地分辨图像中区域的真正边界。

1. *灰度相近的区域生长分割*

从已知的一个像素点开始，在各个方向（四邻域或八邻域）上生长相邻像素点，当其邻近点满足一致性准则时就并入生长区域中，当新点并入后再用新的区域重复生长过程，直到没有可并入的邻近点时生长过程完成。区域生长分割方法的关键在于定义一个一致性准则，用来判断相邻像素是否可以并入生长区域。

【例 3-7】 在四邻域上用单个像素生长实现区域分割，起点从圆圈内灰度 9 和 4 开始，如图 3-66（a）所示。相似性准则为：邻近点的灰度级与区域的平均灰度级差＜2。

解： 1）从其中一个起点灰度 9 开始，对 9 周围上、下、左、右四邻域上像素的灰度进行对比，其中左 8、上 8、下 8 满足相似性准则，并入生长区域，如图 3-66（b）所示。

2）求新区域中所有像素的灰度平均值：（9+8+8+8）/4=8.25。

3）对新区域中的所有边界像素（8、8、9、8）用区域像素平均值 8.25 对四邻域像素（已经并入生长区域的像素不再考虑）按相似性准则进行对比，结果灰度 7 并入该区域，如图 3-66（c）所示。

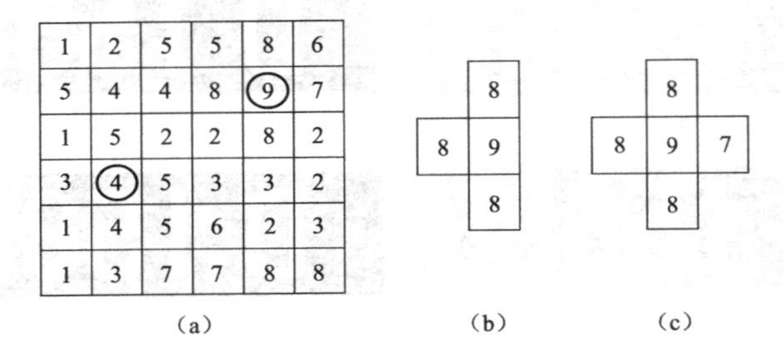

图 3-66 区域生长分割的第一个区域

（a）起点；（b）第一次生长；（c）第二次生长

4）再求新区域中所有像素灰度的平均值：（9+8+8+8+7）/5=8。

5）对新区域中的所有边界像素（8、8、8、7）用平均值 8 对四邻域像素按相似性准则进行对比，结果没有灰度值并入该区域，此区域生长结束。

6）再从另一个起点灰度 4 开始，按前述方法重新生长区域。

7）第一次生长并入灰度 3、5、5、4，如图 3-67（a）所示，区域灰度平均值为（4+3+5+5+4）/5=21/5=4.2。

8）第二次生长并入灰度 4、3、5、3，如图 3-67（b）所示，区域灰度平均值为（21+4+3+5+3）/9=36/9=4。

9）第三次生长并入灰度 5、4、3，如图 3-67（c）所示，区域灰度平均值为（36+5+4+3）/12=48/12=4。

10）第四次生长并入灰度 5，如图 3-67（d）所示，区域灰度平均值为（48+5）/13=53/13=4.1。

11）第五次生长并入灰度 5、6，如图 3-67（e）所示，区域灰度平均值为（53+5+6）/15=64/15=4.3。

12）没有符合条件的灰度值并入该区域，此区域生长结束。

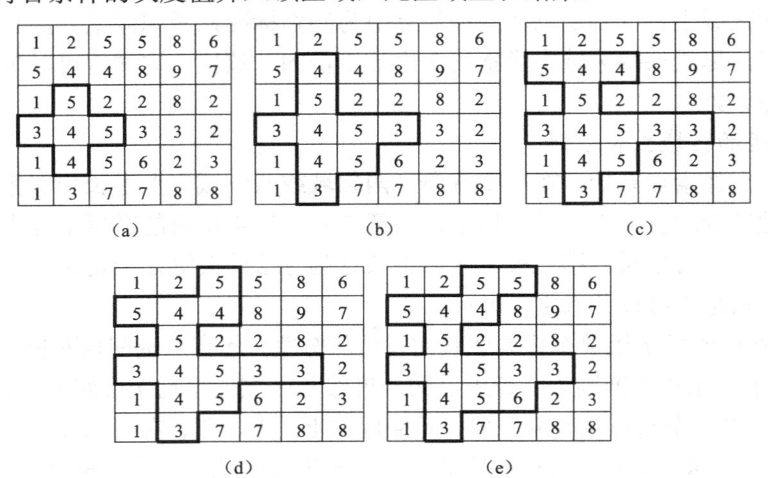

图 3-67 区域生长分割的第二个区域

（a）第一次生长；（b）第二次生长；（c）第三次生长；（d）第四次生长；（e）第五次生长

在实际应用中，【例3-7】中使用的方法对于有噪声的图像分割效果并不是很好，一般是在其他方法的基础上做进一步分割时才使用。

2. 灰度相同的区域生长分割

灰度相同的区域生长分割算法步骤如下：

（1）起点像素坐标入队，并做标记。

（2）当队列非空时，像素坐标出队；否则完成生长，结束。

（3）检查出队像素的左、上、右、下四邻域像素，如未标记且等于起点像素灰度，则将其坐标入队，并做标记。重复步骤（2）、（3）。

灰度相同的区域生长分割算法的程序设计如下：

```
//输入参数：二值图像g[][]，图像高度h和宽度w，起点像素坐标(x,y)，目标灰度gray
//输出参数：生长的目标区域坐标及大小xx[],yy[],n
void Grow(BYTE g[500][500],int h,int w,
          int x,int y,BYTE gray,int xx[],int yy[],int &n)
{  int f=0,r=0,X[1001],Y[1001],M=1000;COLORREF c1,c2;
   r++,X[r]=x,Y[r]=y;n=0;                         //起点像素坐标入队
   g[y][x]=255-gray;                              //起点像素做标记
   xx[n]=x,yy[n]=y,n++;                           //记录起点像素坐标
   while(f!=r)                                    //队头不等于队尾，继续循环
     {f=(f%M),f++,x=X[f],y=Y[f];                  //像素坐标出队
      if(x-1>=0 && g[y][x-1]==gray)               //左邻像素可生长
        {g[y][x-1]=255-gray,                      //像素做标记
         xx[n]=x-1,yy[n]=y,n++;                   //记录像素坐标
         r=(r%M),r++,X[r]=x-1,Y[r]=y;}            //左邻像素坐标入队
      if(y-1>=0 && g[y-1][x]==gray)               //上邻像素可生长
        {g[y-1][x]=255-gray;                      //像素做标记
         xx[n]=x,yy[n]=y-1,n++;                   //记录像素坐标
         r=(r%M),r++,X[r]=x,Y[r]=y-1;}            //上邻坐标入队
      if(x+1<w &&g[y][x+1]==gray)                 //右邻像素可生长
        {g[y][x+1]=255-gray;                      //像素做标记
         xx[n]=x+1,yy[n]=y,n++;                   //记录像素坐标
         r=(r%M),r++,X[r]=x+1,Y[r]=y;}            //右邻坐标入队
      if(y+1<h && g[y+1][x]==gray)                //下邻像素可生长
        {g[y+1][x]=255-gray;                      //像素做标记
         xx[n]=x,yy[n]=y+1,n++;                   //记录像素坐标
         r=(r%M),r++,X[r]=x,Y[r]=y+1;}            //下邻坐标入队
     }
}
```

【案例3-14】 对如图3-68（a）所示的灰度图像，分割出其中的马铃薯区域。

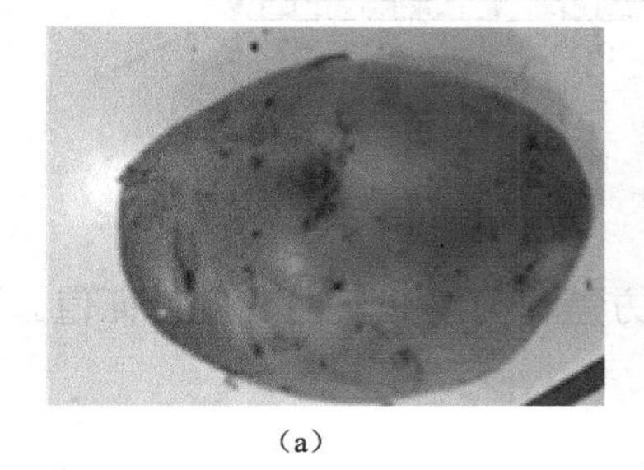

（a）

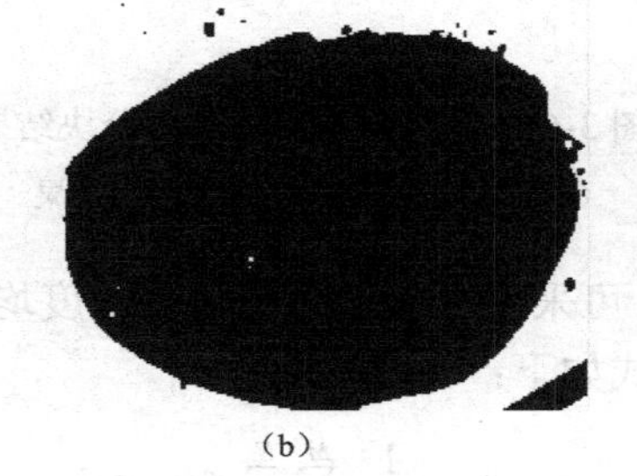

（b）

（c）

图3-68 马铃薯区域分割

（a）原图；（b）最佳全局阈值法分割结果；（c）区域生长分割结果

首先采用最佳全局阈值法进行分割，结果如图 3-68（b）所示，图中除了马铃薯区域为黑色外，周围还有一些噪声点及黑色条带；然后采用灰度相同的区域生长法进行进一步分割，任选一个黑色像素开始生长，生长结束的小区域予以删除，最后保留如图 3-68（c）所示的马铃薯区域。

以上分割过程的程序设计如下：

```
BYTE g[500][500];int xx[200000],yy[200000],n;float a[]={0,0,1};
CDC *p=GetDC ();
int t=Otsu(f,h,w);                    //计算阈值
GrayToTwo(f,h,w,t,g);                 //分割为二值图
DispGrayImage(p,g,h,w,0,0);           //显示二值图
for (int y=0;y<h;y++)
    for(int x=0;x<w;x++)
        if(g[y][x]==0)
            {  Grow(g,h,w,x,y,0,xx,yy,n);
               if(n>5000)
                 for(int i=0;i<n;i++)
                     p->SetPixel(xx[i]+500,yy[i],RGB(0,0,0));
                                      //显示马铃薯大区域
}
```

【案例 3-15】 分割如图 3-69（a）所示灰度道路图像中的道路区域。

为了方便分割道路，以小区域块作为生长单位，将图像进行分块，单元块的大小选择是进行后续道路分割的关键。如果单元块过大，会导致块中灰度信息过多，不能突出道路边缘的特征；如果单元块过小，会突出干扰信息，无法正确地分割道路区域。单元块的大小选择与图像的分辨率有关，经过实验可确定单元块的宽度与高度。分块结果如图 3-69（b）所示。

(a)

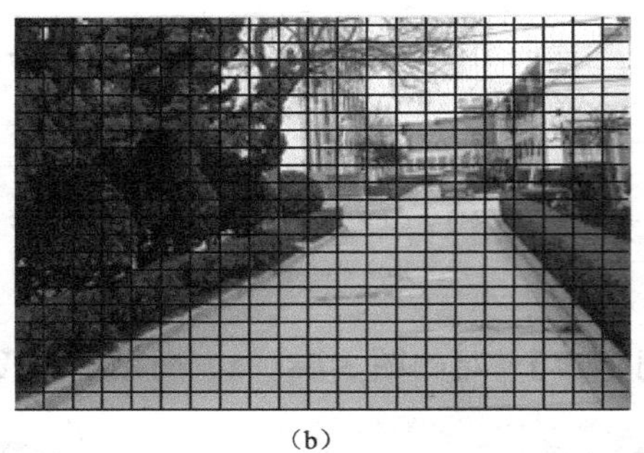
(b)

图 3-69 灰度道路图像及其分块结果

（a）灰度道路图像；（b）分块结果

为了区分道路与道路边缘，可采用单元块中的像素灰度均方差作为单元块的灰度特征值。灰度均值和灰度均方差的计算式如下：

$$A = \frac{1}{MN}\sum_{i=1}^{M}\sum_{j=1}^{N} f(i,j) \tag{3-44}$$

$$\sigma = \frac{1}{MN}\sum_{i=1}^{M}\sum_{j=1}^{N}\sqrt{\left[f(i,j)-A\right]^2} \tag{3-45}$$

式中：$f(i, j)$ 是单元块中的像素 (i, j) 处的灰度值；M、N 是单元块的宽与高。

由此可以得出，单元块处于道路中间时，灰度特征值较小；单元块处于道路边缘时，灰度特征值偏大。图 3-70（a）的灰度值是 20 倍灰度特征值。为了使道路边缘的单元块偏亮，可采用最佳全局阈值法进行分割，取 1/2 阈值作为道路的分割阈值，结果如图 3-70（b）所示。区域块生长从中下部黑色像素开始，生长结束后的区域就是道路区域，如图 3-70（c）所示。

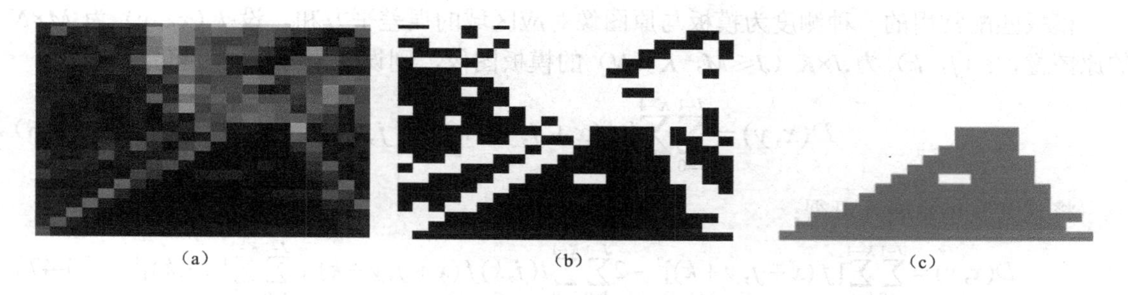

图 3-70 道路图像区域块灰度特征

（a）20 倍灰度特征；（b）最佳全局阈值法分割结果；（c）区域生长分割结果

分块方差灰度图像的程序设计如下：

```
//输入参数：灰度图像 f[][],图像高度 h 和宽度 w,分块高度 m,分块宽度 n
//输出参数：分块方差灰度图像 g[][]
void Variance (BYTE f[500][500],int h,int w,int m,int n,BYTE g[500][500])
{int x,y,i,j,k=0;float D,E;
 for(y=0;y<h;y++)
    for(x=0;x<w;x++)
        g[y][x]=0;
 for(y=0; y<h;y=y+m)
    for(x=0;x<w;x=x+n)
      {     E=0;
            for(j=0;j<m;j++)
                for(i=0;i<n;i++)
                    E=E+f[y+j][x+i];
            E=E/m/n; D=0;
            for(j=0;j<m;j++)
                for(i=0;i<n;i++)
                    if(y+j<h && x+i<w)
                        D=D+(f[y+j][x+i]-E)*(f[y+j][x+i]-E);     //方差
            D=sqrt(D)/m/n;
            for(j=0;j<m;j++)
                for(i=0;i<n;i++)
                    g[y+j][x+i]=20*D;
    }
}
```

3.7 图 像 匹 配

在图像识别的过程中，常常需要把在不同时间、不同成像条件下对同一景物获取的两幅或者多幅图像在空间上对准，或根据已知模式到另一幅图像中寻找相应的模式，这就是图像匹配。

模板匹配是用一个较小的图像（模板）与源图像进行比较，以确定在源图像中是否存在与该模板相同或相似的区域，若该区域存在，还可确定其位置并提取该区域。

模板匹配常用的一种测度为模板与原图像对应区域的误差平方和。设 $f(x, y)$ 为 $M \times N$ 的原图像，$t(j, k)$ 为 $J \times K$（$J \leqslant M$，$K \leqslant N$）的模板图像，则误差平方和测度可定义为：

$$D(x,y)=\sum_{j=0}^{J-1}\sum_{k=0}^{K-1}[f(x+j,y+k)-t(j,k)]^2 \tag{3-46}$$

将式（3-46）展开可得：

$$D(x,y)=\sum_{j=0}^{J-1}\sum_{k=0}^{K-1}[f(x+j,y+k)]^2-2\sum_{j=0}^{J-1}\sum_{k=0}^{K-1}t(j,k)f(x+j,y+k)+\sum_{j=0}^{J-1}\sum_{k=0}^{K-1}[t(j,k)]^2 \tag{3-47}$$

令原图像中与模板对应区域的能量为：

$$DS(x,y)=\sum_{j=0}^{J-1}\sum_{k=0}^{K-1}[f(x+j,y+k)]^2$$

模板与原图像对应区域的互相关为：

$$DST(x,y)=2\sum_{j=0}^{J-1}\sum_{k=0}^{K-1}t(j,k)f(x+j,y+k)$$

模板的能量为：

$$DT(x,y)=\sum_{j=0}^{J-1}\sum_{k=0}^{K-1}[t(j,k)]^2$$

则可用归一化互相关作为误差平方和测度，其定义为：

$$R(x,y)=\frac{\sum_{j=0}^{J-1}\sum_{k=0}^{K-1}t(j,k)f(x+j,y+k)}{\sqrt{\sum_{j=0}^{J-1}\sum_{k=0}^{K-1}[f(x+j,y+k)]^2}\sqrt{\sum_{j=0}^{J-1}\sum_{k=0}^{K-1}[t(j,k)]^2}} \tag{3-48}$$

当 x、y 变化时，$t(j, k)$ 在原图像区域移动并得出所有的 $R(x, y)$ 值，$R(x, y)$ 的最大值便指出了与 $t(j, k)$ 匹配的最佳位置。

用归一化互相关求匹配的计算工作量非常大，因为模板要在（$M-J+1$）×（$N-K+1$）个参考位置上做互相关计算，因此有必要对其进行改进，以提高运算速度。

模板匹配的几个过程如图 3-71 所示。

模板匹配的主要局限性有：

（1）只能进行平行移动，如原图像中要匹配的目标发生旋转或大小变化，则算法无效。

（2）当模板内容不是原图像的一部分时，其相关性也有最大值，但是并没有找到。

图 3-71 模板匹配过程

习 题

1．彩色图像转灰度图像有几种常用方法？

2．如果图 3-2 中彩色图像的背景是暗色，哪个分量的灰度图像能突出马铃薯？

3．如果需要将灰度图像特定灰度范围内的灰度变为白色或黑色，而其他范围内的灰度不变，则变换曲线是什么？

4．将灰度图像分为 3 级灰度的变换曲线是什么？

5．如何自动判断图像偏暗、偏亮还是对比度小？

6．已知一幅 256 级灰度图像的灰度值如图 3-72 所示，对该灰度图像用如图 3-73 所示的灰度曲线进行灰度变换。

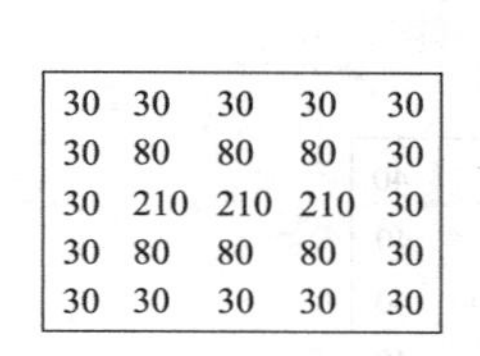

30	30	30	30	30
30	80	80	80	30
30	210	210	210	30
30	80	80	80	30
30	30	30	30	30

图 3-72 256 级灰度图像

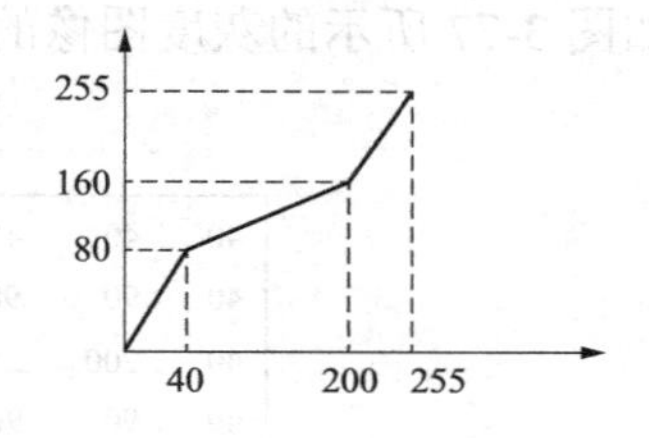

图 3-73 灰度曲线

7．画出如图 3-74 所示的 8×8 灰度图像的直方图，对其进行直方图均衡化处理到 256 级，并画出均衡化后的图像和它的直方图。

0	0	0	0	0	0	0	0
0	0	1	1	1	1	1	1
1	1	1	1	1	1	1	1
2	3	3	3	3	4	4	4
4	4	4	4	4	4	4	5
5	5	5	5	6	6	6	6
6	7	7	7	7	7	7	7
7	7	7	7	7	7	7	7

图 3-74 8×8 灰度图像

8．如果一幅灰度图像偏暗或偏亮，应采用什么变换？

9．对如图 3-75 所示的灰度图像进行均值滤波处理（采用 3×3 滤波器）。

0	0	0	0	0	0	0	0
0	0	0	0	0	0	0	0
0	0	4	4	4	4	0	0
0	0	4	7	7	4	0	0
0	0	4	7	7	4	0	0
0	0	4	4	4	4	0	0
0	0	0	0	0	0	0	0
0	0	0	0	0	0	0	0

图 3-75　灰度图像（一）

10．如果保证滤波器的系数之和为 0，那么加大系数的绝对值是否更能突出边界？

11．对如图 3-76 所示的灰度图像分别进行交叉梯度、Sobel 算子、四方向拉普拉斯锐化处理（不处理边界像素）。

1	1	1	1	1	1
1	1	1	1	1	1
1	1	1	1	1	1
1	1	1	8	8	8
1	1	1	8	8	8
1	1	1	8	8	8

图 3-76　灰度图像（二）

12．如果滤波器的系数之和大于 1，结果如何？

13．如何只突出水平或垂直边界？

14．分别画出如图 3-77 所示的灰度图像的水平灰度积分和微分投影曲线、垂直灰度积分和微分投影曲线。

40	40	40	40	40
40	90	90	90	40
40	200	200	200	40
40	90	90	90	40
40	40	40	40	40

图 3-77　灰度图像（三）

15．已知一幅灰度图像（见图 3-78），用基本全局阈值法进行分割，并将图像灰度二值化为 0 或 255。

0	9	6	7	0
1	8	0	2	1
0	7	8	1	1
1	2	2	9	2
1	1	1	7	2
2	8	7	1	0

图 3-78　灰度图像（四）

16．使用区域生长分割法对如图3-79所示的灰度图像进行分割，相似性准则是邻近点的灰度级与区域内的平均灰度级的差小于2（从圆圈内5开始从四个方向进行生长）。

5	9	6	9	5	7
2	5	6	5	6	8
1	4	⑤	6	6	4
5	7	9	5	5	6
8	9	7	10	8	9
8	5	7	5	6	5

图3-79 灰度图像（五）

第4章　彩色图像处理

在灰度图像处理的基础上，本章首先介绍了几种常用的颜色模型，然后重点介绍了彩色变换和彩色图像的空间滤波处理。

4.1　颜色模型

自然界的颜色变幻万千，也让我们的世界缤纷靓丽。在计算机中显示这些颜色就需要使用颜色模型。颜色模型有多种类型，本节仅介绍几种常用的颜色模型。

4.1.1　RGB 模型

在彩色图像中，一个像素有 *R*、*G*、*B* 三个分量，那么它使用的就是 RGB 模型。RGB 模型也称加色法混色模型，它是以 R（Red）、G（Green）、B（Blue）三色光相互叠加实现的混色模型。例如，当 R、G、B 三色只能各取一个标准亮度颜色值时，红绿叠加为黄色，红蓝叠加为品红，蓝绿叠加为青色，红蓝绿叠加为白色。二维空间的 RGB 模型只能表示七种颜色，如图 4-1 所示。

如果 R、G、B 三色可以各取多种不同的亮度值，就需要在三维空间表示 RGB 颜色模型，如图 4-2 所示。其中，*x* 方向表示 *R* 分量，*y* 方向表示 *G* 分量，*z* 方向表示 *B* 分量，*R*、*G*、*B* 的取值范围一般为立方体。当立方体的长度设为 1 时，（0，0，0）表示黑色，（1，1，1）表示白色，正方体的其他六个角所在的点分别为红（1，0，0）、黄（1，1，0）、绿（0，1，0）、青（0，1，1）、蓝（0，0，1）和品红（1，0，1）。

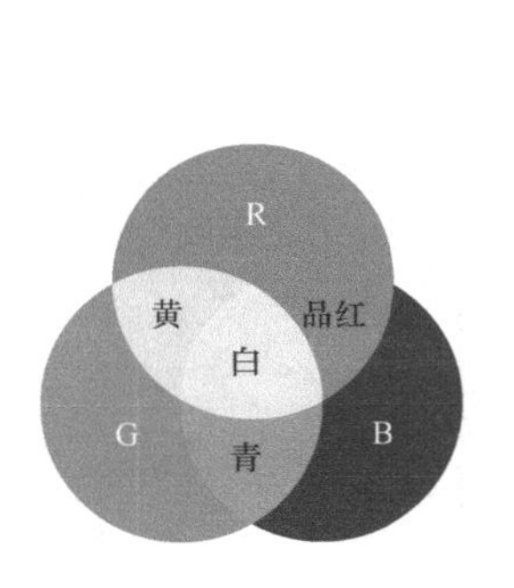

图 4-1　二维空间的 RGB 模型

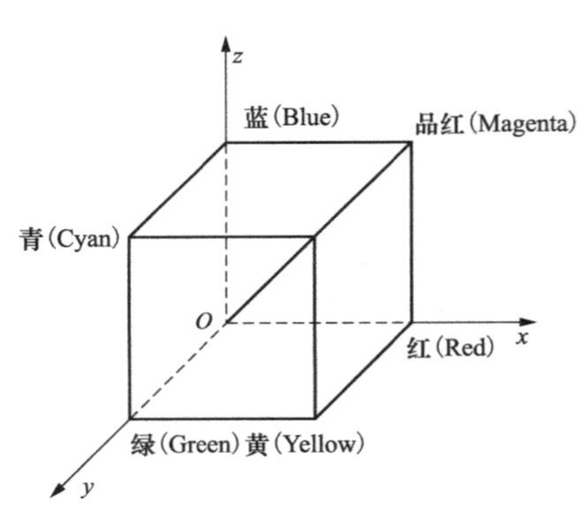

图 4-2　三维空间的 RGB 模型

如果 *R*、*G*、*B* 三个分量各用 8 位二进制位（1 个字节）表示，则每个分量的范围就为 0～255，坐标原点（0，0，0）表示黑色，（255，255，255）表示白色，正方体的其他六个角所在的点分别为红（255，0，0）、黄（255，255，0）、绿（0，255，0）、青（0，255，255）、蓝（0，0，255）和品红（255，0，1）。二维空间的 RGB 模型总共可以表示 256×256×256=16777216 种颜色，基本上可以表示绝大部分自然界中的颜色。

【案例 4-1】 中国传统色彩。

中国红、青花蓝、琉璃黄、国槐绿、长城灰、水墨黑、玉脂白等构成了一道缤纷靓丽的中国传统色彩风景线。

中国红是中华民族最喜爱的颜色，如国旗、国徽、党旗、党徽的底色都是中国红，其 RGB 值为（255，0，0）。中国特有的手工编织工艺品中国结、中国最古老的民间艺术之一剪纸等也大都采用中国红。青花蓝是极具代表性的中国传统色彩，其 RGB 值为（11，61，146）。陶瓷的发明是中华民族对世界文明的伟大贡献，特别是青花瓷是中国丰富多彩的艺术宝藏中的重要一员。

RGB 模型适合在显示器等发光体中使用，它所覆盖的颜色域取决于显示设备荧光点的颜色特性，与硬件相关，所以我们常称 RGB 模型是面向硬件设备的颜色模型。换句话说，如果要在显示器中显示颜色，就需要给定 RGB 值。但是，RGB 模型不适合人的视觉。

例如，虽然已知图像的每个像素的 RGB 值（见图 4-3），但人们还是说不出大致的颜色。反过来，如果给定一种颜色的显示结果，人们也较难给出相应近似的 RGB 值。所以，面向人的视觉需要采用其他颜色模型。

(158,33,32)	(155,32,32)	(162,65,64)	(174,92,95)	(141,28,26)	(131,14,8)	(164,52,53)	(180,61,65)	(156,28,25)
(158,35,34)	(158,46,46)	(166,67,70)	(151,33,45)	(138,14,16)	(153,51,44)	(180,93,92)	(163,50,52)	(152,28,19)
(157,39,37)	(165,63,63)	(159,52,54)	(142,16,22)	(149,32,33)	(169,69,67)	(155,51,49)	(158,47,43)	(151,27,18)
(152,36,35)	(144,32,32)	(142,24,26)	(141,21,26)	(148,34,36)	(150,36,34)	(147,28,21)	(150,34,22)	(151,32,18)
(146,29,28)	(139,23,25)	(137,16,19)	(144,24,32)	(148,36,40)	(151,39,35)	(150,30,18)	(155,35,24)	(147,23,13)
(141,26,26)	(136,20,23)	(142,23,25)	(153,44,45)	(150,45,45)	(150,39,35)	(160,45,33)	(159,30,20)	(153,21,13)
(132,15,16)	(131,13,17)	(146,32,31)	(153,48,46)	(145,40,39)	(151,46,43)	(162,48,40)	(159,28,11)	(160,33,11)

图 4-3 RGB 值

4.1.2 HSI 模型

HSI 模型可以从 RGB 模型中推导得出：如图 4-4（a）所示，将正方体的黑色（0，0，0）旋转到下方，白色（255，255，255）旋转到上方，通过品红、绿、白和黑色四个顶点切开正方体，可以发现四边切面只有两种颜色，连接白色和黑色的中心轴将四边形分为两个三角形，每个三角形都是一种颜色，如图 4-4（b）所示。其中一个三角形是绿色，只是鲜艳程度不同。从中心轴的灰色开始，向右可过渡到绿色，向左可过渡到品红。可以看出，正方体中的每一种颜色都对应一个三角形切面。

对如图 4-2 所示的正方体，沿着从（0，0，0）到（255，255，255）的方向进行投影，可以得到一个六边形，从而可将正方体近视为如图 4-4（c）所示的双棱锥。中间横切六边形的各顶点分别为红、黄、绿、青、蓝、品红。再用圆形代替六边形，可得到一个双圆锥模型，这就是 HSI 模型，如图 4-4（d）所示。

HSI 模型是色调（Hue）、亮度（Iuminance）、饱和度（Saturation）模型。将 HSI 模型从中间横切开，如图 4-5 所示。色调 H 用角度来表示不同的颜色：红色为 0°或 360°，绿色为 120°，蓝色为 240°。亮度 I 用高度来表示明暗程度：当 I=0 时，颜色为黑色，H 和 S 值都不起作用；当 I=1 时，颜色为白色，H 和 S 值也不起作用。饱和度 S 用半径长度来表示颜色的鲜艳程度：S 值越大颜色越鲜艳；当 S=0 时为中心轴，都是灰色，色调 H 不起作用。

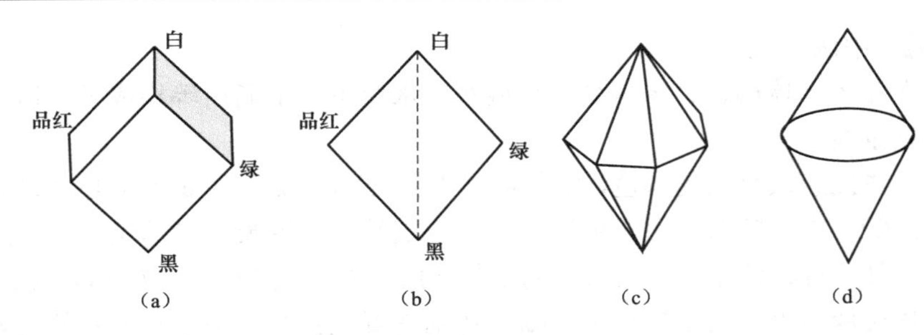

图 4-4 正方体转为投影后的六边形

（a）旋转正方体；（b）四边切面；（c）双棱锥；（d）双圆锥

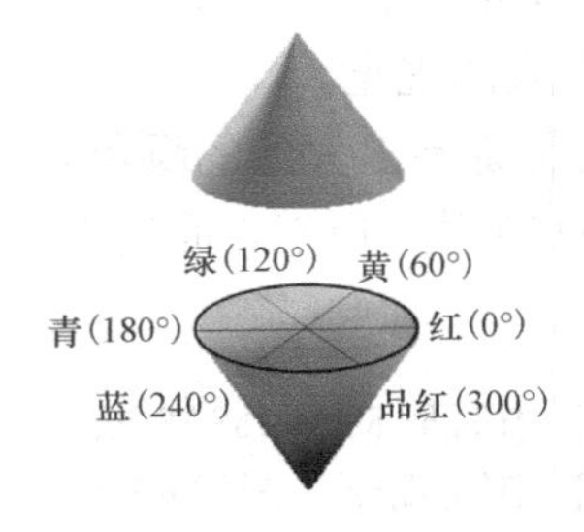

图 4-5 HSI 模型

采用 HSI 颜色模型能够较方便地设定实际物体的颜色：首先根据颜色设定色调 H，其次根据鲜艳程度设定饱和度 S，最后根据明暗程度设定亮度 I。如果颜色不吻合，可以有规律地调整 H、S、I 各分量的值，所以 HSI 模型是面向人视觉的模型。

4.1.3 RGB 与 HSI 转换

不同的颜色模型之间可以相互转换。对于 RGB 与 HSI 的转换，采用不同的推导方法，可以得到不同的关系式。设 R、G、B 与 S、I 的范围为 0～1，H 的范围为 0～2π，下面给出几何推导法的转换关系式。

RGB 转换到 HSI 的计算式如下：

$$I=\frac{1}{3}(R+G+B) \tag{4-1}$$

$$S=I-\frac{3}{R+G+B}[\min(R,G,B)] \tag{4-2}$$

$$H=\arccos\left\{\frac{[(R-G)+(R-B)]/2}{\left[(R-G)^2+(R-B)(G-B)\right]^{1/2}}\right\} \quad B>G:H=2\pi-H \tag{4-3}$$

由此可知，亮度是 R、G、B 的平均值，也就是平均灰度法的公式；饱和度与亮度相关；计算色度时，当 B 大于 G 时需要进行变换。

RGB 转换为 HSI 的函数的程序设计如下：

```
//输入参数：R、G、B 三分量值 r,g,b（0～255）
//输出参数：H、S、I 三分量值 h(0～360°), s(0～1), i(0～1)
void RGB_HSI(float r,float g, float b, float &h, float &s, float &i)
{  r=r/255, g=g/255, b=b/255;
   i=(r+b+g)/3;
   float min=r;
   if(g<r)min=g;
   if(b<min)min=b;
   s=1-3.0*min/(r+g+b);
   h=acos((2*r-g-b)/2/sqrt((r-g)*(r-g)+(r-b)*(g-b)));
   if(b>g)h=6.28-h;
   h=h*180/3.14;
}
```

HSI 转换到 RGB 的计算式如下：

$$\begin{cases} B = I(1-S) \\ R = I\left[1+\dfrac{S\cos H}{\cos(60^\circ - H)}\right] \\ G = 3I-(B+R) \end{cases} \quad H \in [0^\circ, 120^\circ] \tag{4-4}$$

$$\begin{cases} R = I(1-S) \\ G = I\left[1+\dfrac{S\cos(H-120^\circ)}{\cos(180^\circ - H)}\right] \\ B = 3I-(R+G) \end{cases} \quad H \in [120^\circ, 240^\circ] \tag{4-5}$$

$$\begin{cases} G = I(1-S) \\ B = I\left[1+\dfrac{S\cos(H-240^\circ)}{\cos(300^\circ - H)}\right] \\ R = 3I-(G+B) \end{cases} \quad H \in [240^\circ, 360^\circ] \tag{4-6}$$

HSI 转换为 RGB 的函数的程序设计如下：

```
//输入参数：H、S、I 三分量值 h(0～360°), s(0～1), i(0～1)
//输出参数：R、G、B 三分量值 r,g,b (0～255)
void HSI_RGB(float h, float s, float i, float &r, float &g, float &b)
{ float pi=3.1415926/180;
  if(h>=0 && h<120)
    r=i*(1+s*cos(h*pi)/cos((60-h)*pi)), b=i*(1-s), g=3*i-(b+r);
  else if(h>=120 && h<240)
    h=h-120, r=i*(1-s), g=i*(1+s*cos(h*pi)/cos((60-h)*pi)), b=3*i-(g+r);
  else if(h>=240 && h<360)
    h=h-240, g=i*(1-s), b=i*(1+s*cos(h*pi)/cos((60-h)*pi)), r=3*i-(g+b);
  if(r>1)r=1; else if(r<0)r=0;
  if(g>1)g=1; else if(g<0)g=0;
  if(b>1)b=1; else if(b<0)b=0;
  r=r*255, b=b*255, g=g*255;
}
```

【案例 4-2】 改变图 4-6（a）中头发的颜色。

(a)

(b)

(c)

图 4-6 改变图像中头发的颜色

（a）原图；（b）各像素都改为一种 RGB 值；（c）只改变各像素的 H 值

如果将人像头发区域的每个像素都改为一种 RGB 值，则没有立体效果，如图 4-6（b）所示。因此，应只改变每个像素的色调 H 值，饱和度 S 与亮度 I 不变，如图 4-6（c）所示。

改变颜色的具体编程过程需要通过鼠标按键定位并设定改变颜色的范围（如圆形范围）来实现，通过多次不同的鼠标按键可以增大范围。

（1）响应鼠标左键按下的函数的定义过程。在 Visual C++ 6.0 环境中打开前面已建立的 image 工程，在菜单“查看”下选择“建立类向导”，在弹出的对话框中的消息映射 Message Maps 选项卡下，在类名“Class name”中选择对话框类 CImageDlg，在对象 ID 列表 Object IDs 中选择对话框对象 CImageDlg，在消息列表 Messages 中选择 WM_LBUTTONDOWN，然后在成员函数 Member functions 中生成鼠标左键按下消息 ON_WM_LBUTTONDOWN 的响应函数 OnLButtonDown（见图 4-7），双击响应函数 OnLButtonDown 或单击“Edit Code”命令按钮，进入代码编辑窗口（见图 4-8）。

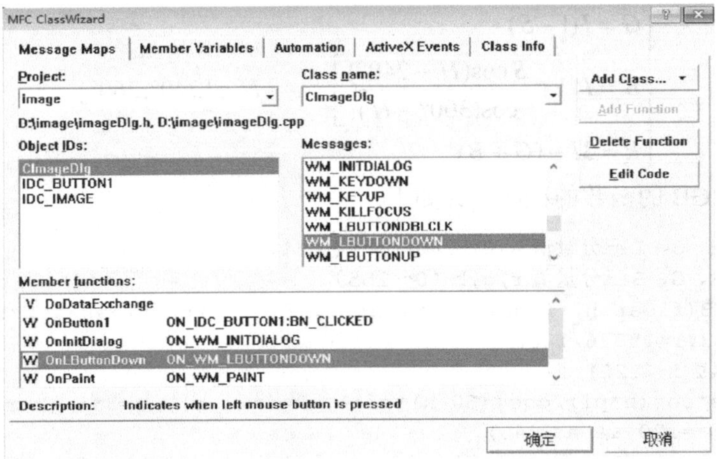

图 4-7　建立鼠标左键按下的响应函数

```
void CImageDlg::OnLButtonDown(UINT nFlags, CPoint point)
{
	// TODO: Add your message handler code here and/or call default

	CDialog::OnLButtonDown(nFlags, point);
}
```

图 4-8　生成鼠标左键按下的响应函数

（2）确定改变颜色区域的位置。鼠标左键按下的函数 OnLButtonDown（）的参数 point 就是鼠标左键按下时的坐标位置，通过此位置可以确定改变颜色的位置。

鼠标左键按下时的坐标位置是以对话框的左上角（不包括窗口标题部分）为原点，通常控件区用蓝色虚线标注，一般这两个区的原点没有重合［见图 4-9（a)］，鼠标选择的像素位置与显示的图像像素坐标不一致。为了使两者一致，最简单的方法是将蓝色虚线控件区域的左上角原点移到对话框原点［见图 4-9（b)］。

（3）添加程序代码。图 4-8 中鼠标左键按下的响应函数的伪代码设计如下：

```
for(不同半径 r)
    for(圆参数 t:0~1)
        {x=point.x+r*cos(t*6.28)
         y=point.y+r*sin(t*6.28)
         获取像素(x,y)的 RGB
```

```
        RGB转HSI,计算像素的H、S、I值
        将指定色调H0与S、I转为RGB
        在(x,y)显示改变后RGB
}
```

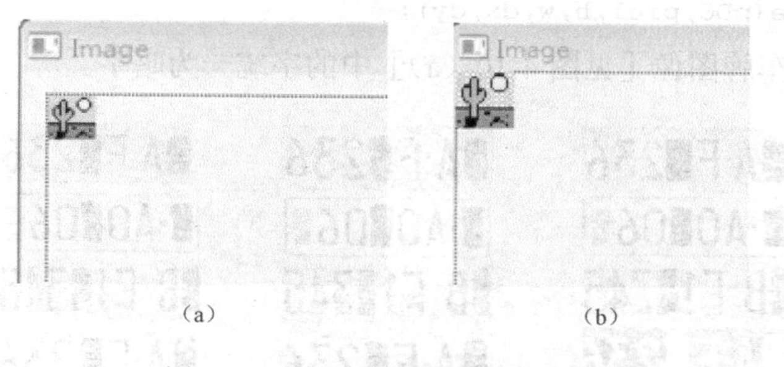

图 4-9 确定改变颜色区域的位置

(a) 控件区域原点；(b) 对话框原点

在改变颜色的过程中，当鼠标处在头发与背景的边界位置时，会很容易将背景颜色也改变了。为了避免这种操作，比较简单的办法是先获取头发的色调 $H0$，如果所要改变颜色的像素色调 H 与 $H0$ 的误差较大，说明这不是头发区域，不需要改变颜色。

改变头发颜色的方法可以应用于改变服装颜色或物体颜色。

4.2 彩色变换

这里所说的彩色变换是指对彩色图像的单个像素的RGB值直接进行变换，不涉及相邻像素。彩色变换可用式（4-7）表示：

$$g(k, x, y)=T[f(k, x, y)] \tag{4-7}$$

式中：$f(k, x, y)$（k=0，1，2）可以表示彩色图像在（x，y）处像素的 R、G、B 三个颜色分量，$g(k, x, y)$（k=0，1，2）为处理后的图像在（x，y）处像素的 R、G、B 三个颜色分量。

4.2.1 补色处理

补色处理类似于灰度图像的反转处理。对于256级灰度，补色变换可用式（4-8）表示：

$$g(k, x, y)=255-f(k, x, y) \tag{4-8}$$

RGB的补色变换是对彩色图像的 R、G、B 三个分量分别进行反转变换。例如：

将红色补色为青色：（255，255，255）-（255，0，0）=（0，255，255）；

将绿色补色为品红：（255，255，255）-（0，255，0）=（255，0，255）；

将蓝色补色为黄色：（255，255，255）-（0，0，255）=（255，255，0）。

【案例 4-3】 彩色打印机的CMYK模型。

CMYK模型是Cyan（青色）、Magenta（品红）、Yellow（黄色）、blacK（黑色）模型，是面向设备的印刷色彩模型。人眼看到的颜色实际上是物体吸收白光中特定频率的光而反射出来的其余的光的颜色。例如，青色是物体吸收红色光后反射出来的光的颜色，品红是物体吸收绿色光后反射出来的光的颜色，黄色是物体吸收蓝色光后反射出来的光的颜色。CMY以白色为底进行色减，即CMY均为0则颜色是白色，均为1则颜色是黑色。在实际使用中，由于油墨的纯度及成本等问题，通常引入黑色K。

RGB 补色变换的程序可以调用第 3 章中的灰度反转函数，其关键代码如下：

```
for(int k=0;k<3;k++)
    Reversion(pic[k],h,w,pic1[k]);      //pic[][][]为原彩色图像
DispColorImage(pDC,pic1,h,w,dx,dy);
```

【案例 4-4】 将车牌图像［见图 4-10（a）］中的字统一为暗字。

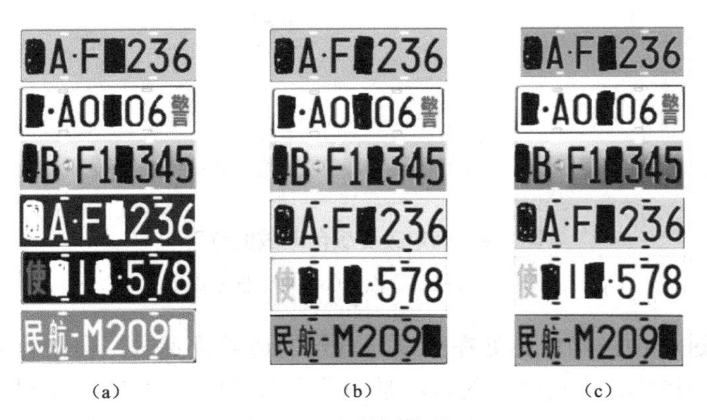

（a）　　（b）　　（c）

图 4-10　车牌图像处理

（a）原图；（b）反转处理；（c）转换为 HIS 提取亮度 I

首先将白字车牌图像进行反转处理，如图 4-10（b）所示；然后转换为 HSI 模型提取亮度 I，如图 4-10（c）所示；最后可以利用灰度投影曲线进行字符分割等处理。

4.2.2 幂律变换

对于 256 级灰度，根据灰度图像的幂律变换，可知彩色图像的幂律变换可用式（4-9）表示：

$$g(k,x,y)=255\left[f(k,x,y)/255\right]^{b} \tag{4-9}$$

RGB 幂律变换的程序可以调用第 3 章中的灰度幂律函数，其关键代码如下：

```
for(int k=0;k<3;k++)
    Power(pic[k],h,w,b,pic1[k]);
DispColorImage(pDC,pic1,h,w,dx,dy);
```

（1）幂次 $b<1$ 使图像整体变亮。图 4-11（a）为中国的象征天安门的彩色图像，取幂次 $b=0.5$，则图像整体变亮，如图 4-11（b）所示。

（a）

（b）

图 4-11　图像变亮处理

（a）原图；（b）幂律变换处理

（2）幂次 $b>1$ 使图像整体变暗。图 4-12（a）为世界文化遗产天坛的彩色图像，取幂次 $b=1.5$，则图像整体变暗，如图 4-12（b）所示。

（a） （b）

图 4-12 图像变暗处理

（a）原图；（b）幂律变换处理

【案例 4-5】 将人像的人脸美白、头发变深。

对人像的人脸美白就是将人脸区域变亮，头发变深就是将头发区域变暗，只是幂次 b 的取值不同。需要注意的是，当通过鼠标按键位置变亮圆形区域时，若多次不同的鼠标按键位置的圆形区域有交叉，则不能重复变白或变深。此时，需要通过一个二维数组 a 进行标记：

```
for(不同半径 r)
    for(圆参数 t:0~1)
        {   计算圆周上坐标(x,y)
            if(a[y][x]!=1)
            {
                获取像素(x,y)的 RGB
                R=255*pow(R/255.0,b);
                G=255*pow(G/255.0,b);
                B=255*pow(B/255.0,b);
                在(x,y)显示改变后 RGB;
                a[y][x]==1;
            }
        }
```

当将圆形区域变小时，通过颜色加深就可以描眉、画眼线及涂口红。对图 4-6（c）中的人脸进行美白的结果，如图 4-13（a）所示；对图 4-13（a）中人像的头发变深的结果，如图 4-13（b）所示；对图 4-13（b）中的人像描眉、画眼线及涂口红的结果，如图 4-13（c）所示。

（a） （b） （c）

图 4-13 人像美容结果

（a）人脸美白；（b）头发变深；（c）描眉、画眼线及涂口红

4.2.3 分段线性变换

对彩色图像的 R、G、B 三个分量可进行如下分段线性变换：

$$g(k,x,y)=\begin{cases}\dfrac{c}{a}f(k,x,y) & 0\leqslant f(k,x,y)<a\\ \dfrac{d-c}{b-a}[f(k,x,y)-a]+c & a\leqslant f(k,x,y)<b\\ \dfrac{M_g-d}{M_f-b}[f(k,x,y)-b]+d & b\leqslant f(k,x,y)\leqslant M_f\end{cases} \tag{4-10}$$

设 $M_g=M_f=255$，根据不同的 a、b、c 和 d 的值，就可产生不同的处理效果。

RGB 分段线性变换的关键程序如下：

```
for(int k=0;k<3;k++)
    SLinear(pic[k],h,w,a,b,c,d,put[k]);  //调用灰度图像的变换函数
DispColorImage(pDC,put,h,w,dx,dy);
```

（1）增加彩色图像的对比度。当 $a>c$ 且 $b<d$ 时，可增加彩色图像的对比度。对于如图 4-14（a）所示的广西桂林漓江图像，当 a=60、b=180、c=30、d=240 时，对 R、G、B 三个分量进行分段线性变换，可得到对比度增加的图像，如图 4-14（b）所示。

（a）

（b）

图 4-14　增加彩色图像的对比度

（a）原图；（b）增加对比度

（2）减小彩色图像的对比度。当 $a<c$ 且 $b>d$ 时，可减小彩色图像的对比度。

【案例 4-6】 处理彩色逆光图像使人像变亮。

对于如图 4-15（a）所示的图像，已知人像服装区域 R、G、B 三个分量都小于 50，背景海域 R、G、B 三个分量都大于 180，则当 a=50、b=220、c=100、d=180 时，对 R、G、B 三个分量进行分段线性变换，可得到对比度减小的图像，从而使服装花纹更清晰，如图 4-15（b）所示。

（a）

（b）

图 4-15　减小彩色图像的对比度

（a）原图；（b）减小对比度

4.3 彩色图像的空间滤波处理

对一幅彩色图像的每一个像素的 R、G、B 三分量值与空间相邻像素按一定的算法进行处理，可得到不同效果的图像。

4.3.1 彩色图像的模糊处理

彩色图像的模糊处理一般包括平滑处理、镶嵌处理、扩散处理等，它们可使图像呈现出不同的模糊效果。

1. 平滑处理

彩色图像的平滑处理可分为水平平滑处理、垂直平滑处理、四周平滑处理等。

水平平滑处理：

$$g(k,x,y)=\frac{1}{2n+1}\sum_{t=-n}^{n}f(k,x+t,y) \tag{4-11}$$

垂直平滑处理：

$$g(k,x,y)=\frac{1}{2n+1}\sum_{t=-n}^{n}f(k,x,y+t) \tag{4-12}$$

四周平滑处理：

$$g(k,x,y)=\frac{1}{(2n+1)^2}\sum_{t_1=-n}^{n}\sum_{t_2=-n}^{n}f(k,x+t_1,y+t_2) \tag{4-13}$$

式中：$2n+1$ 为平滑滤波的长度。n 越大，处理后的图像越模糊。

对于非边界的每个像素 (x,y)，四周平滑处理的程序设计如下：

```
for(int k=0;k<3;k++)                        //循环 RGB 三个分量
    {s=0;
     for(int i=-n;i<=n;i++)
        for(int j=-n;j<=n;j++)
         s+=f[k][y+j][x+i];                 //邻域范围内求和
     g[k][y][x]=s/((2*n+1)*(2*n+1));        //邻域平均值代替原像素值
     }
```

彩色图像平滑处理的结果，如图 4-16 所示。其中，图 4-16（a）是原图；图 4-16（b）是水平平滑处理结果图，其水平边界基本不变，垂直边界变得模糊；图 4-16（c）是垂直平滑处理结果图，其垂直边界基本不变，水平边界变得模糊；图 4-16（d）是四周平滑处理结果图，其四周边界都变得模糊。

图 4-16 彩色图像平滑处理的结果（一）

（a）原图；（b）水平平滑处理结果图

（c） （d）

图 4-16 彩色图像平滑处理的结果（二）

（c）垂直平滑处理结果图；（d）四周平滑处理结果图

【案例 4-7】 模拟汽车运行的动感效果及热气球上升或下降的动感效果。

对图 4-17（a）中的汽车图像局部区域进行水平平滑以模拟汽车运行的动感效果，如图 4-17（b）所示。对图 4-17（c）中的热气球图像局部区域进行垂直平滑以模拟热气球上升或下降的动感效果，如图 4-17（d）所示。

（a） （b） （c） （d）

图 4-17 彩色图像局部平滑处理的效果

（a）汽车原图；（b）动感效果；（c）热气球原图；（d）动感效果

【案例 4-8】 对人像图像进行淡化斑皱处理。

与局部美白不同，对人像图像的淡化斑皱处理，需要将平滑后的像素暂存，当局部区域（设为矩形区域）的像素全部平滑完成后，再显示出来。其关键程序如下：

```
num=(2*n+1)*(2*n+1);                          //平滑滤波窗口大小
unsigned int p1[3][50][50], p2[3][50][50];
j=0;
for(y=point.y-m;y<=point.y+m;y++)             //平滑垂直范围
```

```
  { i=0;
    for(x=point.x-m;x<=point.x+m;x++)        //平滑水平范围
    { COLORREF c=pDC->GetPixel(x,y);         //获取像素的颜色
      p1[0][j][i]=c & 0x000000FF;
      p1[1][j][i]=(c>>8) & 0x000000FF;
      p1[2][j][i]=(c>>16) & 0x000000FF;
      i++;
    }
    j++;
  }
for(int s=0;s<i;s++)
  for(int t=0;t<j;t++)
   { if(s<n||s>=i-n||t<n||t>=j-n)     //平滑区边界取原像素值
       for(int k=0;k<3;k++)
          p2[k][t][s]=p1[k][t][s];
     else
       { for(int k=0;k<3;k++)p2[k][t][s]=0;
         for(int u=-n;u<=n;u++)
            for(int v=-n;v<=n;v++)
              for(int k=0;k<3;k++)
                 p2[k][t][s]+=p1[k][t+v][s+u];
         p2[0][t][s]/=num,p2[1][t][s]/=num,p2[2][t][s]/=num; //平滑处理
        }
    }
j=0;
for(y=point.y-m;y<=point.y+m;y++)        //显示处理后的像素颜色
 { i=0;
   for(int x=point.x-m;x<=point.x+m;x++)
     {pDC->SetPixel(x,y,RGB(p2[0][j][i],p2[1][j][i],p2[2][j][i]));i++;}
   j++;
 }
```

对 4-18（a）中的人像淡化斑皱的效果如图 4-18（b）所示。

（a）

（b）

图 4-18 淡化斑皱处理

（a）原图；（b）效果图

2. 镶嵌处理

镶嵌处理是指将图像划分成多个小区域块，每一个区域块中像素的 RGB 颜色值都取此区

域内原图像像素 RGB 颜色值的平均值，即：

$$g(k,x,y)=\frac{1}{(2n+1)^2}\sum_{i=-n}^{n}\sum_{j=-n}^{n}f(k,x+i,y+j) \tag{4-14}$$

$$g(k,x+i,y+j)=g(k,x,y) \quad (-n\leqslant i\leqslant n,-n\leqslant j\leqslant n) \tag{4-15}$$

【例 4-1】 将如图 4-19（a）所示的彩色图像中的红色 R 分量进行 3×3 镶嵌处理。

解： 第一个小区域块处理结果：（1+2+3+6+4+3+1+6+6）/9≈3，如图 4-19（b）所示；

第二个小区域块处理结果：（4+5+6+2+2+1+4+6+6）/9=4，如图 4-19（c）所示；

第三个小区域块处理结果：（3+4+5+9+4+6+9+8+6）/9=6，如图 4-19（d）所示；

第四个小区域块处理结果：（6+6+6+6+2+3+4+6+6）/9=5，如图 4-19（e）所示。

1	2	3	4	5	6
6	4	3	2	2	1
1	6	6	4	6	6
3	4	5	6	6	6
9	4	6	6	2	3
9	8	6	4	6	6

（a）

3	3	3	4	5	6
3	3	3	2	2	1
3	3	3	4	6	6
3	4	5	6	6	6
9	4	6	6	2	3
9	8	6	4	6	6

（b）

3	3	3	4	4	4
3	3	3	4	4	4
3	3	3	4	4	4
3	4	5	6	6	6
9	4	6	6	2	3
9	8	6	4	6	6

（c）

3	3	3	4	4	4
3	3	3	4	4	4
3	3	3	4	4	4
6	6	6	6	6	6
6	6	6	6	2	3
6	6	6	4	6	6

（d）

3	3	3	4	4	4
3	3	3	4	4	4
3	3	3	4	4	4
6	6	6	5	5	5
6	6	6	5	5	5
6	6	6	5	5	5

（e）

图 4-19　镶嵌处理示例

（a）原图；（b）第一个小区域块处理结果；（c）第二个小区域块处理结果；

（d）第三个小区域块处理结果；（e）第四个小区域块处理结果

彩色图像镶嵌处理的函数程序设计如下：

```
//输入参数：彩色图像 pic[][][]，图像高度 h，图像宽度 w，镶嵌区域长度 2n+1
//输出参数：镶嵌处理后的图像 put[][][]
void Inset(BYTE pic[3][500][500], int h, int w,int n, BYTE put[3][500][500])
{ float g[3];
  for(int y=n; y<h-n; y=y+n)
   for(int x=n; x<w-n; x=x+n)
   { g[0]=0, g[1]=0, g[2]=0;
     for(int k=0; k<3; k++)
      {for(int i=-n; i<=n; i++)
         for(int j=-n; j<=n; j++)
           g[k]+=pic[k][y+j][x+i];
       g[k]/=(2*n+1)*(2*n+1);
      }
     for(k=0; k<3; k++)
```

```
        for(int i=-n; i<=n; i++)
         for(int j=-n; j<=n; j++)
           put[k][y+j][x+i]=g[k];
    }
}
```

对如图 4-20（a）所示的冰川湖图像进行镶嵌处理，效果如图 4-20（b）所示。处理结果模拟降低图像分辨率的效果，也就是通常所说的“马赛克”效果。

（a）

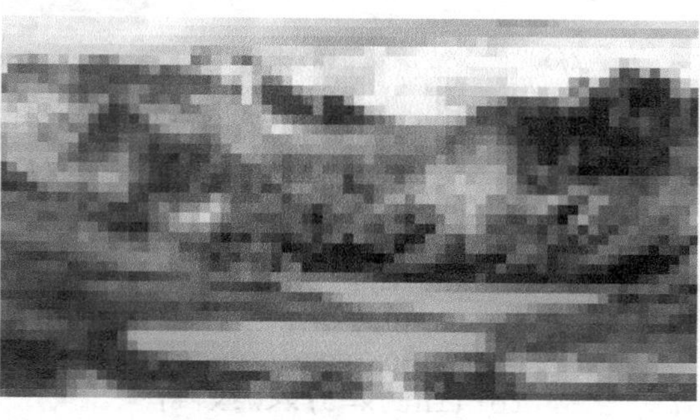

（b）

图 4-20　冰川湖图像镶嵌处理的效果

（a）原图；（b）镶嵌图像

【案例 4-9】 将一幅牡丹花（中国十大名花，百花之王）图像变为十字绣图案，颜色定为 512 色，并计算每种颜色的线长（以邻域块为单位）。

1）调用图像镶嵌处理的函数将原图像变为镶嵌图像（见图 4-21）。

（a）　　（b）

图 4-21　图像镶嵌处理的效果

（a）原图像；（b）镶嵌图像

2）镶嵌图像转为十字绣效果。将每小块形状［见图 4-22（a）］改为十字绣叉形状［见图 4-22（b）］，如此将整个镶嵌图像［见图 4-22（c）］转为十字绣图案的效果如图 4-22（d）所示。

3）经过彩色变换将颜色降为 512 色。原彩色图像具有 256×256×256 种颜色，而十字绣线的颜色不可能有这么多种，需要减少颜色数。如果将其变为 512 种，则 R、G、B 三个分量的级数要简并为 8 级，即 8×8×8=512 种颜色。其函数的程序设计如下（参数 m 为 R、G、B

三个分量的级数）：

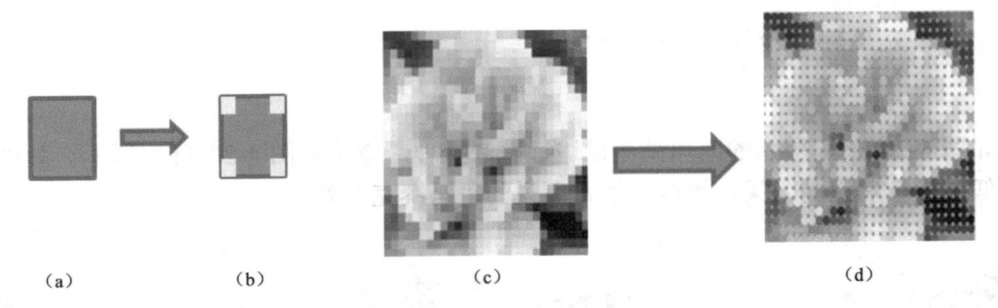

图 4-22　镶嵌图像转为十字绣效果

（a）每小块形状；（b）十字绣叉形状；（c）镶嵌图像；（d）十字绣效果

```
void ColorChange(BYTE p[3][500][500],long h,long w,int m)
{   int n=256/m,a[20];
    for(int i=0;i<=m;i++)a[i]=i*n;
    for(int y=0;y<h;y++)
        for(int x=0;x<w;x++)
            for(int k=0;k<3;k++)
                for(int i=0;i<m;i++)
                    if(p[k][y][x]>=a[i]&& p[k][y][x]<a[i+1])p[k][y][x]=a[i];
}
```

4）统计出现颜色的十字块数。为了计算每种颜色的线长，需统计每种颜色的十字块数。其关键代码如下：

```
long cn[512]={0};BYTE p[3][512];
for(int y=0;y<h;y++)
    for(int x=0;x<w;x++)
    {   long R=pic1[0][y][x]/32,G=pic1[1][y][x]/32,B=pic1[2][y][x]/32;
                                  //镶嵌图像每个 RGB 转为 8 级
        G=(G<<3)&56,B=(B<<6)&448;
        int f=0;f=f|R|G|B;  //将 RGB 三个分量合并为一个颜色级
        cn[f]++;            //每个颜色级计数
        p[0][f]=pic1[0][y][x],p[1][f]=pic1[1][y][x],p[2][f]=pic1[2][y][x];
                                  //保存每个颜色级的颜色
    }
```

5）显示每级颜色块的颜色及块数。图 4-22（d）中颜色的序号、颜色级及块数显示效果如图 4-23 所示。

0 ■ 73, 1 ■ 5, 2 ■ 21, 3 ■ 20, 4, ■ 20, 5 ■ 2, 6 ■ 2, 7■ 44, 8 ■ 15, 9 ■ 3, 10 ■ 55,
11 ■ 13, 12 ■ 14, 13 ■ 47, 14 ■ 14, 15, ■ 3, 16 ■ 5, 17 ■ 4, 18■ 5, 19 ■ 3, 20 ■ 2, 21 ■ 29,
22 ■ 11, 23 ■ 33, 24 ■ 4, 25 ■ 3, 26, ■ 9, 27 ■ 8, 28 ■ 5, 29■ 12, 30 ■ 17, 31 ■ 5, 32 ■ 16,
33 ■ 1, 34 ■ 2, 35 ■ 15, 36 ■ 10, 37, ■ 33, 38 ■ 3, 39 ■ 4, 40■ 23, 41 ■ 57, 42 ■ 2, 43 ■ 2,
44 ■ 7, 45 □ 6, 46 ■ 2, 47 ■ 6, 48, ■ 1, 49 ■ 26, 50 ■ 3, 51■ 14, 52 ■ 5, 53 ■ 29, 54 ■ 3,
55 ■ 24, 56 ■ 122, 57 ■ 8, 58 ■ 10, 59, ■ 2, 60 ■ 13, 61 ■ 12, 62■ 73, 63 ■ 14, 64 ■ 200, 65 ■ 27,
66 ■ 38, 67 ■ 2, 68 ■ 21, 69 ■ 3, 70, □ 48, 71 ■ 3, 72 ■ 186, 73■ 12, 74 ■ 127, 75 ■ 386,

图 4-23　序号、颜色级及块数显示效果

6）以颜色序号显示图案。为了方便用户在刺绣时分辨相近的颜色，应该有一幅以颜色序

号显示的图案。图 4-22（d）中部分颜色序号的显示图案如图 4-24 所示。

75	3	7	75	7	75	10	21	75	35	75	37	51	75	51	75	52	60	75	65	75	72	72	75	72	75	74	61	75
3	3	7	7	7	10	10	21	21	35	37	37	51	51	51	52	52	60	60	65	72	72	72	72	72	74	74	61	61
10	10	7	7	7	7	7	7	7	7	10	10	32	32	68	74	74	72	72	72	72	72	70	70	72	72	72	74	74
75	10	7	75	7	75	7	7	75	7	75	10	32	75	68	75	74	72	75	72	75	72	70	75	72	75	72	74	75
21	21	36	36	10	3	3	7	7	7	8	8	63	63	64	64	64	64	64	64	64	64	62	62	72	72	72	74	74
75	21	49	75	49	75	10	8	75	11	75	15	64	75	64	75	62	62	75	62	75	56	64	75	72	75	72	72	75
21	21	49	49	49	10	10	8	8	11	15	15	64	64	64	62	62	62	62	62	56	56	64	64	72	72	72	72	72
23	23	49	49	51	37	37	32	32	63	64	64	64	64	56	53	53	53	53	41	41	41	72	72	70	64	64	62	62
75	23	49	75	51	75	37	32	75	63	75	64	64	75	56	75	53	53	75	41	75	41	72	75	70	75	64	62	75
24	24	37	37	51	68	68	74	74	64	64	64	64	64	56	53	53	41	41	41	41	41	70	70	62	41	41	56	56
75	25	37	75	68	75	75	72	75	70	75	72	64	75	64	75	64	64	75	41	75	56	64	75	56	75	41	56	75
25	25	37	37	68	75	75	72	72	70	72	72	64	64	64	64	64	64	64	41	56	56	64	64	56	41	41	56	56
37	37	49	49	75	74	74	72	72	70	64	64	64	64	56	64	64	72	72	66	66	66	56	56	41	41	41	62	62

图 4-24 部分颜色序号的显示图案

3. 扩散处理

扩散处理是将彩色图像中的每个像素的颜色值，取以该像素为中心的子区域中任一个像素的颜色值。

【例 4-2】 将如图 4-25（a）所示的彩色图像中的红色 R 分量进行 3×3 扩散处理。

解： 将图 4-25（b）中分量值为 4 的像素取周围 3×3 区域内随机的一个灰度 1，处理结果如图 4-25（c）所示；将图 4-25（d）中分量值为 3 的像素取周围 3×3 区域内随机的一个灰度 4，处理结果如图 4-25（e）所示；最后扩散处理的结果如图 4-25（f）所示。

1	2	3	4	5	6
6	4	3	2	2	1
1	6	6	4	6	6
3	4	5	6	6	6
9	4	6	6	2	3
9	8	6	4	6	6

（a）

1	2	3	4	5	6
6	4	3	2	2	1
1	6	6	4	6	6
3	4	5	6	6	6
9	4	6	6	2	3
9	8	6	4	6	6

（b）

1	2	3	4	5	6
6	1	3	5	2	1
1	6	6	4	6	6
3	4	5	6	6	6
9	4	6	6	2	3
9	8	6	4	6	6

（c）

1	2	3	4	5	6
6	4	3	2	2	1
1	6	6	4	6	6
3	4	5	6	6	6
9	4	6	6	2	3
9	8	6	4	6	6

（d）

1	2	3	4	5	6
6	1	4	5	2	1
1	6	6	4	6	6
3	4	5	6	6	6
9	4	6	6	2	3
9	8	6	4	6	6

（e）

1	2	3	4	5	6
6	1	4	2	6	1
1	3	5	6	1	6
3	9	4	2	3	6
9	8	4	5	6	3
9	8	6	4	6	6

（f）

图 4-25 扩散处理示例

（a）原图；（b）分量值为 4 的 3×3 区域；（c）处理结果；（d）分量值为 3 的 3×3 区域；（e）处理结果；（f）最后结果

彩色图像扩散处理函数的程序设计如下：

```
//输入参数:彩色图像 pic[][][], 图像高度 h,图像宽度 w, 扩散区域长度 2n+1
//输出参数:扩散后的图像 put[][][](没有处理边界像素)
void Diffusion(BYTE pic[3][500][500],int h, int w,int n,BYTE put[3][500][500])
{for(int y=n;y<h-n;y=y++)
    for(int x=n;x<w-n;x=x++)
      {int rx=rand()%(2*n+1)-n, ry=rand()%(2*n+1)-n; //产生随机数
       for(int k=0;k<3;k++)put[k][y][x]=pic[k][y+ry][x+rx];
      }
}
```

对如图 4-26（a）所示的长白山火山口天池图像进行扩散处理，效果如图 4-26（b）所示。

（a）

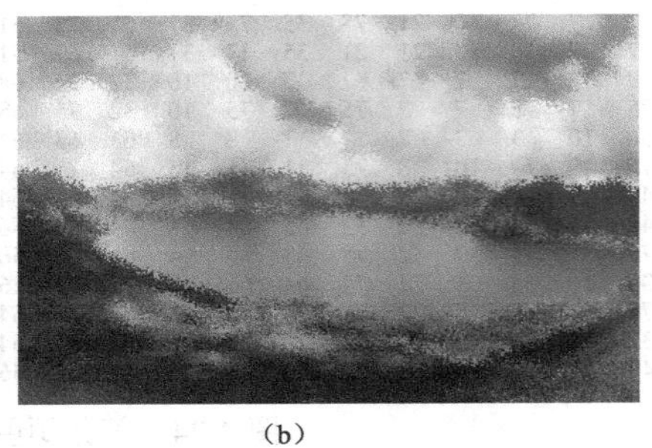
（b）

图 4-26　长白山天池图像扩散处理的效果

（a）原图；（b）扩散图像

4.3.2　彩色图像的边缘锐化处理

彩色图像的边缘锐化处理主要包括霓虹处理、浮雕处理、突出边界等。

1. 霓虹处理

可使用灰度图像处理中的梯度、交叉梯度、Prewitt 算子、Sobel 算子等分别处理彩色图像的 R、G、B 三个分量。一阶微分锐化灰度图像的相关算子的滤波器如下：

梯度滤波器：

$$\begin{bmatrix} 1* & -1 \\ 0 & 0 \end{bmatrix} \qquad \begin{bmatrix} 1* & 0 \\ -1 & 0 \end{bmatrix}$$

交叉梯度滤波器：

$$\begin{bmatrix} 1* & 0 \\ 0 & -1 \end{bmatrix} \qquad \begin{bmatrix} 0* & 1 \\ -1 & 0 \end{bmatrix}$$

Prewitt 算子滤波器：

$$\begin{bmatrix} -1 & 0 & 1 \\ -1 & 0* & 1 \\ -1 & 0 & 1 \end{bmatrix} \qquad \begin{bmatrix} -1 & -1 & -1 \\ 0 & 0* & 0 \\ 1 & 1 & 1 \end{bmatrix}$$

Sobel 算子滤波器：

$$\begin{bmatrix} -1 & 0 & 1 \\ -2 & 0* & 2 \\ -1 & 0 & 1 \end{bmatrix} \qquad \begin{bmatrix} -1 & -2 & -1 \\ 0 & 0* & 0 \\ 1 & 2 & 1 \end{bmatrix}$$

彩色图像梯度处理：

$$g(k,x,y)=|f(k,x,y)-f(k,x+1,y)|+|f(k,x,y)-f(k,x,y+1)| \tag{4-16}$$

彩色图像交叉梯度处理：

$$g(k,x,y)=|f(k,x,y)-f(k,x+1,y+1)|+|f(k,x+1,y)-f(k,x,y+1)| \tag{4-17}$$

彩色图像 Sobel 算子处理：

$$\begin{aligned} g(k,x,y)=&|f(k,x+1,y-1)+2f(k,x+1,y)+f(k,x+1,y+1)-f(k,x-1,y-1)-2f(k,x-1,y)-\\ &f(k,x-1,y+1)|+|f(k,x-1,y+1)+2f(k,x,y+1)+f(k,x+1,y+1)-f(k,x-1,y-1)\\ &-2f(k,x,y-1)-f(k,x+1,y-1)| \end{aligned} \tag{4-18}$$

Sobel 算子处理彩色图像的关键程序代码如下：

```
float W1[3][3]={{-1, 0, 1}, {-2, 0, 2}, {-1, 0, 1}},
      W2[3][3]={{-1, -2, -1}, {0, 0, 0}, {1, 2, 1}};
for(int k=0;k<3;k++)Filtering2(pic[k], h, w, W1, W2, pic1[k]);
DispColorImage(pDC, pic1, h, w, dx, dy);
```

对如图4-27（a）所示的滕王阁（江南三大名楼之一，象征着中华文明五千年积淀的文化、艺术和传统）图像分别进行梯度、交叉梯度、Prewitt算子和Sobel算子处理，结果如图4-27（b）、（c）、（d）、（e）所示，比较类似夜晚的霓虹灯效果。

（a） （b） （c） （d） （e）

图4-27 滕王阁图像的霓虹处理效果

（a）原图；（b）梯度处理；（c）交叉梯度处理；（d）Prewitt算子处理；（e）Sobel算子处理

【案例4-10】 锐化如图4-28（a）所示的火山岩六角柱状节理现象。

由于该图像的垂直边界比较明显，因此使用Prewitt算子突出垂直边界，其关键代码如下：

```
float W[11][11]={{-1,0,1},{-1,0,1},{-1,0,1}};
for(int k=0;k<3;k++)Filtering(pic[k],h,w,W,3,pic1[k]);
DispColorImage(pDC,pic1,h,w,dx,dy);
```

处理结果如图4-28（b）所示。

（a）

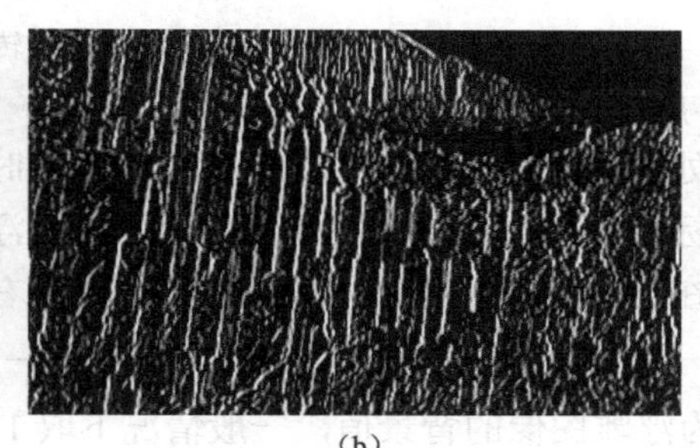

（b）

图4-28 锐化火山岩六角柱状节理现象

（a）原图；（b）处理结果

【案例4-11】 锐化如图4-29（a）所示的张掖丘陵地貌。

由于该图像的斜边界（左下到右上）比较明显，因此设计突出左下到右上斜边界的算子滤波器：

$$\begin{bmatrix} -1 & -1 & 0 \\ -1 & 0* & 1 \\ 0 & 1 & 1 \end{bmatrix}$$

锐化结果如图 4-29（b）所示。

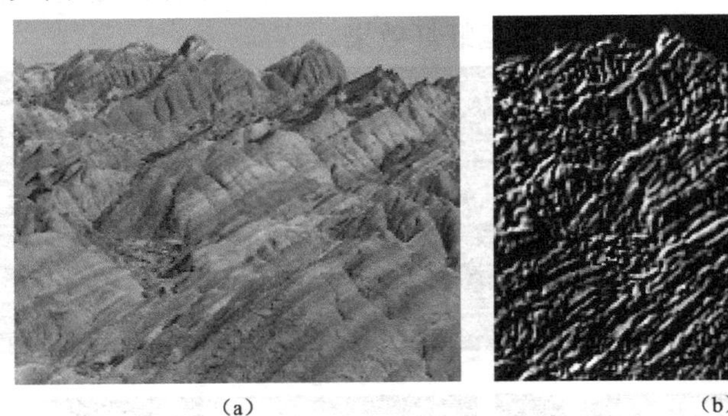

（a）　（b）

图 4-29　锐化丘陵地貌

（a）原图；（b）处理结果

【案例 4-12】 素描图的生成过程。

首先对如图 4-30（a）所示的傩面具图像进行交叉梯度处理，结果如图 4-30（b）所示；其次将其转为 HSI 以获取亮度 I，结果如图 4-30（c）所示；最后进行反转变换，得到素描图，如图 4-30（d）所示。

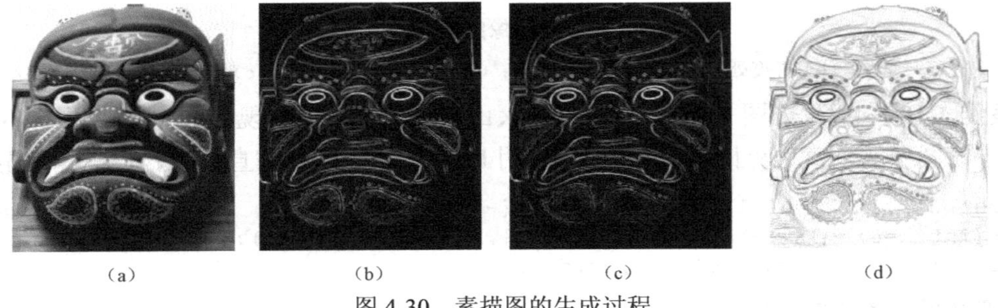

（a）　（b）　（c）　（d）

图 4-30　素描图的生成过程

（a）原图；（b）交叉梯度处理；（c）转为 HSI 获取亮度 I；（d）反转变换

2. 浮雕处理

浮雕处理是在突出图像中的目标边界的同时，使图像中的目标具有一定的立体效果，也就是使目标的左右边界或上下边界亮度不同。浮雕处理方法类似于灰度图像处理中的梯度锐化，但其在梯度处理后要加一项常量，以使左右边界和上下边界有明暗效果。

$$g(k,x,y) = f(k,x,y) - f(k,x+1,y+1) + T \tag{4-19}$$

式中：T 为浮雕图像的背景值，一般情况下取 128。

浮雕处理也可用下面的滤波器表示：

$$\begin{bmatrix} 0 & 0 & 0 \\ 0 & 1* & 0 \\ 0 & 0 & -1 \end{bmatrix} + 128$$

【例 4-3】 将彩色图像中的一个红色 R 分量［见图 4-31（a）］进行四周浮雕处理。

3	3	3	3	3	3
3	(3)	3	3	3	3
3	3	83	83	3	3
3	3	83	83	3	3
3	3	3	3	3	3
3	3	3	3	3	3

（a）

128	128	128	128	128
128	48	48	128	128
128	48	128	208	128
128	128	208	208	128
128	128	128	128	128

（b）

图 4-31 图像浮雕处理

（a）原图；（b）处理结果

解：对图 4-31（a）中圆圈内 3 的浮雕处理计算为：3−83+128=48。最终四周浮雕处理的结果如图 4-31（b）所示。

图像浮雕处理函数 Relief 的程序设计如下：

```
//输入参数：彩色图像 pic[][][]，图像高度 h，图像宽度 w，滤波系数 W[][]
//输出参数：浮雕处理后的图像 put[][][]
void Relief(BYTE pic[3][500][500], int h, int w, float W[3][3], BYTE put[3][500][500])
{for(int y=1; y<h-1; y++)
    for(int x=1; x<w-1; x++)
      for(int k=0; k<3; k++)
      {   float p=0;
          for(int s=-1; s<=1; s++)
            for(int t=-1; t<=1; t++)
              p+=pic[k][y+s][x+t]*W[s+1][t+1];
              p=p+128;
          if(p<0)put[k][y][x]=0;
          else if(p>255)put[k][y][x]=255;
          else put[k][y][x]=p;
      }
}
```

对如图 4-32（a）所示的黄鹤楼（江南三大名楼之一）图像进行四周浮雕处理，结果如图 4-32（b）所示；为了更突出浮雕效果，可加大滤波系数，结果如图 4-32（c）所示；还可以扩大滤波器和扩大非零滤波系数以加强浮雕边界效果，结果分别如图 4-32（d）、（e）所示。

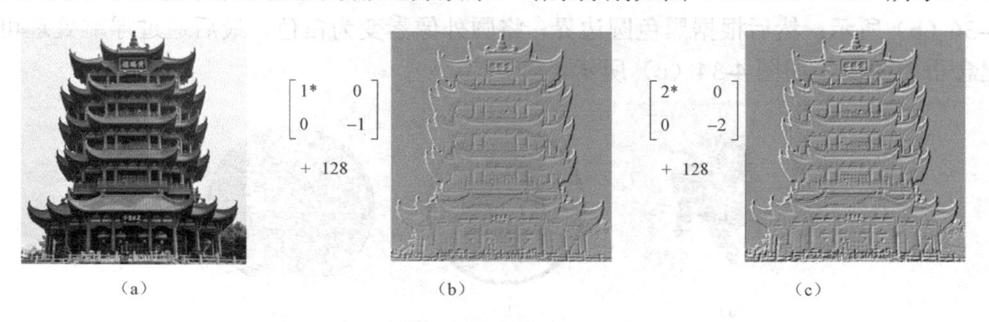

图 4-32 黄鹤楼图像浮雕处理效果（一）

（a）原图；（b）四周浮雕处理；（c）加大滤波系数

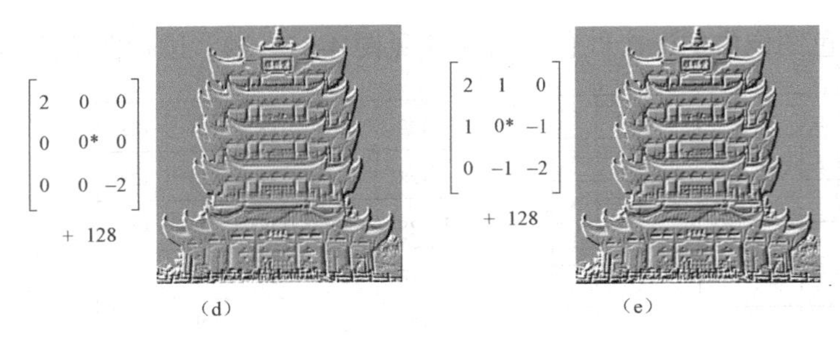

（d）　　　　　　（e）

图 4-32　黄鹤楼图像浮雕处理效果（二）

（d）扩大滤波器；（e）扩大非零滤波系数

【案例 4-13】 用浮雕锐化如图 4-33（a）所示的青海雅丹地貌。

由于该图像的斜边界（右下到左上）比较明显，因此设计突出右下到左上斜边界的算子滤波器：

$$\begin{bmatrix} 0 & 0 & 0 \\ 0 & -2^* & 0 \\ 2 & 0 & 0 \end{bmatrix} + 128$$

浮雕处理结果如图 4-33（b）所示。如果交换算子中两个非零滤波系数的符号，可得到如图 4-33（c）所示的浮雕处理结果。由此可以看出，两种处理凹凸的目标不相同。

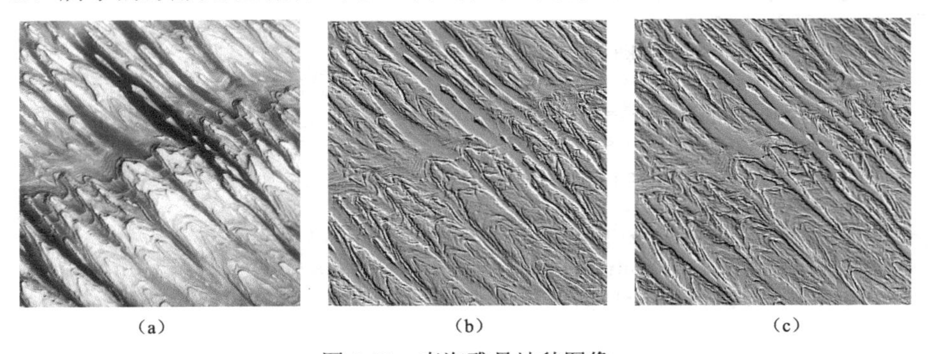

（a）　　　　（b）　　　　（c）

图 4-33　青海雅丹地貌图像

（a）原图；（b）浮雕处理结果；（c）改变非零滤波系数后的浮雕处理结果

【案例 4-14】 生成纪念币图像。

对于一个邮票图像［见图 4-34（a）］，可以先通过鼠标交互绘制具有一定宽度的黑色圆，如图 4-36（b）所示；然后根据黑色圆边界，将圆外像素变为白色，最后通过浮雕处理可生成类似纪念币的图像，如图 4-34（c）所示。

（a）　　　　（b）　　　　（c）

图 4-34　纪念币图像的生成

（a）邮票图像；（b）绘制黑色圆；（c）浮雕处理

3．突出边界

四邻域的拉普拉斯算子与拉普拉斯锐化滤波器如下：

$$\begin{bmatrix} 0 & -1 & 0 \\ -1 & 4^* & -1 \\ 0 & -1 & 0 \end{bmatrix} \qquad \begin{bmatrix} 0 & -1 & 0 \\ -1 & 5^* & -1 \\ 0 & -1 & 0 \end{bmatrix}$$

拉普拉斯锐化处理彩色图像的关键程序代码如下：

```
float W[11][11]={{0, -1, 0}, {-1, 5, -1}, {0, -1, 0}};
for(int k=0;k<3;k++)
    Filtering(pic[k], h, w, W, 3, pic1[k]);
DispColorImage(pDC, pic1, h, w, dx, dy);
```

对如图 4-35（a）所示的岳阳楼（江南三大名楼之一）图像，进行拉普拉斯算子处理的结果如图 4-35（b）所示，其类似于梯度处理结果；进行拉普拉斯锐化处理的结果如图 4-35（c）所示，其保留了原图像的颜色，且边缘更清晰。

（a）

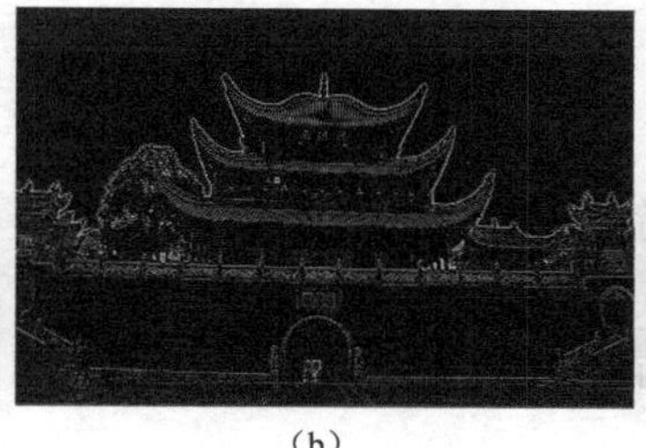
（b）

（c）

图 4-35　岳阳楼图像锐化处理

（a）原图；（b）拉普拉斯算子处理结果；（c）拉普拉斯锐化处理结果

【案例 4-15】 锐化如图 4-36（a）所示的风蚀地貌。

由于该图像的边界没有固定方向，因此设计突出四周边界的算子滤波器：

$$\begin{bmatrix} -1 & -1 & -1 \\ -1 & 8^* & -1 \\ -1 & -1 & -1 \end{bmatrix}$$

锐化结果如图 4-36（b）所示。

（a）

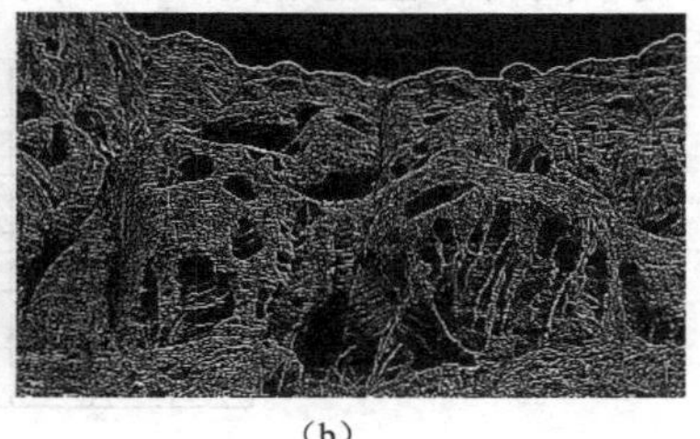
（b）

图 4-36　锐化风蚀地貌

（a）原图；（b）锐化结果

【案例 4-16】 锐化模糊图像。

对于拍摄模糊的人像［见图 4-37（a)]，可以通过拉普拉斯锐化处理使人像更清楚［见图 4-37（b)]。

（a）

（b）

图 4-37 锐化模糊图像

（a）原图；（b）锐化结果

习 题

1．在对人像美容时，如何涂腮红?

2．如何去掉人像中的红眼？

3．已知彩色图像中的一个绿色分量的值如图 4-38 所示，写出对其进行 3×3 镶嵌处理的结果。

6	8	2	4	7	9
1	2	3	5	8	2
4	9	7	6	5	2
3	2	6	8	2	1
1	4	7	3	9	2
7	4	5	3	8	2

图 4-38 彩色图像的一个绿色分量的值

4．已知彩色图像中的一个蓝色分量的值如图 4-39 所示，写出对其进行浮雕处理的结果，选择的滤波器要使中间目标左上角亮、右下角暗。

10	10	10	10	10	10
10	10	10	10	10	10
10	10	90	90	10	10
10	10	90	90	10	10
10	10	10	10	10	10
10	10	10	10	10	10

图 4-39 彩色图像的一个蓝色分量的值

第5章 图像几何变换

图像的几何变换是指不改变图像的像素颜色值，而是改变像素所在的几何位置。图像的几何变换包括图像的位置变换（平移、镜像、旋转）和图像的形状变换（放大、缩小、变形）等基本变换。

5.1 正变换和逆变换

（1）正变换。正变换也称像素移交或者向前映射算法，可以将其想象成将输入图像的颜色一个一个像素地转移到输出图像中。换句话说，就是根据变换前的坐标（x，y）计算变换后的坐标（x'，y'），如图 5-1 所示。

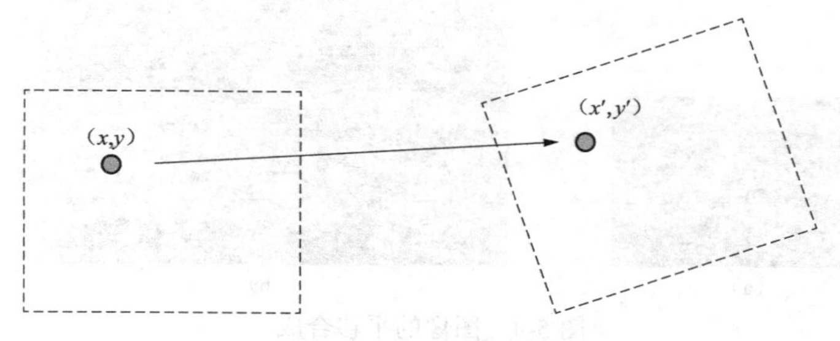

图 5-1 正变换示意

（2）逆变换。逆变换是向前变换的逆变换，也称向后映射算法，可以将其想象成将输出像素一次一个地映射回输入图像中，以确定其颜色值。换句话说，逆变换就是根据变换后的坐标（x'，y'）反算其变换前的坐标（x，y），如图 5-2 所示。

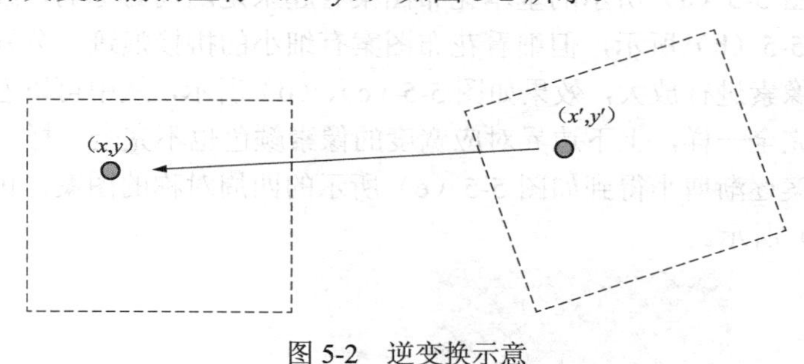

图 5-2 逆变换示意

这里只介绍正变换。

5.2 平 移 变 换

图像的平移变换是将图像中的所有像素点按照指定的水平平移量和垂直平移量移动，平移后的图像与原图像相同，只是起点位置不同。设水平平移量$\Delta x=2$，垂直平移量$\Delta y=1$，则图像的平移变换如图 5-3 所示。

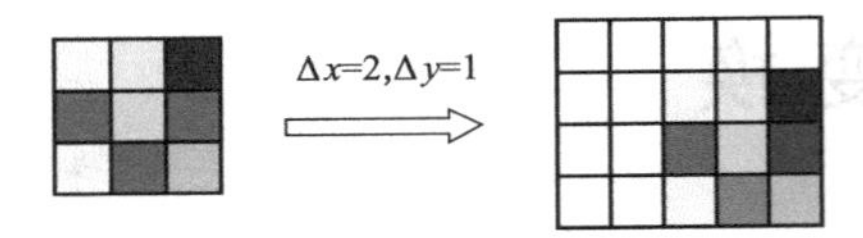

图 5-3　图像的平移变换

对原图像的每个像素点进行平移，得到平移后的新图像的像素点位置，并把原像素点上的颜色值赋给平移后的像素，最终可得到与原图像相同而起点位置不同的新图像。设坐标为 $P(x, y)$ 的点经过平移（Δx，Δy）后，可得到坐标点 $P'(x', y')$。显然 $P(x, y)$ 和 $P'(x', y')$ 的关系如下：

$$\begin{cases} x' = x + \Delta x \\ y' = y + \Delta x \end{cases} \tag{5-1}$$

实际上像素点 $P'(x', y')$ 处的颜色就取像素点 $P(x, y)$ 处的颜色值。

一幅如图 5-4（a）所示的小图像经过多次平移后可生成多幅相同图像合成的大图像，如图 5-4（b）所示。从图 5-4 可以看出，相邻小图像的边界颜色会出现明显的突变现象，大图像没有整体效果。

（a）

（b）

图 5-4　图像的平移合成

（a）小图像；（b）平移合成的大图像

【案例 5-1】 如何设计基本花布图案？

基本花布图案的设计除了要考虑美观之外，最重要的是还要考虑平移后生成的花布图案没有拼接痕迹。如图 5-5（a）所示的基本花布图案看起来是四周对称的，经过多次平移后生成的花布图案如图 5-5（b）所示，但细看花布图案有细小的拼接痕迹。分别对图 5-5（a）中左右和上下边界的像素进行放大，效果如图 5-5（c）、（d）所示，从中可以看出左右边界对应高度的像素颜色不完全一样，上下边界对应宽度的像素颜色也不完全一样。对如图 5-5（a）所示的基本花布图案逐渐剪小得到如图 5-5（e）所示的四周对称的图案，由此分别生成的花布图案如图 5-5（f）所示。

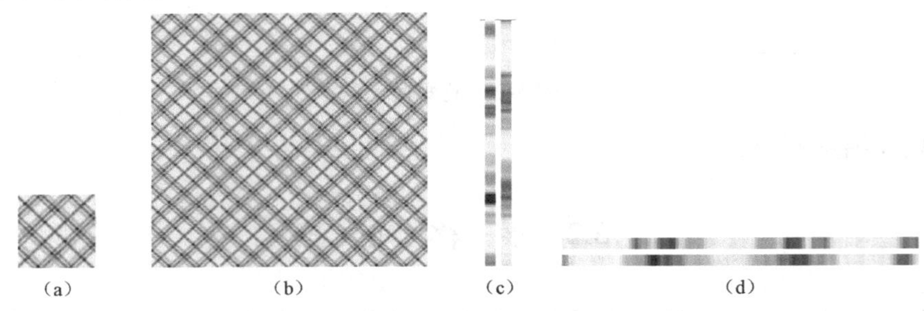

（a）　（b）　（c）　（d）

图 5-5　基本花布图案设计（一）

（a）基本花布图案；（b）平移后合成的花布图案；（c）左右边界像素放大效果；（d）上下边界像素放大效果

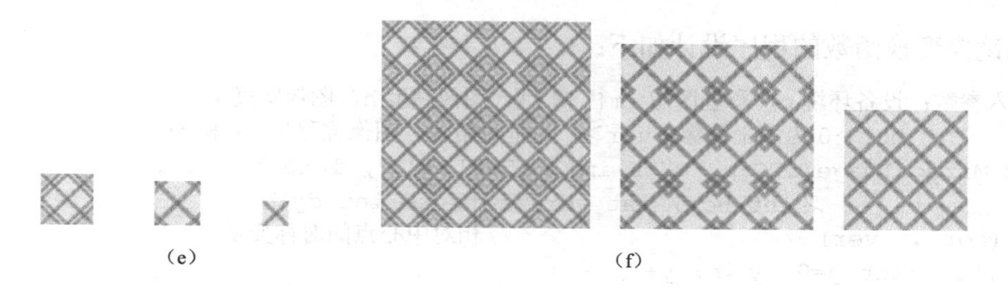

(e) (f)

图 5-5 基本花布图案设计（二）

（e）逐渐剪小的基本花布图案；（f）分别生成的花布图案

图像平移函数的程序设计如下：

```
//输入参数:输出设备环境 p, 彩色图像 im[][][], 图像高度 h, 图像宽度 w, 平移量 dx 和 dy
void MoveColorImage(CDC *p,BYTE im[3][500][500],long h,long w,int dx,int dy)
{for(int y=0;y<h;y++)
    for(int x=0;x<w;x++)
       p->SetPixel(x+dx,y+dy,RGB(im[0][y][x],im[1][y][x],im[2][y][x]));
}
```

平移变换一般都与其他几何变换配合使用。

5.3 镜 像 变 换

图像的镜像变换分为水平镜像变换和垂直镜像变换两种。水平镜像变换是以原图像［见图 5-6（a）］的垂直中轴线为中心，将图像左右两部分进行镜像对称变换［见图 5-6（b）］；垂直镜像变换是以原图像的水平中轴线为中心，将图像上下两部分进行镜像对称变换［见图 5-6（c）］。

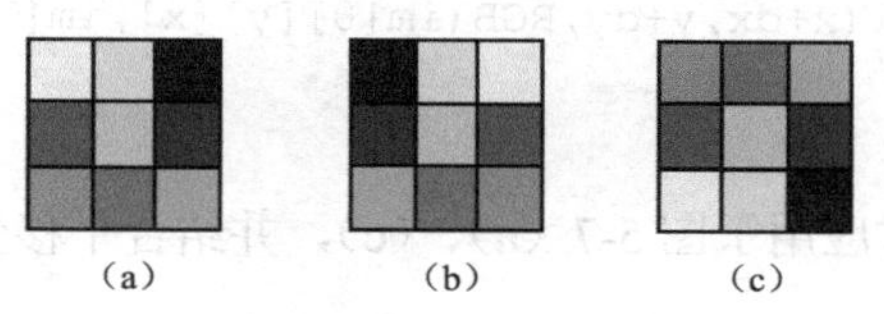

(a) (b) (c)

图 5-6 图像的镜像变换

（a）原图像；（b）水平镜像变换结果；（c）垂直镜像变换结果

设图像高度为 h、宽度为 w，点 P（x，y）经水平镜像变换后对应的点为 P'（x'，y'），即：

$$\begin{cases} x' = w-1-x \\ y' = y_0 \end{cases} \tag{5-2}$$

点 P（x，y）经过垂直镜像变换后坐标变为（x，h–y–1），即：

$$\begin{cases} x' = x \\ y' = h-1-y \end{cases} \tag{5-3}$$

将水平镜像变换与垂直镜像变换合在一起就是相对图像中心点的对称变换，即：

$$\begin{cases} x' = w-1-x \\ y' = h-1-y \end{cases} \tag{5-4}$$

图像镜像变换函数的程序设计如下：

```
//输入参数：设备环境 p，彩色图像 im[][][]，图像高度 h，图像宽度 w，
//         hor>0 为水平镜像，ver>0 为垂直镜像，图像位移量 dx 和 dy
void MirrorImage(CDC*p, BYTE im[3][500][500], long h, long w,
                    int hor, int ver, int dx, int dy)
{ if(hor && ver)                        //相对中心点的对称变换
    {for (int y=0; y<h; y++)
      for (int x=0; x<w; x++)
       { int x1=w-x-1; int y1=h-y-1;
         p->SetPixel(x1+dx,y1+dy,RGB(im[0][y][x],im[1][y][x],im[2][y][x]));
       }
    }
  else if(hor)                          //水平镜像
    {for (int y=0; y<h; y++)
       for (int x=0; x<w; x++)
       {  int x1=w-x-1; int y1=y;
         p->SetPixel(x1+dx,y1+dy,RGB(im[0][y][x],im[1][y][x],im[2][y][x]));
       }
    }
  else if(ver)                          //垂直镜像
    {for (int y=0; y<h; y++)
       for (int x=0; x<w; x++)
       {  int x1=x; int y1=h-y-1;
         p->SetPixel(x1+dx,y1+dy,RGB(im[0][y][x],im[1][y][x],im[2][y][x]));
       }
    }
  else                                  //平移
    {for (int y=0; y<h; y++)
       for (int x= 0; x<w; x++)
         p->SetPixel(x+dx,y+dy,RGB(im[0][y][x],im[1][y][x],im[2][y][x]));
    }
}
```

将以上三种镜像变换同时应用于图 5-7（a）、（c），并结合平移变换，可得到如图 5-7（b）、（d）所示的结果。

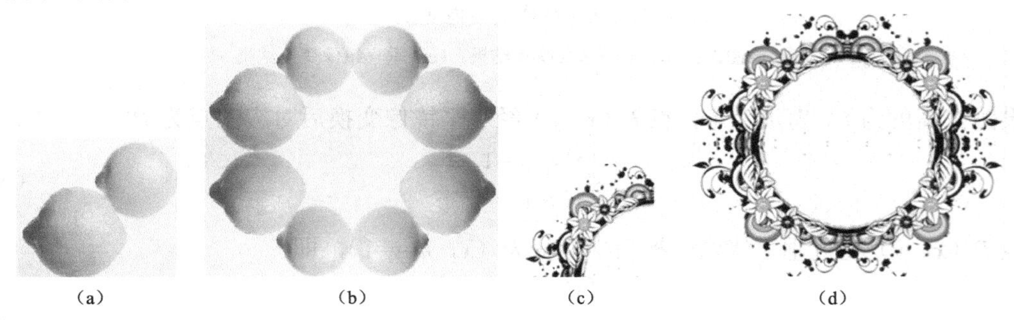

（a）　　（b）　　（c）　　（d）

图 5-7　图像的镜像变换合成

（a）原图 1；（b）结果 1；（c）原图 2；（d）结果 2

图 5-8（a）为西藏布达拉宫（世界上海拔最高，集宫殿、城堡和寺院于一体的宏伟建筑）图像经垂直镜像变换与平移变换后的效果图，它模拟了倒影效果，但倒影与原图像完全相同，

需要进一步处理（处理方法见［案例 5-3］）；图 5-8（b）为杭州千岛湖（国家一级水体，被誉为“天下第一秀水”）图像经水平镜像变换与平移变换后的效果图，它扩大了视野范围。

（a）

（b）

图 5-8 图像的镜像变换与平移变换

（a）西藏布达拉宫；（b）杭州千岛湖

5.4 旋转变换

图像的旋转变换是将原图像的点 $P(x, y)$ 绕坐标原点旋转 θ 角度后得到对应的 $P'(x', y')$，即：

$$\begin{cases} x' = x\cos\theta - y\sin\theta \\ y' = x\sin\theta + y\cos\theta \end{cases} \tag{5-5}$$

【例 5-1】 计算 3×4 图像［见图 5-9（a）］绕原点旋转 30°后的坐标。

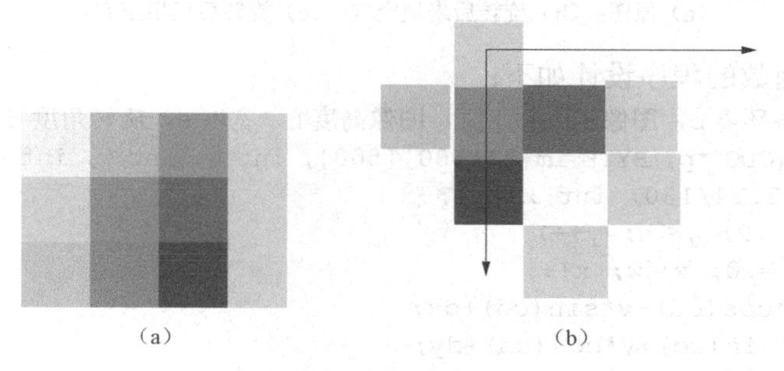

（a） （b）

图 5-9 图像的旋转变换

（a）原图；（b）旋转处理结果

解：根据旋转变换的表达式得：

$$\begin{cases} x' \approx 0.866x - 0.5y \\ y' \approx 0.5x + 0.866y \end{cases}$$

采用简单取整的方法，可得：

（0，0）→（0，0）；（1，0）→（0，0）；（2，0）→（1，1）；（3，0）→（2，1）；
（0，1）→（0，0）；（1，1）→（0，1）；（2，1）→（1，1）；（3，1）→（2，2）；
（0，2）→（−1，1）；（1，2）→（0，2）；（2，2）→（0，2）；（3，2）→（1，3）。

最后可得绕原点旋转30°后的图像，如图5-9（b）所示。

由于原坐标是以像素点为单位（值为整数）的，而计算旋转变换后的坐标是实数，因此经过取整后，一些不同位置的像素坐标会变换到同一个坐标位置上。例如，图5-9（a）中的（0，0）、（1，0）、（0，1）旋转后都变换到（0，0），（2，0）、（2，1）旋转后都变换到（1，1），（1，2）、（2，2）旋转后都变换到（0，2），而图像旋转后（1，2）没有可变换的像素，为空穴点。

我们需要对这些空穴点进行填充处理，一般也称这种操作为插值处理。最简单的插值处理方法是邻近插值法，即图像旋转前某一点（x，y）的像素颜色，除了变换到旋转后的坐标（x'，y'）位置上以外，还要变换到坐标（$x'+1$，y'）和（x'，$y'+1$）位置上。

对如图5-10（a）所示的婺源江湾（中国最美乡村之一）图像进行旋转变换，旋转后未填空穴的效果如图5-10（b）所示，旋转后已填空穴的效果如图5-10（c）所示。

（a）　（b）　（c）

图5-10　图像旋转变换效果

（a）原图；（b）旋转后未填空穴；（c）旋转后已填空穴

图像旋转变换函数的程序设计如下：

```
//输入参数：设备环境p，图像im[][][]，图像高度h、宽度w，旋转角度d(度)，平移量dx、dy
void Rotation(CDC *p, BYTE im[3][500][500], int h, int w, int d, int dx, int dy)
{ float cd=d*3.14/180; int x1,y1;
  for (int y = 0; y<h; y++)
    for(int x = 0; x<w; x++)
      {  x1=x*cos(cd)-y*sin(cd)+dx;
         y1=x*sin(cd)+y*cos(cd)+dy;
         p->SetPixel (x1,y1,RGB(im[0][y][x],im[1][y][x],im[2][y][x]));
         p->SetPixel (x1+1,y1,RGB(im[0][y][x],im[1][y][x],im[2][y][x]));
         p->SetPixel (x1,y1+1,RGB(im[0][y][x],im[1][y][x],im[2][y][x]));
      }
}
```

5.5　比　例　变　换

图像的比例变换是指分别在x方向和y方向上进行的缩放变换。设x方向的缩放比率是k_x，y方向的缩放比率是k_y，有以下几种情况：

1）$k_x>1$且$k_y>1$时，图像放大。如当$k_x=k_y=3$时，图像的长、宽同时放大了3倍，图像的面积放大了9倍。

2）$k_x<1$ 且 $k_y<1$ 时，图像缩小。如当 $k_x=k_y=0.5$ 时，图像的长和宽同时缩小了2倍，图像的面积缩小了4倍。

3）$k_x=k_y$ 时，图像全比例缩放。即在 x 方向和 y 方向缩放的比例相同，本节重点介绍这种变换。

4）$k_x\neq k_y$ 时，改变图像的高宽比例。设原图像中的点 P（x，y）经缩放后，在新图像中的对应点为 P'（x'，y'），P（x，y）与 P'（x'，y'）之间的关系可表示为：

$$\begin{cases} x' = xk_x \\ y' = yk_y \end{cases} \tag{5-6}$$

5.5.1 图像缩小变换

图像的高宽各缩小一半的比例变换表达式为：

$$\begin{cases} x' = 0.5x \\ y' = 0.5y \end{cases} \tag{5-7}$$

如图5-11所示，对原图像中的每个像素点的位置（x，y）变换0.5倍（缩小1倍）得到缩小后的新图像位置（x'，y'）。也就是原图像中4个像素点都缩小到1个像素点。例如，原图像相邻坐标（0，0）、（1，0）、（0，1）、（1，1）变换后为：

$$\begin{cases} x' = 0.5\times 0 = 0 \\ y' = 0.5\times 0 = 0 \end{cases} \quad \begin{cases} x' = 0.5\times 1 \approx 0 \\ y' = 0.5\times 0 = 0 \end{cases} \quad \begin{cases} x' = 0.5\times 0 = 0 \\ y' = 0.5\times 1 \approx 0 \end{cases} \quad \begin{cases} x' = 0.5\times 1 \approx 0 \\ y' = 0.5\times 1 \approx 0 \end{cases}$$

它们缩小后都在新图像的（0，0）处，如果按从上到下、从左到右的顺序循环原图像的每个像素点，则（0，0）、（1，0）、（0，1）、（1，1）缩小后取最后一个（1，1）的颜色值。依次类推，最后如图5-11（a）所示的图像缩小为如图5-11（b）所示的结果。

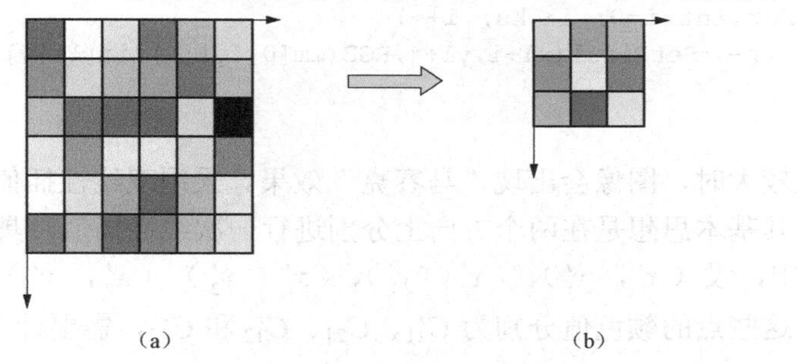

（a） （b）

图5-11 图像缩小变换

（a）原图；（b）缩小后

5.5.2 图像放大变换

图像的高宽各放大1倍的比例变换表达式为：

$$\begin{cases} x' = 2x \\ y' = 2y \end{cases} \tag{5-8}$$

如图5-12所示，对原图像中每个像素点的位置（x，y）放大1倍得到放大后的新图像位置（x'，y'）。例如，原图像相邻坐标（0，0）、（1，0）、（0，1）、（1，1）变换后为：

$$\begin{cases} x' = 2\times 0 = 0 \\ y' = 2\times 0 = 0 \end{cases} \quad \begin{cases} x' = 2\times 1 = 2 \\ y' = 2\times 0 = 0 \end{cases} \quad \begin{cases} x' = 2\times 0 = 0 \\ y' = 2\times 1 = 2 \end{cases} \quad \begin{cases} x' = 2\times 1 = 2 \\ y' = 2\times 1 = 2 \end{cases}$$

可以看出，原图像［见图 5-12（a)］四个相邻的像素变换后被隔开了，即放大后的图像有空穴未填颜色，如图 5-12（b）所示。当放大系数较小时，可采用邻近插值法填充空穴，具体做法是：计算出放大的像素点（x'，y'）位置后，在它的邻域坐标范围内（大小为放大系数）填充与点（x'，y'）相同的颜色，如图 5-12（c）所示。

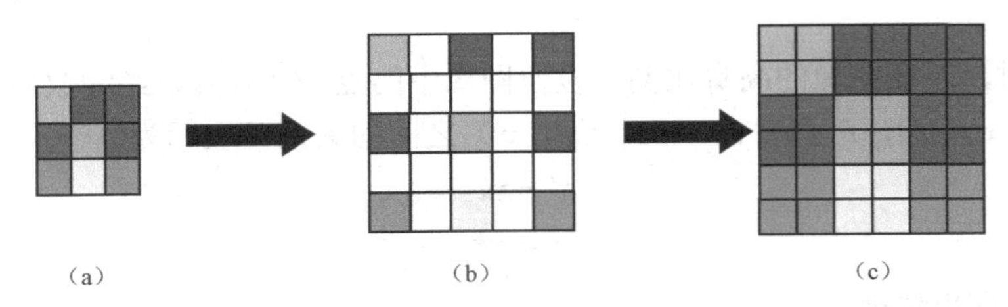

图 5-12　图像放大变换

（a）原图；（b）放大后未填空穴；（c）放大后已填空穴

图像比例变换函数的程序设计如下：

```
//输入参数：设备环境 p，彩色图像 im[][][]，图像高度 h，图像宽度 w，比例系数 ks
void Scale(CDC *p, BYTE im[3][500][500], int h, int w, float ks)
{ float x1,y1;
  for(int y=0; y<h-ks/2; y++)
   for(int x=0; x<w-ks/2; x++)
     {x1=ks*x; y1=ks*y;
      if(ks<=1)                          //缩小
         p->SetPixel(x1,y1,RGB(im[0][y][x],im[1][y][x],im[2][y][x]));
      else                               //放大
         for(int j=0; j<ks; j++)
            for(int i=0; i<ks; i++)
              p->SetPixel(x1+i,y1+j,RGB(im[0][y][x],im[1][y][x],im[2][y][x]));
      }
}
```

当放大系数较大时，图像会出现“马赛克”效果。采用双线性插值法可以提高放大变换后图像的质量，其基本思想是在两个方向上分别进行一次线性插值，具体方法如下：

在图 5-13 中，设（x_1'，y_1'）、（x_2'，y_1'）、（x_1'，y_2'）、（x_2'，y_2'）为已计算出的放大后的四个坐标值，这些点的颜色值分别为 C'_{11}、C'_{21}、C'_{12} 和 C'_{22}，需要计算点 Q（x''，y''）的颜色值。

在 x 方向上进行线性插值，得到 Q_1（x_1''，y_1''）和 Q_2（x_2''，y_2''）的颜色值 C_1' 和 C_2'，即：

$$C_1' = \frac{x_2' - x_1''}{x_2' - x_1'} C_{11}' + \frac{x_1'' - x_1'}{x_2' - x_1'} C_{21}' \tag{5-9}$$

$$C_2' = \frac{x_2' - x_1''}{x_2' - x_1'} C_{12}' + \frac{x_1'' - x_2'}{x_2' - x_1'} C_{22}' \tag{5-10}$$

在 y 方向上根据得到的 Q_1 和 Q_2 的颜色值 C_1'、C_2'，再进行线性插值，得到 Q（x''，y''）的颜色值 C'，即：

$$C' = \frac{y_2'' - y''}{y_2'' - y_1''} C_1' + \frac{y'' - y_1''}{y_2'' - y_1''} C_2' \tag{5-11}$$

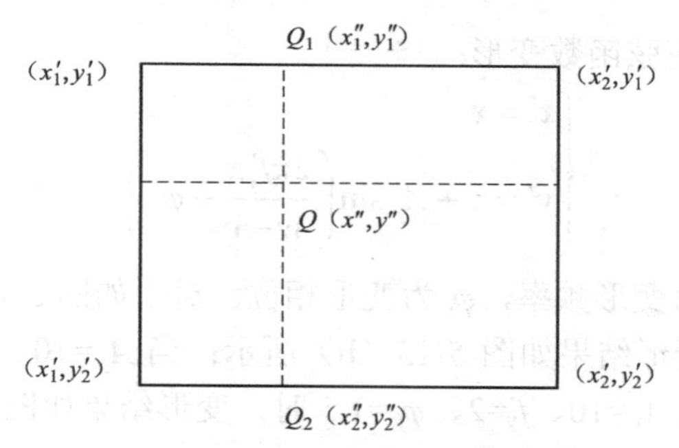

图 5-13　图像放大双线性插值法示意

图像放大双线性插值变换函数的程序设计如下：

```
//输入参数:设备环境 pDC,彩色图像 im[][][],图像高度 h,图像宽度 w,放大系数 s
void Enlarge(CDC *pDC, BYTE im[3][500][500], int h,int w, float s)
 { float x1,y1,c1,c2; BYTE C[3];
   for(int y=0; y<h-1; y++)
     for(int x=0; x<w-1; x++)
      {  x1=s*x, y1=s*y;
         for(int j=0; j<s; j++)
           for(int i=0; i<s; i++)
            {for(int k=0; k<3; k++)
               c1=i/(s-1)*(1.0*im[k][y][x+1]-im[k][y][x])+im[k][y][x],
               c2=i/(s-1)*(1.0*im[k][y+1][x+1]-im[k][y+1][x])+im[k][y+1][x],
               C[k]=j/(s-1)*(c2-c1)+c1;
             pDC->SetPixel(x1+i,y1+j,RGB(C[0],C[1],C[2]));
             }
      }
   }
```

图 5-14 展示了邻近插值法［见图 5-14（b）］与双线性插值法［见图 5-14（c）］对图像［见图 5-14（a）］的长与宽放大 4 倍的不同效果。

（a）　（b）　（c）

图 5-14　邻近插值法与双线性插值法对放大图像的效果

（a）原图；（b）邻近插值法；（c）双线性插值法

5.6 变 形 变 换

图像的变形变换是指对图像的各像素坐标按任意函数进行相应的变形。

对图像沿 y 方向进行正弦函数变形：

$$\begin{cases} x' = x \\ y' = y + A_y \sin\left(\dfrac{2\pi f_y x}{w-1} + \varphi_y\right) \end{cases} \tag{5-12}$$

式中：A_y 为变形幅度，f_y 为变形频率，φ_y 为变形相位。对于如图 5-15（a）所示的原图像，当 A_y=10、f_y=1、φ_y=0 时，变形结果如图 5-15（b）所示；当 A_y=10、f_y=1、φ_y=1.5 时，变形结果如图 5-15（c）所示；当 A_y=10、f_y=2、φ_y=1.5 时，变形结果如图 5-15（d）所示。

对图像沿 x 方向进行正弦函数变形：

$$\begin{cases} x' = x + A_x \sin\left(\dfrac{2\pi f_x y}{h-1} + \varphi_x\right) \\ y' = y \end{cases} \tag{5-13}$$

当式（5-13）中的 A_x=10、f_x=1、φ_x=1.5 时，变形结果如图 5-12（e）所示。

如果沿 x、y 方向同时进行正弦函数变形，则：

$$\begin{cases} x' = x + A_x \sin\left(\dfrac{2\pi f_x y}{h-1} + \varphi_x\right) \\ y' = y + A_y \sin\left(\dfrac{2\pi f_y x}{w-1} + \varphi_y\right) \end{cases} \tag{5-14}$$

沿 x、y 两个方向同时变形的结果如图 5-15（f）所示。

如果我们希望图像中心变形较大，边界变形较小，则变形函数为：

$$\begin{cases} x' = x + \left(1 - \left|1 - \dfrac{2x}{w-1}\right|\right) A_x \sin\left(\dfrac{2\pi f_x y}{h-1} + \varphi_x\right) \\ y' = y + \left(1 - \left|1 - \dfrac{2y}{h-1}\right|\right) A_y \sin\left(\dfrac{2\pi f_y x}{w-1} + \varphi_y\right) \end{cases} \tag{5-15}$$

利用式（5-15）变形的结果如图 5-15（g）所示。

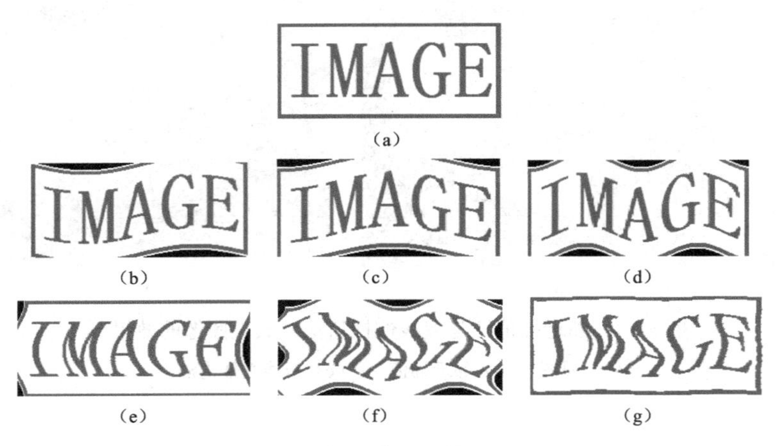

图 5-15　图像的正弦变形变换示意

（a）原图；（b）沿 y 方向正弦变形 1；（c）沿 y 方向正弦变形 2；（d）沿 y 方向正弦变形 3；（e）沿 x 方向正弦变形；（f）沿 x、y 方向同时正弦变形；（g）中心变形大，边界变形小

【案例5-2】 人像美发变形效果。

对于如图5-16（a）所示人像的头发，可以进行吹发、顺发和烫发，结果分别如图5-16（b）、（c）、（d）所示。

（a） （b） （c） （d）

图5-16 变形变换的应用

（a）原图；（b）吹发；（c）顺发；（d）烫发

对于吹发，主要是将头发向外吹开，也就是进行图像局部扩大变形，如图5-17所示。设图5-17（a）为一幅有四条竖线的图像，现需从（x_0，y_0）到（x_1，y_1）（沿x正方向）使其部分像素位移，如图5-17（b）所示。

对于向右扩大，设len_1为需位移的横向范围，len_2为需位移的纵向范围，$\Delta x=x_1-x_0$为变化最大的横向距离。使用余弦函数模拟变化形态，当沿纵向y从y_0-len_2到y_0+len_2变化时，其横向x的变化值为：

$$\Delta x_1=\Delta x\cos\left(\frac{\pi}{2}\frac{y-y_0}{len_2}\right) \tag{5-16}$$

当沿横向x从x_0-len_1到x_0变化时，其对应变化后的横坐标的增量为：

$$\Delta x_2=\frac{len_1+\Delta x_1}{len_1} \tag{5-17}$$

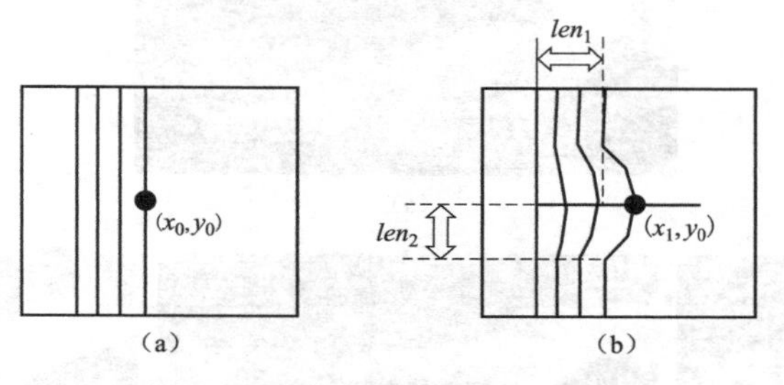

（a） （b）

图5-17 图像局部扩大变形示意

（a）原图；（b）扩大变形后

当鼠标在变形位置按下时，用全局变量记录鼠标按下时的位置，其程序设计如下：

```
void CMyDlg:: OnLButtonDown (UINT nFlags, CPoint point)
{   X0=point.x, Y0=point.y;
    CDialog:: OnLButtonDown(nFlags,point);
}
```

当鼠标移动后抬起时，对图像进行局部变形，其程序设计如下：

```
void CMyDlg::OnLButtonUp(UINT nFlags, CPoint point)
{ POINT p; CDC *pDC=GetDC();
 if(button==1)                                        //吹发操作
   { float dx,dy; int len1=10, len2=30;
    dx=point.x-X0, dy=point.y-Y0; float k=dy/dx; float ddx,ddy,yy,xx;
    if(dx>=0 && fabs(k)<0.5)                          //右边放大
     {for(int y=Y0-len2; y<=Y0+len2; y++)
      { if(y<0)continue;
       ddx=dx*cos((float)(y-Y0)/len2*1.57); xx=X0-len1;
       for(int x=X0-len1; x<=X0; x++)
           {   p.x=x,p.y=y;
               COLORREF c=pDC->GetPixel(p);     //获取计算点的颜色
               BYTE R1=c&0x000000FF; BYTE G1=(c>>8)&0x000000FF;
               BYTE B1=(c>>16)&0x000000FF;
               im[0][y][(int)xx]=R1,im[1][y][(int)xx]=G1,im[2][y][(int)xx]=B1;
               im[0][y][(int)xx+1]=R1,im[1][y][(int)xx+1]=G1,
               im[2][y][(int)xx+1]=B1;
               xx=xx+(len1+ddx)/len1;
           }
      }
     }
    for(int y=0; y<h; y++)
      for(int x=0; x<w; x++)
       pDC->SetPixel(x,y,RGB(im[0][y][x],im[1][y][x],im[2][y][x]));
  }
}
```

对于向上、向左、向下的扩大变形，基本方法与向右扩大的变形类似。而对于顺发，则与吹发的变形方向相反。

【案例 5-3】 对如图 5-18（a）所示的青藏高原山岳冰川地貌进行水中倒影模拟。

（a）

（b）

（c）

（d）

图 5-18　水中倒影模拟

（a）原图；（b）模糊倒影；（c）扩散倒影；（d）波纹倒影

首先显示原始图像，再进行以下变换。

1）模糊倒影。对图像进行模糊处理后再进行垂直镜像变换，结果如图 5-18（b）所示。其关键代码如下：

```
float W[11][11];
for(int i=0;i<5;i++)
    for(int j=0;j<5;j++)W[i][j]=0.04;
for(int k=0;k<3;k++)Filtering(im[k],h,w,W,5,put[k]);
for(int y =0;y<h;y++)
    for(int x=0;x<w;x++)
      pDC->SetPixel(x,h-y-1+h,RGB(put[0][y][x],put[1][y][x],put[2][y][x]));
```

2）扩散倒影。对图像进行扩散处理后再进行垂直镜像变换，结果如图 5-18（c）所示。其关键代码如下：

```
Diffusion(im,h,w,5,put);
for(int y=0;y<h;y++)
    for(int x=0;x<w;x++)
      pDC->SetPixel(x,h-y-1+h,RGB(put[0][y][x],put[1][y][x],put[2][y][x]));
```

3）波纹倒影。对图像进行模糊处理后，在 y 方向上进行小幅度的正弦变形，最后进行垂直镜像变换，结果如图 5-18（d）所示。其关键代码如下：

```
float W[11][11];
for(int i=0;i<5;i++)
    for(int j=0;j<5;j++)W[i][j]=0.04;
for(int k=0;k<3;k++)Filtering(im[k],h,w,W,5,put[k]);
for(int y=0;y<h;y++)
    for(int x=0;x<w;x++)
    {  y1=y+(1-fabs(1-2.0*y/(h-1)))*sin(6.28*30*x/(w-1));
       pDC->SetPixel(x,h-y1+h-1,RGB(put[0][y][x],put[1][y][x],put[2][y][x]));
       pDC->SetPixel(x+1,h-y1-1+h,RGB(put[0][y][x],put[1][y][x],put[2][y][x]));
       pDC->SetPixel(x,h-y1+1+h-1,RGB(put[0][y][x],put[1][y][x],put[2][y][x]));
    }
```

习 题

1．画出如图 5-19 所示的 4×4 灰度图像绕原点旋转 60°正变换后的结果。

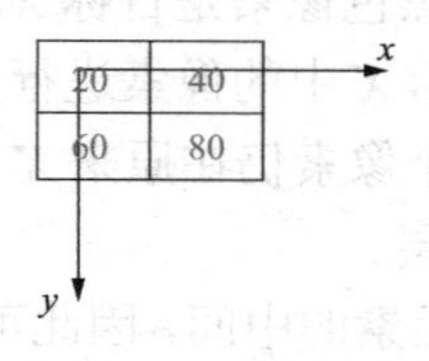

图 5-19　4×4 灰度图像

2．根据前面章节所讲的方法，如何将放大图像的邻近插值法结果变换到类似双线性插值的结果？

3．如何使放大图像的双线性插值模糊结果的边界变得更清晰一些？

第6章　二值图像处理

将图像转为二值图像称为图像的二值化。如果是彩色图像，需要先将其转为灰度图，再转为二值图像。图像的二值化处理就是前面章节所介绍的阈值分割处理，即选择一个阈值，将图像转换为黑白二值（或其他灰度二值）图像。

在许多图像的识别过程中，经常需要对二值图像进行识别。因此，对二值图像进行各种处理是图像处理的重要内容之一。本章主要介绍二值图像的数学形态学运算及二值图像的简单特征提取，包括腐蚀与膨胀、开与闭运算、击中/击不中运算、边界提取、二值图像的细化、目标的特征（包括几何特征与形状特征）等。

6.1　腐蚀与膨胀

腐蚀与膨胀是二值形态学中两个最基本的运算，如图 6-1 所示。

设有两幅图像 X 和 S，若 X 是被处理的对象（目标图像），而 S 是用来处理 X 的，则称 S 为结构元素，又被形象地称作刷子。在目标图像中可以移动结构元素，以考察目标图像与结构元素之间的关系。一般情况下，结构元素的尺寸要明显小于目标图像的尺寸。

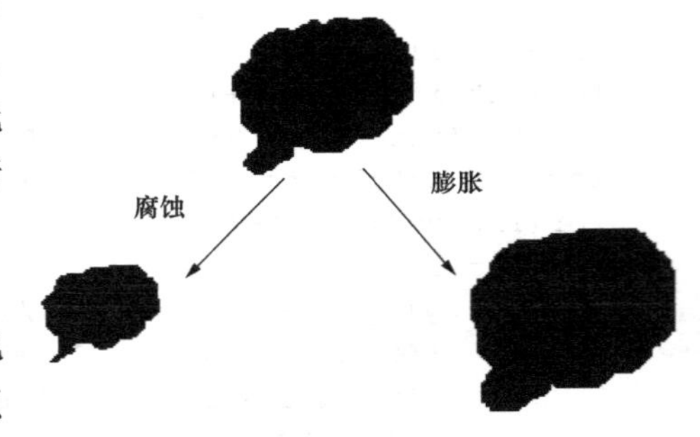

图 6-1　腐蚀与膨胀

6.1.1　腐蚀

把结构元素 S 平移（x,y）后得到 $S_{x,y}$，若 $S_{x,y}$ 包含于 X，记下这个（x,y）点，所有满足上述条件的点组成的集合称作 X 被 S 腐蚀的结果。腐蚀可用式(6-1)表示：

$$X \ominus S = \{(x,y) \mid S_{x,y} \subset X\} \tag{6-1}$$

腐蚀的方法：将 S 的原点和 X 上的点一个一个地对比，如果 S 上的所有点都在 X 的范围内（如用黑色表示），则 S 的原点对应的点保留（如置黑色），否则将该点去掉（如置白色）。被处理图像如图 6-2（a）所示，其中黑色像素是目标 X。结构元素如图 6-2（b）所示，其大小为 3×3，原点在中心，中心对准目标 X 中的像素进行处理。腐蚀后的结果如图 6-2（c）所示，只有三个像素。可以看出，这三个像素仍在原来 X 的范围内，且比 X 包含的点要少，从而可以看成 X 被 S 腐蚀掉了外围的一层。

图 6-2 中结构元素的原点在结构元素的中间，因此可以腐蚀掉图像目标的所有边界部分。腐蚀可以把小于结构元素的物体（毛刺、小凸起）去除。如果两个物体之间有细小的连通，当结构元素足够大时，可以通过腐蚀运算将两个物体分开。

对如图 6-3（a）所示的图像运用不同大小的结构元素进行腐蚀，效果如图 6-3（b）、（c）、（d）所示，结构元素大小分别为 3×3、9×9 和 11×11（结构元素见各图的右边下角）。由此可以看出，小于结构元素的目标物体［如图 6-3（b）中的第一个物体］或毛刺［如图 6-3（c）中的第二个物体］会被腐蚀掉；当一个物体中间部分小于结构元素时，也会被腐蚀掉，从而使一个物体变成分立的两个物体，如图 6-3（d）中的第三个与第四个物体。

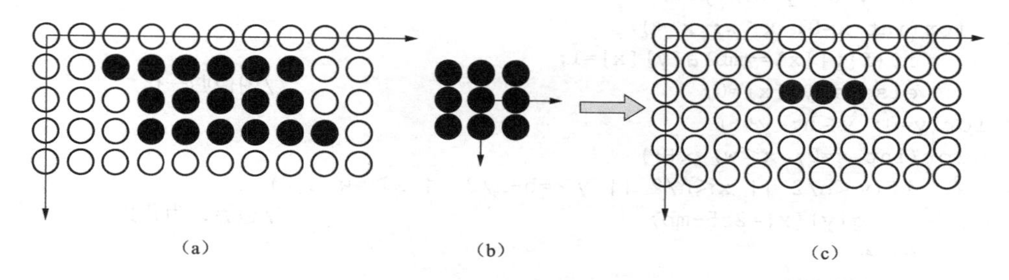

图 6-2　腐蚀运算示意

（a）X；（b）S；（c）$X \ominus S$

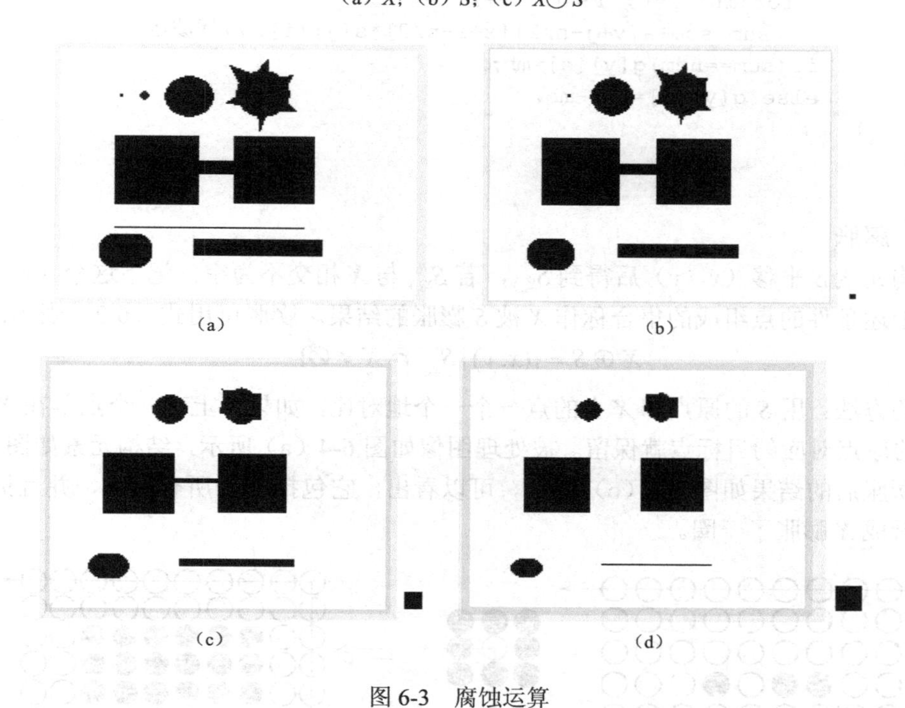

图 6-3　腐蚀运算

（a）原图；（b）3×3 结构元素腐蚀结果；（c）9×9 结构元素腐蚀结果；

（d）11×11 结构元素腐蚀结果

腐蚀运算函数的程序设计如下：

```
//输入参数:原二值图像 f[][],图像高度 h,图像宽度 w
//    结构元素 s[][](默认原点在中心点,元素值只有 1 与 0),结构元素空间大小 n×n(n 为奇数)
//    原二值图目标的灰度值 mb
//输出参数: 腐蚀后的二值图 g[][]
void Erosion(BYTE f[][500], int h, int w, BYTE s[][31], int n,
             BYTE mb, BYTE g[][500])
 { BYTE a[500][500]; float sum;
   int num=0;
   for(int i=0; i<n; i++)
```

```
    for(int j=0; j<n; j++)
      if(s[i][j]==1)num++;                           //结构元素中元素的个数 num
  for(int y=0; y<h; y++)
   for(int x=0; x<w; x++)
      if(f[y][x]==mb)a[y][x]=1;
      else a[y][x]=0;                                //图像归一化
  for(y=0; y<h; y++)
   for(int x=0; x<w; x++)
   {   if(y<n/2 || x<n/2 || y>=h-n/2 || x>=w-n/2)
         g[y][x]=255-mb;                             //边界设为背景
      else
      {   sum=0;
         for(int j=0; j<n; j++)
           for(int i=0; i<n; i++)
             sum=sum+a[y+j-n/2][x+i-n/2]*s[j][i]; //滤波运算
         if(sum==num)g[y][x]=mb;
         else g[y][x]=255-mb;
      }
   }
}
```

6.1.2 膨胀

把结构元素 S 平移（x，y）后得到 $S_{x,y}$，若 $S_{x,y}$ 与 X 相交不为空，记下这个（x，y）点，所有满足上述条件的点组成的集合称作 X 被 S 膨胀的结果。膨胀可用式（6-2）表示：

$$X \oplus S = \{(x,y) \mid S_{x,y} \cap X \neq \varnothing\} \tag{6-2}$$

膨胀的方法：用 S 的原点和 X 上的点一个一个地对比，如果 S 上有一个点落在 X 的范围内，则 S 的原点对应的目标点就保留。被处理图像如图 6-4（a）所示，结构元素如图 6-4（b）所示，则膨胀后的结果如图 6-4（c）所示。可以看出，它包括 X 的所有范围，并且扩大了，从而可以看成 X 膨胀了一圈。

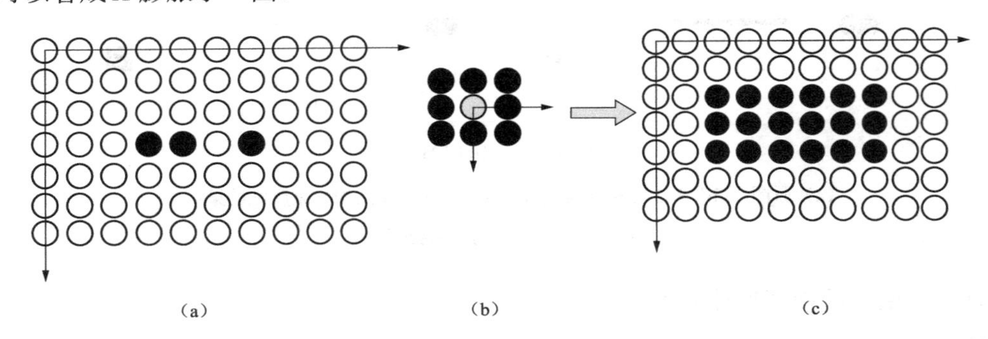

（a）　（b）　（c）

图 6-4　膨胀运算示意

（a）X；（b）S；（c）$X\oplus S$

对如图 6-5（a）所示的图像运用不同大小的结构元素进行膨胀，效果如图 6-5（b）、（c）、（d）所示，结构元素大小分别为 3×3、9×9 和 11×11。由此可以看出，膨胀可使目标物体放大，如图 6-5（b）所示；当两个物体中间部分小于结构元素时，膨胀可使两个物体连成一个物体，如图 6-5（c）所示；膨胀也可以填充目标物体中的空洞，如图 6-5（d）所示。

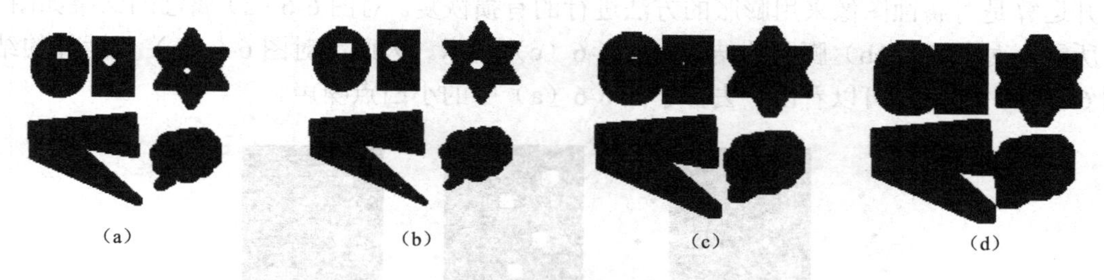

图6-5 膨胀运算

（a）原图；（b）3×3 结构元素膨胀结果；（c）9×9 结构元素膨胀结果；（d）11×11 结构元素膨胀结果

膨胀运算函数 Dilation 的程序设计如下：

```
//输入参数：原二值图像 f[][]，图像高度 h，图像宽度 w
//  结构元素 s[][](默认原点在中心点，元素值只有 1 与 0)，结构元素空间大小 n×n(n 为奇数)
//  原二值图目标物体的灰度值 mb
//输出参数：膨胀后的二值图 g[][]
void Dilation(BYTE f[][500], int h, int w, BYTE s[31][31], int n,
              BYTE mb, BYTE g[][500])
{   BYTE a[500][500]; float sum;
    for(int y=0; y<h; y++)
      for(int x=0; x<w; x++)
         if(f[y][x]==mb)a[y][x]=1;
         else a[y][x]=0;                           //图像归一化
    for(y=0; y<h; y++)
      for(int x=0; x<w; x++)
       {  if(y<n/2 || x<n/2 || y>=h-n/2 || x>=w-n/2)
            g[y][x]=255-mb;                        //边界设为背景
         else
          {sum=0;
           for(int j=0; j<n; j++)
            for(int i=0; i<n; i++)
              sum=sum+a[y+j-n/2][x+i-n/2]*s[j][i]; //滤波运算
           if(sum>=1)g[y][x]=mb;
           else g[y][x]=255-mb;
          }
       }
}
```

膨胀和腐蚀虽然是相反的操作，但不互为逆运算，可以级连结合使用，构造出形态学的运算族。

6.2 开与闭运算

（1）开运算。先对图像进行腐蚀，然后膨胀其结果，称为开运算。开运算可用式（6-3）表示：

$$X \bigcirc S = (X \ominus S) \oplus S \tag{6-3}$$

开运算是对腐蚀图像采用膨胀的方法进行的有损恢复。对图 6-6（a）腐蚀的结果如图 6-6（b）所示，对图 6-6（b）膨胀的结果如图 6-6（c）所示。因此，对图 6-6（a）开运算的结果如图 6-6（c）所示。可以看出，去掉了图 6-6（a）中的小凸点噪声。

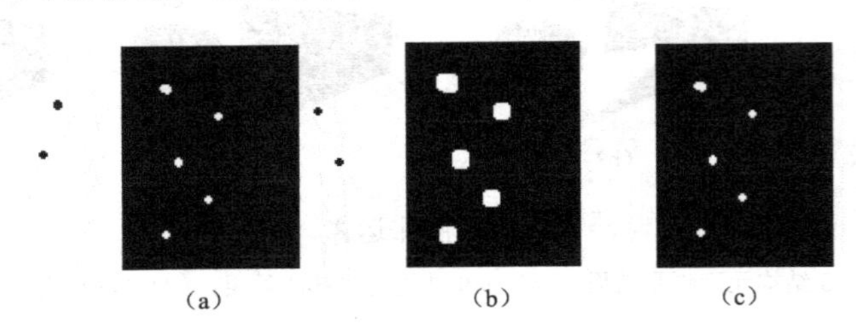

（a） （b） （c）

图 6-6 开运算

（a）原图；（b）腐蚀；（c）膨胀

（2）闭运算。先对图像进行膨胀，然后腐蚀其结果，称为闭运算。闭运算可用式（6-4）表示：

$$X \bullet S = (X \oplus S) \ominus S \tag{6-4}$$

闭运算是对膨胀图像采用腐蚀的方法进行的有损恢复。对图 6-7（a）腐蚀的结果如图 6-7（b）所示，对图 6-7（b）膨胀的结果如图 6-7（c）所示。因此，对图 6-7（a）闭运算的结果如图 6-7（c）所示。可以看出，填充了图 6-7（a）中的小空穴噪声。

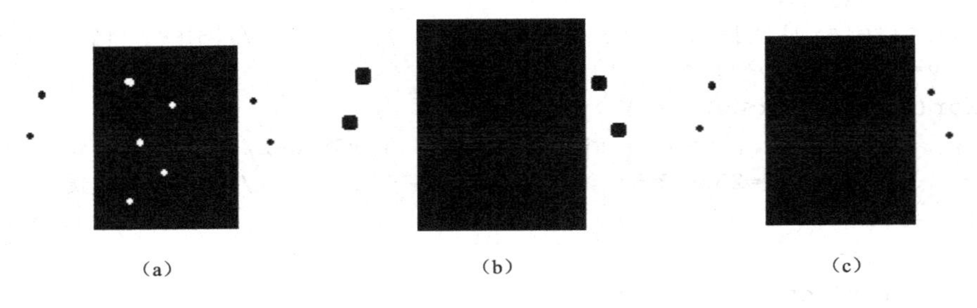

（a） （b） （c）

图 6-7 闭运算

（a）原图；（b）膨胀；（c）腐蚀

因此，开运算可去掉小凸起噪声，闭运算可去掉小空穴噪声。

如果再将开、闭运算结合起来就可以构成噪声滤波器，去除图像的噪声，有损地恢复图像。噪声滤波器可表示为：

$$(X \circ S) \bullet S \text{ 或 } (X \bullet S) \circ S$$

图 6-8（a）中包含一个长方形的目标 X，目标内有一些噪声孔，目标外有一些噪声块。用一个大于噪声块的结构元素 S 可通过形态学运算滤除噪声：用 S 对 X 进行腐蚀得到图 6-8（b），用 S 对腐蚀的结果进行膨胀得到图 6-8（c），这两个操作的结合就是开运算，从而消除了目标周围的噪声块。用 S 对图 6-8（c）进行膨胀得到图 6-8（d），用 S 对膨胀结果进行腐蚀得到图 6-8（e），这两个操作的结合就是闭运算，从而消除了目标内部的噪声孔。整个过程是先做开运算再做闭运算，可用式（6-5）表示：

$$\{[(X \ominus S) \oplus S] \oplus S\} \ominus S = (X \circ S) \bullet S \tag{6-5}$$

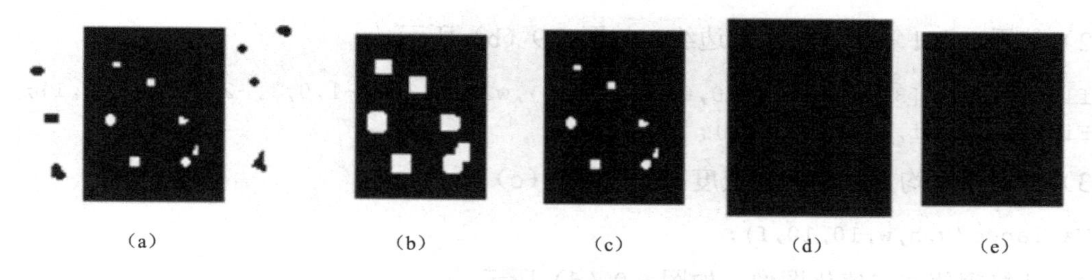

图6-8　开、闭运算滤波示意

（a）原图；（b）、（e）腐蚀；（c）、（d）膨胀

【案例6-1】　分割出如图6-9（a）所示的手掌图像的掌纹区域。

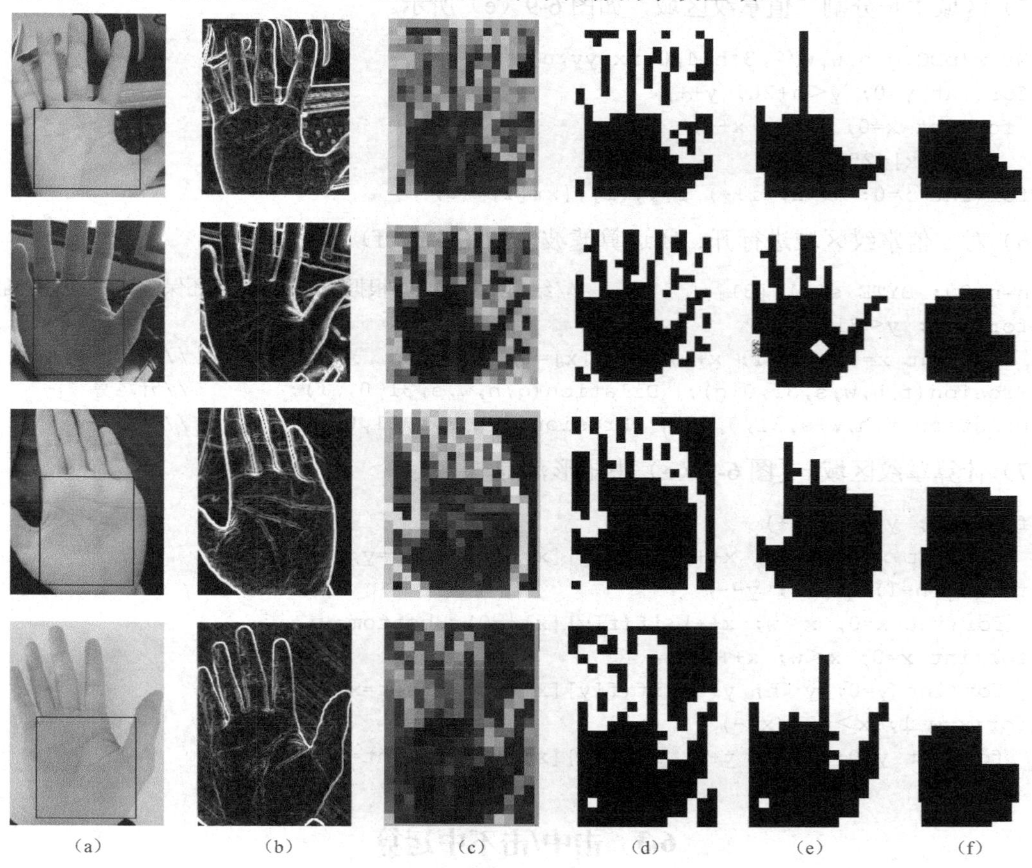

图6-9　手掌图像分割

（a）原图；（b）Sobel算子滤波；（c）分块均方差灰度图；（d）二值化；（e）区域生长分割；（f）开、闭运算滤波

处理过程如下：

```
BYTE f[500][500],g[500][500],xx[20000],yy[20000]; int n; RECT r;
```

1）彩色图像变灰度图像。

```
float a[]={0.33,0.33,0.33};
Gray(im,h,w,a,f);
```

2）使用 Sobel 算子滤波突出边缘，如图 6-9（b）所示。

```
float w1[3][3]={1,2,1,0,0,0,-1,-2,-1},w2[3][3]={-1,0,1,-2,0,2,-1,0,1};
Filtering2(f,h,w,w1,w2,g);
```

3）分块计算均方差并转为灰度，如图 6-9（c）所示。

```
Variance(g,h,w,10,10,f);
```

4）计算阈值并二值化图像，如图 6-9（d）所示。

```
int t=Otsu(f,h,w);
GrayToTwo(f,h,w,t/1.5,g);
```

5）区域生长分割二值掌纹区域，如图 6-9（e）所示。

```
Grow(pDC,g,h,w,w/2,3*h/4,0,xx,yy,n);
for(int y=0; y<h+20; y++)
 for(int x=0; x<w; x++)
   f[y][x]=255;
for(int i=0; i<n; i++) f[yy[i]][xx[i]]=0;
```

6）对二值掌纹区域进行开、闭运算滤波，如图 6-9（f）所示。

```
h=h+20; BYTE s[31][31];          //结构元素 s 大小根据图 6-9(e)中还保留的手指宽度确定
for(y=0; y<31; y++)
  for(int x=0; x<31; x++) s[y][x]=1;                        //生成结构元素
Erosion(f,h,w,s,31,0,g);  Dilation(g,h,w,s,31,0, f);        //开运算
Dilation(f,h,w,s,31,0, g);  Erosion(g,h,w,s,31,0, f);       //闭运算
```

7）计算掌纹区域 r［图 6-9（a）中矩形范围］。

```
for(y=0; y<h; y++)
  for(int x=0; x<w; x++) if(f[y][x]==0)r.top=y;
for( y=h-1; y>=0; y--)
  for(int x=0; x<w; x++) if(f[y][x]==0)r.bottom=y;
for(int x=0; x<w; x++)
  for(int y=0; y<h; y++) if(f[y][x]==0)r.left=x;
for(x=w-1; x>=0; x--)
  for(int y=0; y<h; y++) if(f[y][x]==0)r.right=x;
```

6.3 击中/击不中运算

在击中/击不中运算中，结构元素与前面不同，S 由两个不相交的部分 $S1$ 和 $S2$ 组成，即 $S=S1\cup S2$，而且 $S1\cap S2=\varnothing$。X 被 S “击中”（$X\odot S$）的定义如下：

$$X\odot S=\{(x,y)\mid S1_{x,y}\subseteq X \text{且} S2_{x,y}\subseteq X^C\} \tag{6-6}$$

图 6-10 为 X 被 S 击中示意图。可以看出，该运算相当于一种严格的模板匹配，即在图像中匹配所有 S 的像素点。图 6-10（a）含有三个 S 结构元素［见图 6-10（b）］的像素点，如图 6-10（c）所示。

击中/击不中运算可以用于图像目标的形状细化及形状识别和定位。

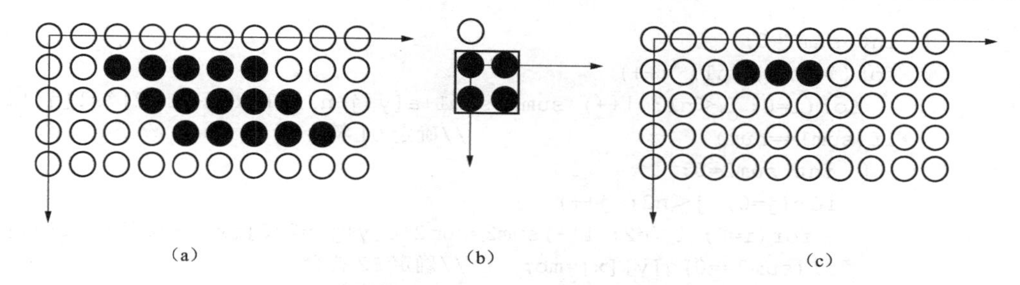

图 6-10 X被S击中示意

(a) X; (b) S; (c) $X⊙S$

图 6-11 描述了一个字符识别的示例（外围矩形框表示图像大小），被处理图像X如图 6-11（a）所示，结构元素S如图 6-11（b）所示，则$X⊙S$的结果如图 6-11（c）所示。可以看出，图 6-11（a）中含有 1 个结构元素字符。实际上，击中/击不中运算是一种精确的匹配运算。

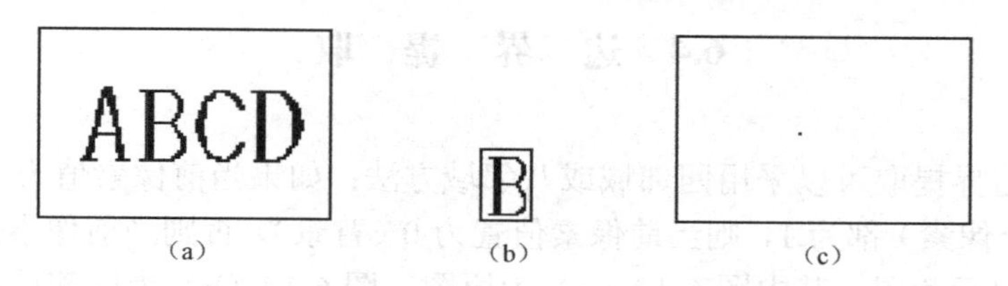

图 6-11 用击中/击不中识别字符

(a) X; (b) S; (c) $X⊙S$

击中/击不中运算函数的程序设计如下：

```
//输入参数:原二值图像 f[][],图像高度 h,图像宽度 w
//    结构元素 s1[][]原点在中心点,用 1(有结构元素)与 0(无结构元素)表示,
//    空间大小 n1×n1(n1 为奇数)
//    结构元素 s2[][],用 1(无结构元素)与 0(有结构元素)表示,空间大小 n2×n2(n2 为奇数)
//    原二值图目标物体的灰度值 mb
//输出参数:击中/击不中后的二值图 g[][]
void HitMis( BYTE f[][500], int h, int w, BYTE s1[11][11], int n1,
             BYTE s2[11][11], int n2, BYTE mb, BYTE g[][500])
 { int x,y,i,j; BYTE a[500][500];
   int num=0;
   for(y=0; y<n1; y++)
    for(x=0; x<n1; x++)
      if(s1[y][x]==1)num++;
   for(y=0; y<h; y++)
    for(x=0; x<w; x++)
      if(f[y][x]==mb)a[y][x]=1;
      else a[y][x]=0;                          //对原二值图转化为 0 与 1
   for(y=0; y<h; y++)
    for(x=0; x<w; x++)
    {if(y<n1/2 || x<n1/2 || y>h-n1/2 || x>w-n1/2) g[y][x]=255-mb;
                                               //边界像素设为背景
     else
```

```
        {  int sum1=0;
           for(j=0; j<n1; j++)
              for(i=0; i<n1; i++) sum1=sum1+a[y+j-n1/2][x+i-n1/2]*s1[j][i];
           if(sum1==num)                    //确定 S1 符合
             {  int sum2=0;
                for(j=0; j<n2; j++)
                  for(i=0; i<n2; i++)sum2=sum2+a[y+j-n2/2][x+i-n2/2]*s2[j][i];
                if(sum2==0)g[y][x]=mb;      //确定 S2 符合
                else g[y][x]=255-mb;        //S2 不符合
             }
           else g[y][x]=255-mb;                      //S1 不符合
        }
    }
}
```

6.4 边 界 提 取

二值图像的边界提取可以采用四邻域或八邻域方法：如果当前像素值为 1（目标），周围四个像素（或八个像素）都为 1，则当前像素值置为 0（背景），否则当前像素值不变。图 6-12 为二值图边界提取示意图，其中图 6-12（a）为原图，图 6-12（b）为四邻域法提取边界的效果图，图 6-12（c）为八邻域法提取边界的效果图。

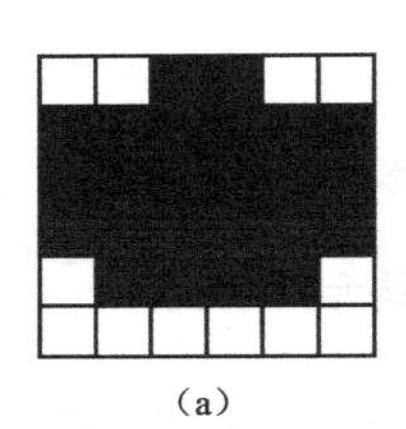
（a）

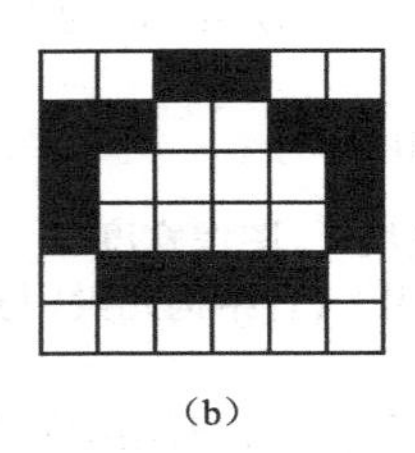
（b）

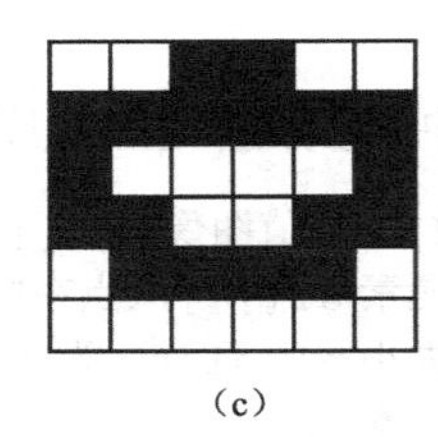
（c）

图 6-12 二值图边界提取示意

（a）原图；（b）四邻域法提取边界；（c）八邻域法提取边界

四邻域法提取边界函数的程序设计如下：

```
//输入参数：原二值图像 f[][]，图像高度 h，图像宽度 w，目标物体的灰度值 mb
//输出参数：边界二值图 g[][]
void Edge4(BYTE f[][500], int h, int w, BYTE mb, BYTE g[][500])
 {for(int y=1; y<h-1; y++)
    for(int x=1; x<w-1; x++)
      if(f[y][x]==mb && f[y+1][x]==mb && f[y-1][x]==mb
          && f[y][x+1]==mb && f[y][x-1]==mb)
        g[y][x]= 255-mb;
      else
        g[y][x]=f[y][x];
}
```

对图 6-13（a）中的目标进行边界提取，结果如图 6-13（b）所示。

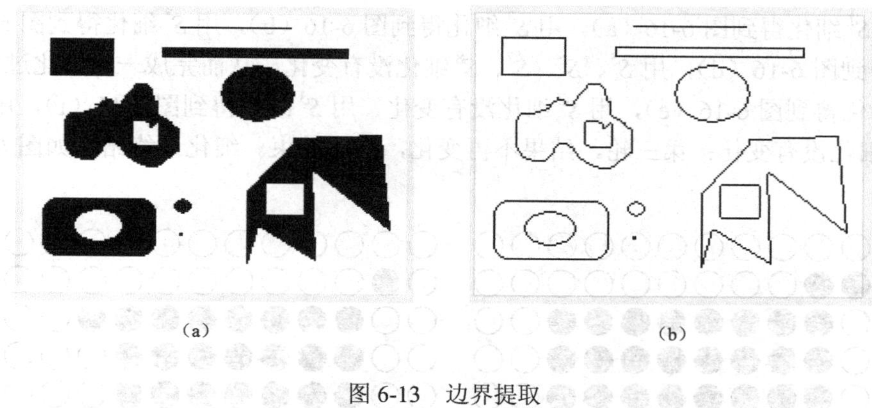

图 6-13 边界提取

(a) 原图；(b) 结果图

6.5 二值图的细化

对图像中的目标进行细化有助于突出形状特征和减少冗余信息量。细化是指将图像中的目标沿其中心轴线细化成一个像素宽的线条。细化的方法有许多种，这里仅介绍两种方法。

6.5.1 利用击中/击不中方法细化

$X \otimes S$ 表示结构元素 S 对目标物体 X 的细化，可以采用击中/击不中运算来定义：

$$X \otimes S = X - (X \odot S) \tag{6-7}$$

在细化过程中，结构元素是如图 6-14 所示的一个序列。例如，图 6-14 中黑色部分为结构元素 S^1，白色部分为结构元素 S^2，灰色部分可以是黑色也可以是白色。

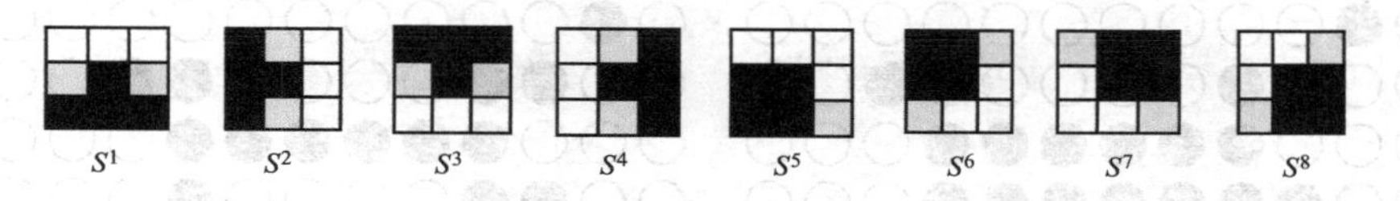

图 6-14 结构元素序列

细化过程为：先用图 6-14 中的一个结构元素（如 S^1）对图像中的目标进行细化运算，得到新的目标 X^1，再用图 6-14 中的另一个结构元素（如 S^2）对新的目标进行细化运算，得到 X^2，以此类推细化下去，直到图 6-14 中的所有结构元素均细化完毕，就完成了一轮细化过程。整个过程不断重复，直到最后的结果不再变化为止。

【例 6-1】 对如图 6-15 所示的二值图像用形态学方法予以细化。

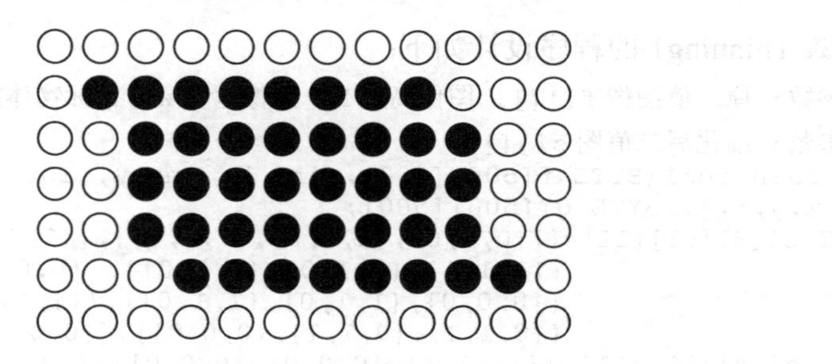

图 6-15 二值图像

解：用 S^1 细化得到图 6-16（a），用 S^2 细化得到图 6-16（b），用 S^3 细化得到图 6-16（c），用 S^4 细化得到图 6-16（d），用 S^5、S^6、S^7、S^8 细化没有变化，从而完成一轮细化过程；第二轮，用 S^1 细化得到图 6-16（e），用 S^2 细化没有变化，用 S^3 细化得到图 6-16（f），用 S^4、S^5、S^6、S^7、S^8 细化没有变化；第三轮，结果不再变化，细化结束。细化最终结果如图 6-16（f）所示。

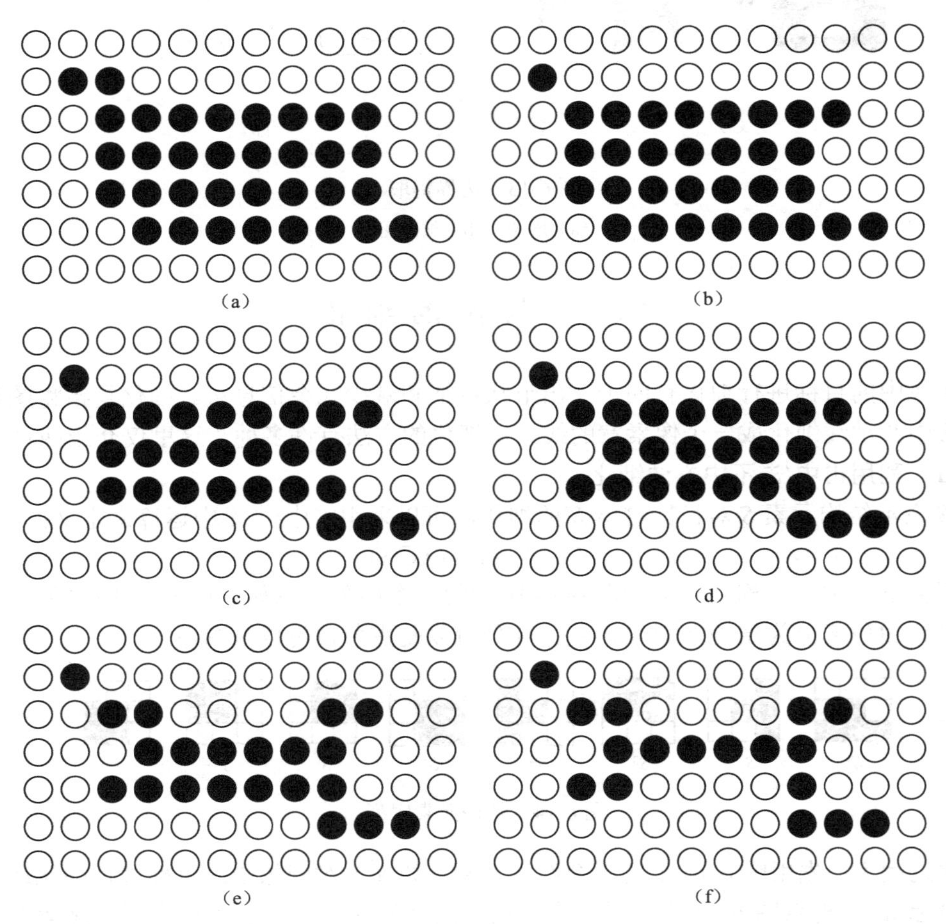

图 6-16 利用击中/击不中方法细化图像过程

（a）用 S^1 细化结果；（b）用 S^2 细化结果；（c）用 S^3 细化结果；（d）用 S^4 细化结果；（e）第二轮用 S^1 细化结果；（f）第二轮用 S^3 细化结果

细化函数 Thinning1 的程序设计如下：

```
//输入参数：原二值图像 f[][]，图像高度 h，图像宽度 w，目标物体的灰度值 mb
//输出参数：细化后二值图 g[][]
  void Thinning1(BYTE f[500][500], int h, int w, int mb, BYTE g[500][500])
  {int x,y,i,j; BYTE g1[500][500];
   BYTE s1[8][11][11]={{{0,0,0},{0,1,0},{1,1,1}},{{1,0,0},{1,1,0},{1,0,0}},
                       {{1,1,1},{0,1,0},{0,0,0}},{{0,0,1},{0,1,1},{0,0,1}},
                       {{0,0,0},{1,1,0},{1,1,0}},{{1,1,0},{1,1,0},{0,0,0}},
                       {{0,1,1},{0,1,1},{0,0,0}},{{0,0,0},{0,1,1},{0,1,1}}};
   BYTE s2[8][11][11]={{{1,1,1},{0,0,0},{0,0,0}},{{0,0,1},{0,0,1},{0,0,1}},
                       {{0,0,0},{0,0,0},{1,1,1}},{{1,0,0},{1,0,0},{1,0,0}},
```

```
                          {{0,1,1},{0,0,1},{0,0,0}},{{0,0,0},{0,0,1},{0,1,1}},
                          {{0,0,0},{1,0,0},{1,1,0}},{{1,1,0},{1,0,0},{0,0,0}}};
    for(y=0; y<h; y++)
     for(x=0; x<w; x++)
       g1[y][x]=f[y][x];
    while(1)
     {  int bz=1;                                               //标志变量
        for (i=0; i<8; i++)
          {  HitMis(g1,h,w,s1[i],3,s2[i],3,mb,g);               //调用击中/击不中函数
             for(y=0; y<h; y++)
               for(x=0; x<w; x++)
                 {  if(g[y][x]==mb) g[y][x]=255-mb,bz=0;         //有击中像素
                    else g[y][x]=g1[y][x];
                    g1[y][x]=g[y][x];
                 }
             if(bz==1)break;                                    //完成细化
          }
         if(bz==1)break;                                        //完成细化
     }
}
```

对图6-17（a）细化的结果如图6-17（b）所示。可以看出，该方法能够较准确地提取图像的骨架，基本上能够保留原目标轮廓的大小。

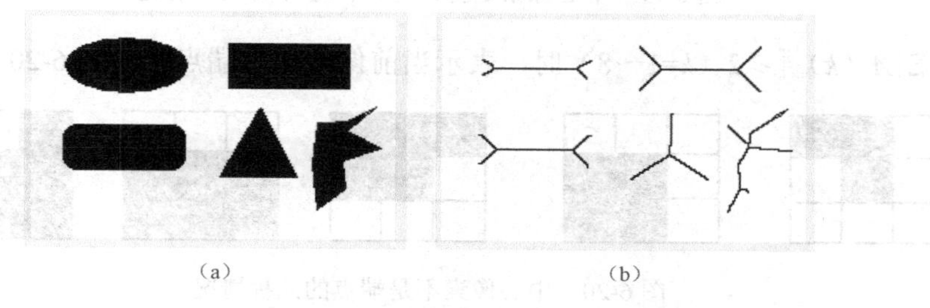

（a）　　　　　　　　（b）

图6-17　利用击中/击不中方法细化图像

（a）原图；（b）细化结果

6.5.2　利用连接数方法细化

利用连接数方法细化的具体步骤如下：

（1）读取二值图所有像素 f（x，y）（x=0，1，2，…，w–1；y=0，1，…，h–1），将目标置为1，背景置为0。

（2）定义以下函数：

1）当前像素为目标时，A（k）=1，否则 A（k）=0（为背景）。其中，k=0 为当前像素 f（x，y），k=1～8 是从右边像素开始，按逆时针顺序排列的8个方向的邻近像素。即：A（0）表示 f（x，y），A（1）表示 f（x+1，y），A（2）表示 f（x+1，y–1），A（3）表示 f（x，y–1），A（4）表示 f（x–1，y–1），A（5）表示 f（x–1，y），A（6）表示 f（x–1，y+1），A（7）表示 f（x，y+1），A（8）表示 f（x+1，y+1）。

2）当 A（k）=1 时，C（k）=1；当 A（k）<1 或>1 时，C（k）=0。

3）当前像素的连接数：

$$F=\Sigma\{[1-C(k)]-[1-C(k)][1-C(k+1)][1-C(k+2)]\}\quad (k=1, 3, 5, 7) \qquad (6\text{-}8)$$

连接数 F 的值可以表示该像素与相邻像素的关系，如图6-18所示。

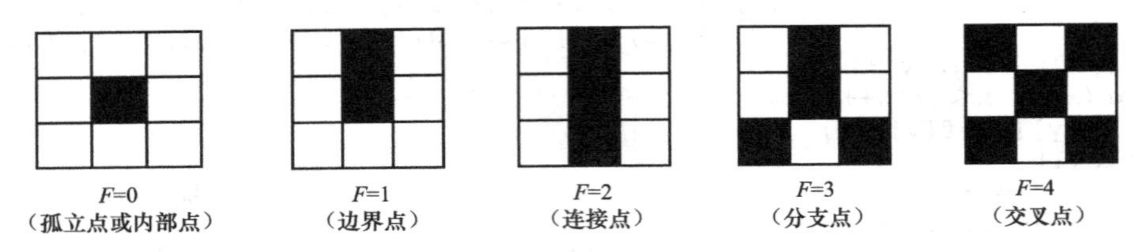

图 6-18　连接数与点的关系

（3）下列四个条件都满足时，说明当前像素可以消减，置 A（0）为−1。

1）当 A（0）=1 时，表示当前像素为目标。

2）当 $\Sigma|A(k)|\leqslant 3$（k=1，3，5，7）时，表示当前像素是背景与目标的边界，如图 6-19 所示。

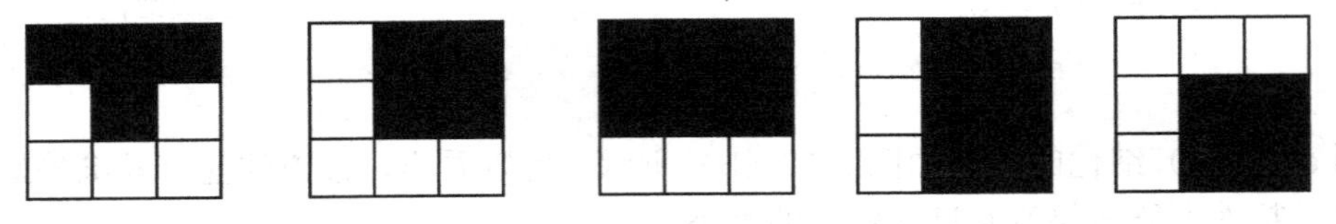

图 6-19　中心像素是背景与目标边界的几种情况

3）当 $\Sigma|A(k)|\geqslant 2$（k=1～8）时，表示当前像素不是端点，如图 6-20 所示。

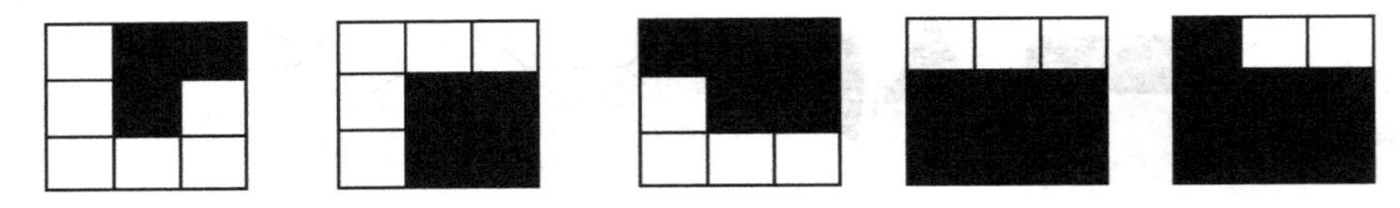

图 6-20　中心像素不是端点的几种情况

4）当 F=1 时，当前像素是边界点。

（4）遍历完所有像素后，将−1 置为 0，清除当前边界像数点。

（5）再读取二值图所有像素 $f(x, y)$（x=0，1，2，…，w−1；y=0，1，…，h−1），重复（2）～（4）直到没有−1 为止。

细化函数的程序设计如下：

```
//输入参数：原二值图像 f[][]，图像高度 h，图像宽度 w，目标物体的灰度值 mb
//输出参数：细化后二值图 g[][]
void Thinning2(BYTE f[500][500], int h, int w, int mb, BYTE g[500][500])
{   int s=1,ff,x,y,i,j,a[10],c[10],f1[300][300];
    for(y=0; y<h; y++)
      for(x=0; x<w; x++)
         if (f[y][x]==mb)f1[y][x]=1;
         else f1[y][x]=0;
    while(s!=0)
    {for(y=1; y<h-1; y++)
      for(x=1; x<w-1; x++)
        {if (f1[y][x]==1)
         { a[1]=f1[y][x+1],a[2]=f1[y-1][x+1],a[3]=f1[y-1][x],
           a[4]=f1[y-1][x-1],a[5]=f1[y][x-1],a[6]=f1[y+1][x-1],
```

```
        a[7]=f1[y+1][x],a[8]=f1[y+1][x+1], a[9]=a[1];
       for(int k=1; k<9; k++)
        if(a[k]==1)c[k]=1;
        else c[k]=0;
          c[9]=c[1];  ff=0;
       for(k=1; k<8; k=k+2) ff=ff+(1-c[k])-(1-c[k])*(1-c[k+1])* (1-c[k+2]);
       if(ff==1)
        { s=0;
          for(k=1; k<8; k=k+2)s=s+fabs(a[k]);
            if(s<=3)
              {s=0; for(k=1; k<9; k++)s=s+fabs(a[k]);
               if(s>=2)f1[y][x]=-1;
              }
        }
      }
    }
   s=0;
   for(y=1;y<h-1;y++)
     for(x=1; x<w-1; x++)
        if(f1[y][x]==-1)f1[y][x]=0,s=1;
   for(y=1; y<h-1; y++)
     for(x=1; x<w-1; x++)
       if(f1[y][x]==1)g[y][x]=mb;
       else g[y][x]=255-mb;
   }
}
```

对图 6-21（a）细化的结果如图 6-21（b）所示。可以看出，该方法提取目标的中轴信息与前一个方法不同，如长方形目标的中轴是一条直线，正方形或圆形目标的中轴是一个点。

（a） （b）

图 6-21 利用连接数方法细化图像

（a）原图；（b）细化结果

6.6 目标的特征

6.6.1 目标的几何特征

1. 位置

当图像中的一个目标不是一个点时，物体的位置用物体面积的中心点来表示。设图像中的一个目标对应的像素位置坐标为（$x_{i,j}$，$y_{i,j}$）（i=0，1，…，n−1；j=0，1，…，m−1；其中 $m\times n$ 为图像中物体内部所有像素点数），利用式（6-9）可计算一个目标的位置坐标：

$$\begin{cases}\bar{x}=\dfrac{1}{mn}\displaystyle\sum_{i=0}^{n-1}\sum_{j=0}^{m-1}x_{i,j}\\ \bar{y}=\dfrac{1}{mn}\displaystyle\sum_{i=0}^{n-1}\sum_{j=0}^{m-1}y_{i,j}\end{cases} \tag{6-9}$$

计算位置函数的程序设计如下：

```
//输入参数：原二值图像 f[][]，图像高度 h，图像宽度 w，目标的灰度值 gray
//输出参数：目标的中心坐标(X,Y)
void Position(BYTE f[][500],int h,int w,BYTE gray,int &X,int &Y)
{   int num=0;X=0,Y=0;
    for(int y=0;y<h;y++)
        for(int x=0;x<w;x++)
            if(f[y][x]==gray)X+=x,Y+=y,num++;
    X=X/num,Y=Y/num;
}
```

图 6-22 中的“+”显示了不同目标的位置。

图 6-22 不同目标的位置

2. *方向*

目标的方向就是较长轴的方向。一般将最小二阶矩轴定义为目标的方向。也就是目标的方向轴可使式（6-10）定义的 E 值最小：

$$E=\iint r^2 f(x,y)\mathrm{d}x\mathrm{d}y \tag{6-10}$$

式中：r 是坐标点（x，y）到直线方向轴的距离。为了简化，点到直线方向轴的距离采用点到直线的垂直方向距离及点到直线的水平方向距离。

设所求直线方程为 $g(x)=Ax+B$，$0\leqslant|A|\leqslant1$，点（x，y）到直线上的点（x，$Ax+B$）的垂直距离为 $r=|Ax+B-y|$，将计算 E 的连续表达式离散化，将积分改为求和，则：

$$E_y=\sum_{x=0}^{w-1}\sum_{y=0}^{h-1}(Ax+B-y)^2 f(x,y) \tag{6-11}$$

对式（6-11）求 A、B 的偏导，并使其为 0，可得到 E 的最小值：

$$\begin{aligned}\frac{\partial E}{\partial A}&=\sum_{x=0}^{w-1}\sum_{y=0}^{h-1}2(Ax+B-y)xf(x,y)=2\sum_{x=0}^{w-1}\sum_{y=0}^{h-1}(Ax^2+Bx-xy)f(x,y)=0\\ \frac{\partial E}{\partial B}&=\sum_{x=0}^{w-1}\sum_{y=0}^{h-1}2(Ax+B-y)f(x,y)=2\sum_{x=0}^{w-1}\sum_{y=0}^{h-1}(Ax+B-y)f(x,y)=0\end{aligned} \tag{6-12}$$

简化式（6-12）后可得：

$$\left[\sum_{x=0}^{w-1}\sum_{y=0}^{h-1}x^2 f(x,y)\right]A+\left[\sum_{x=0}^{w-1}\sum_{y=0}^{h-1}xf(x,y)\right]B=\sum_{x=0}^{w-1}\sum_{y=0}^{h-1}xyf(x,y)$$

$$\left[\sum_{x=0}^{w-1}\sum_{y=0}^{h-1}xf(x,y)\right]A+nB=\sum_{x=0}^{w-1}\sum_{y=0}^{h-1}yf(x,y) \tag{6-13}$$

式中：n 表示图像中目标的像素个数，则：

$$A=\frac{\left[\sum_{x=0}^{w-1}\sum_{y=0}^{h-1}xyf(x,y)\right]n-\left[\sum_{x=0}^{w-1}\sum_{y=0}^{h-1}xf(x,y)\right]\left[\sum_{x=0}^{w-1}\sum_{y=0}^{h-1}yf(x,y)\right]}{\left[\sum_{x=0}^{w-1}\sum_{y=0}^{h-1}x^2f(x,y)\right]n-\left[\sum_{x=0}^{w-1}\sum_{y=0}^{h-1}xf(x,y)\right]^2}$$

$$B=\frac{\sum_{x=0}^{w-1}\sum_{y=0}^{h-1}yf(x,y)-\left[\sum_{x=0}^{w-1}\sum_{y=0}^{h-1}xf(x,y)\right]A}{n} \tag{6-14}$$

将二值图像中目标的 $f(x,y)$ 值设为 1，则式（6-14）简化为：

$$A=\frac{n\sum_{x=0}^{w-1}\sum_{y=0}^{h-1}xy-\left(\sum_{x=0}^{w-1}\sum_{y=0}^{h-1}x\right)\left(\sum_{x=0}^{w-1}\sum_{y=0}^{h-1}y\right)}{n\sum_{x=0}^{w-1}\sum_{y=0}^{h-1}x^2-\left(\sum_{x=0}^{w-1}\sum_{y=0}^{h-1}x\right)^2}$$

$$B=\frac{\sum_{x=0}^{w-1}\sum_{y=0}^{h-1}y-A\sum_{x=0}^{w-1}\sum_{y=0}^{h-1}x}{n} \tag{6-15}$$

式中：A 为目标的斜率，目标的方向直线为 $y=Ax+B$。

当 $|A|>1$ 时，式（6-15）变为：

$$C=\frac{n\sum_{x=0}^{w-1}\sum_{y=0}^{h-1}xy-\left(\sum_{x=0}^{w-1}\sum_{y=0}^{h-1}x\right)\left(\sum_{x=0}^{w-1}\sum_{y=0}^{h-1}y\right)}{n\sum_{x=0}^{w-1}\sum_{y=0}^{h-1}y^2-\left(\sum_{x=0}^{w-1}\sum_{y=0}^{h-1}y\right)^2}$$

$$D=\frac{\sum_{x=0}^{w-1}\sum_{y=0}^{h-1}x-C\sum_{x=0}^{w-1}\sum_{y=0}^{h-1}y}{n} \tag{6-16}$$

式中：$1/C$ 为目标的斜率，目标的方向直线为 $x=Cy+D$。

所以，计算目标的方向轴时可根据式（6-17）进行判别：当 $E_y \leqslant E_x$ 时，目标的方向轴方程为 $y=Ax+B$；当 $E_y>E_x$ 时，目标的方向轴方程为 $x=Cy+D$。

$$E_y=\sum_{x=0}^{w-1}\sum_{y=0}^{h-1}(Ax+B-y)^2f(x,y)$$
$$E_x=\sum_{x=0}^{w-1}\sum_{y=0}^{h-1}(Cy+D-x)^2f(x,y) \tag{6-17}$$

计算方向轴函数的程序设计如下：

```
//输入参数:原二值图像 f[][]，图像高度 h，图像宽度 w，目标的灰度值 gray
```

```
//输出参数：目标物体方向轴中两点坐标(xs,ys)和(xe,ye)
void Direction(BYTE f[][500], int h,int w,
               BYTE gray, int &xs, int &ys, int &xe, int &ye)
{ int n=0,x,y; float sx=0,sy=0,sxx=0,sxy=0,syy=0;
  for(y=0; y<h; y++)
    for(x=0; x<w; x++)
      if(f[y][x]==gray)
        sx+=x,sy+=y,sxx+=x*x,sxy+=x*y,syy+=y*y,n++;
  float A=sxy/(sxx-sx/n*sx)-sy/(n/sx*sxx-sx),B=(sy-sx*A)/n,
  C=sxy/(syy-sy/n*sy)-sx/(n/sy*syy-sy), D=(sx-sy*C)/n,Ex = 0,Ey=0;
  for(y=0; y<h; y++)
    for(x=0; x<w; x++)
      if(f[y][x]==gray)Ex+=fabs(C*y+D-x),Ey+=fabs(A*x+B-y);
  if(Ey<=Ex)xs=0,ys=A*xs+B,xe=w, ye=A*xe+B;
  else ys=0,xs=C*ys+D,ye=h,xe=C*ye+D;
}
```

图 6-23 展示了不同目标的方向。

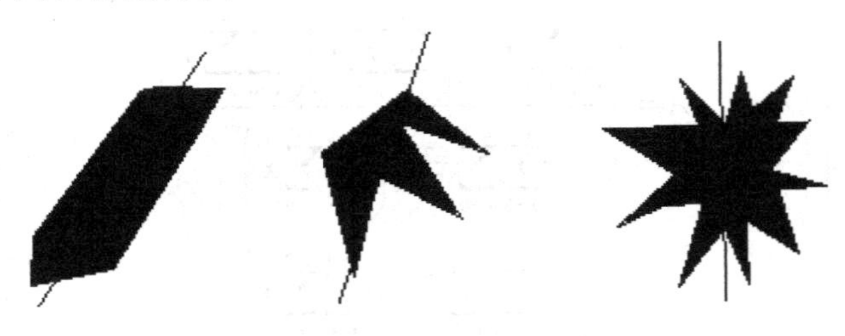

图 6-23　不同目标的方向

3. 周长

周长是目标外边界的长度。一般计算目标周长的方法有以下三种。

（1）隙码法。将一个像素看作一个单位面积的小方块，相邻像素间至少共用一个边长，这个边长被形象地称为隙缝，一个小方块的隙缝为一个单位隙码长度。如图 6-24（a）所示的目标区域，其周长如图 6-24（b）中粗线所示，隙码的长度（目标的周长）为 24。

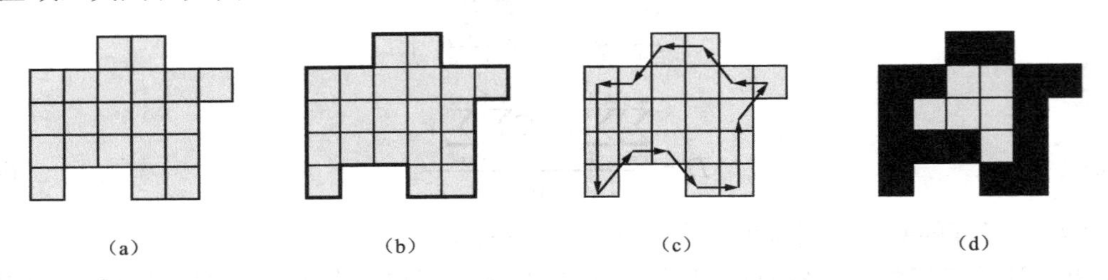

(a)　(b)　(c)　(d)

图 6-24　目标区域周长的计算

（a）目标区域；（b）隙码法；（c）链码法；（d）面积法

（2）链码法。把像素看作点，则一个单位长度可用相邻像素点的距离来表示，也可以将相邻像素形象地看成一个链子，链子有八个方向的链码，如图 6-25 所示。

当相邻像素链码值为偶数（正方向）时长度记为 1；当相邻像素链码值为奇数（斜方向）时长度记为 1.414。确定一个目标的周长，就是计算链码的长度。周长 p 可表示为：

$$p = N_e + \sqrt{2}N_o \qquad (6\text{-}18)$$

式中：N_e 和 N_o 分别为边界像素的偶数链码个数与奇数链码个数。如图 6-24（c）所示的目标边界，其链码的长度（目标的周长）为：

$$p = 10 + 5\sqrt{2}$$

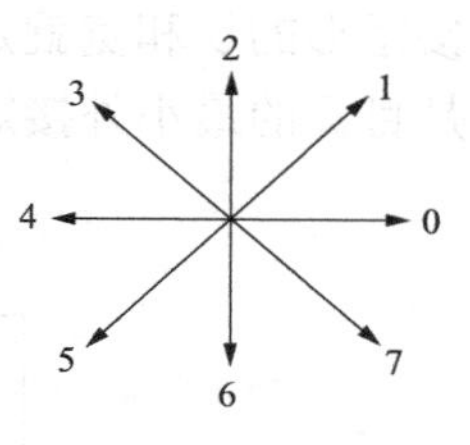

图 6-25　八方向链码

（3）面积法。设每个像素所占面积为 1 个单位，即一个像素点作为一个单位长度，周长就用边界像素点数的和来表示，也就是用像素的面积来表示周长。如图 6-24（d）所示的目标，其周长为 15（黑方块像素个数）。

由于像素面积较小，一般采用面积法计算目标周长，计算方法可以采用前面介绍的提取目标边界算法，即：当前像素为目标内像素，且其四邻域（或八邻域）中如果有一个像素在目标外，则该像素就是边界像素，计数为一个边界长度。

计算周长函数的程序设计如下：

```
//输入参数:原二值图像 f[][],图像高度 h,图像宽度 w,目标的灰度值 gray
//输出参数:函数返回周长
int Girth(BYTE f[][500],int h,int w,int gray)
{int x,y,p=0;
 for(y=1;y<h-1;y++)
    for(x=1;x<w-1;x++)
       if(f[y][x]==gray && f[y-1][x]==gray
                          && f[y][x-1]==gray && f[y+1][x]==gray && f[y][x+1]==gray);
       else if(f[y][x]==gray)p++;
 return p;
}
```

4. *面积*

最简单的面积计算方法是统计目标中的像素个数。若二值图像中目标对应的像素位置坐标为（x_i，y_j）（i=0，1，…，$n-1$；j=0，1，…，$m-1$），则面积：

$$A = \sum_{x=1}^{N}\sum_{y=1}^{M} f(x,y) \tag{6-19}$$

计算面积函数的程序设计如下：

```
//输入参数: 原二值图像 f[][], 图像高度 h, 图像宽度 w, 目标的灰度值 gray
//输出参数: 函数返回面积
int Area(BYTE f[][500],int h,int w,int gray)
{   int a=0;
    for(int y=0;y<h;y++)
        for(int x=0;x<w;x++)
            if(f[y][x]==gray)a++;
    return a;
}
```

5. *长轴和短轴*

可以采用前面介绍的确定目标方向的方法计算长轴和短轴，即沿方向轴的长度就是目标的长轴，垂直长轴方向的长度就是短轴，但这种方法计算比较复杂。这里介绍一种简单的计算方法，即利用目标的最小外接矩形（minimum enclosing rectangle，MER）计算长轴和短轴。

如图 6-26（a）所示目标的外接矩形可以通过边界点的最大和最小坐标值求得。当目标外接矩形的长和宽就是其方向轴上的长度和与之垂直的方向轴上的宽度时，这时的外接矩形就是目标的最小外接矩形，如图 6-26（b）所示。

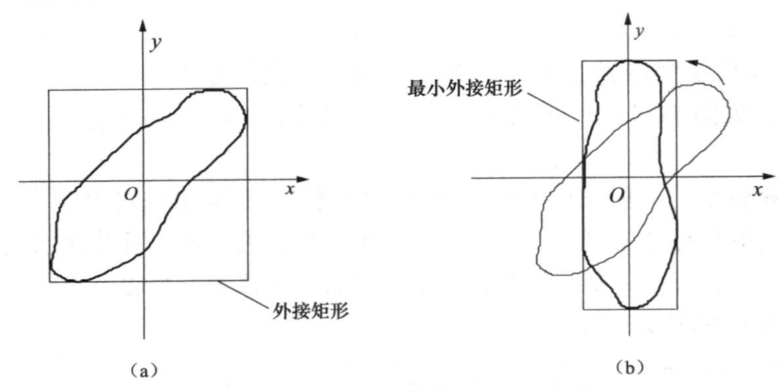

图 6-26　MER 法求物体的长轴和短轴

（a）外接矩形；（b）最小外接矩形

计算最小外接矩形的一种方法是将目标的边界在 90°范围内绕中心位置旋转多次，直到外接矩形的面积达到最小。面积最小时，外接矩形的长和宽即为目标的长轴和短轴。

计算长轴和短轴函数的程序设计如下：

```
//输入参数:原二值图像 f[][],图像高度 h,图像宽度 w,目标的灰度值 gray
//输出参数:长轴 L 和短轴 S
void MER(BYTE f[][500], int h, int w, BYTE gray, int &L, int &S)
{ int x1,y1,x2,y2,area,areamin=h*w,t;
  Position(f,h,w,gray,x1,y1);                        //计算物体中心位置
  for(int cd=0; cd<90; cd=cd+3)                      //每次旋转 3 度
   { int maxx=0,maxy=0,minx=w,miny=h; float c=cd*3.14/180;
     for(int y=0; y<h; y++)
       for(int x=0; x<w; x++)
         if(f[y][x]==gray)
          {   x2=(x-x1)*cos(c)-(y-y1)*sin(c) +x1;
              y2=(x-x1)*sin(c)+(y-y1)*cos(c)+y1;     //目标绕中心旋转
               if(x2>maxx)maxx=x2;
               if(y2>maxy)maxy=y2;
               if(x2<minx)minx=x2;
               if(y2<miny)miny=y2;
          }
     area=(maxx-minx)*(maxy-miny);                   //计算外接矩形面积
     if(area<areamin)
       areamin=area,L=(maxx-minx),S=(maxy-miny);
   }
 if(L<S) t=L,L=S,S=t;
}
```

6.6.2　目标的形状特征

1. 矩形度

矩形度反映的是目标充满最小外接矩形的程度，可用目标面积与目标最小外接矩形面积之比来表示，即：

$$R = \frac{A_o}{A_{MER}} \tag{6-20}$$

式中：A_o 为目标的面积，A_{MER} 为目标最小外接矩形的面积。R 的值在 0～1，当物体目标为矩

形时，R 的值为 1（最大值）；当物体目标为圆形时，R 的值近似为 $\pi/4$；当物体目标为凹凸边界或弯曲形时，R 值较小。

图 6-27（a）中矩形的 R 为 1，图 6-27（b）中圆形的 R 约等于 0.8（$\approx\pi/4$），图 6-27（c）中斜长形的 R 约等于 0.8，图 6-27（d）中凹凸多边形或弯曲目标的 R 约等于 0.4。

矩形度可以将矩形目标（$R\approx1$）与非矩形目标分割开来，也可以将边界凹凸或弯曲的目标（$R<0.5$）分割开来；但不能完全分割出圆形目标，对于圆形目标，要采用后面介绍的圆形度进行分割。

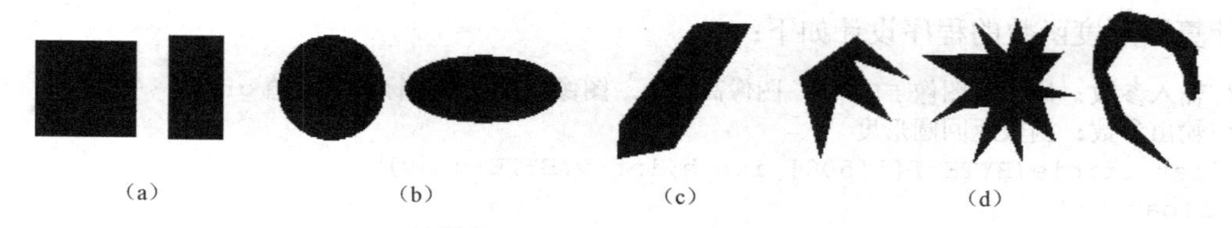

图 6-27 不同形状目标的矩形度

（a）矩形；（b）圆形；（c）斜长形；（d）凹凸多边形或弯曲目标

计算矩形度函数的程序设计如下：

```
//输入参数：原二值图像 f[][]，图像高度 h，图像宽度 w，目标的灰度值 gray
//输出参数：函数返回矩形度
float Rectangle(BYTE f[][500],int h,int w,BYTE gray)
{float R;int hig,wid;
 MER(f,h,w,gray,hig,wid);                    //计算长短轴
 R=(float)Area(f,h,w,gray)/(hig*wid);        //计算矩形度
 return R;
}
```

2. 长宽比

长宽比 r 为目标最小外接矩形的长轴与短轴的比值，可表示为：

$$r=\frac{L_{\mathrm{MER}}}{S_{\mathrm{MER}}} \tag{6-21}$$

利用 r 可以区分细长的目标与圆形或方形的目标。正矩形和圆的长宽比为 1。

计算长宽比函数的程序设计如下：

```
//输入参数：原二值图像 f[][],图像高度 h,图像宽度 w,目标的灰度值 gray
//输出参数：函数返回长宽比
float LS(BYTE f[][500], int h, int w, BYTE gray)
{int L,S;
 MER(f,h,w,gray,L,S);        //计算长短轴
 return(float)L/S;
}
```

3. 圆形度

圆形度用来描述目标接近圆形的程度，可表示为：

$$C=4\pi\frac{A}{p^2} \tag{6-22}$$

式中：A 为目标的面积，p 为目标的周长。当目标为圆形时，C 为 1；如果是细长的目标，C

值较小。

图 6-27（a）中矩形的 C 约等于 0.8，图 6-27（b）中圆形（或椭圆）的 C 约等于 1，图 6-27（c）中斜长形的 C 约等于 0.8，图 6-27（d）中凹凸多边形或弯曲目标的 C 约等于 0.4。

圆形度可以将圆形目标（$C\approx1$）与非圆形目标分割开来，基本上也可以将边界凹凸或弯曲的目标（$C<0.5$）分割出来。矩形度与圆形度可以将矩形、圆形和边界凹凸或弯曲的目标区分出来，但不能将正矩形与长矩形、圆形与椭圆形等区分出来，对此需要结合长宽比进行区分。

计算圆形度函数的程序设计如下：

```
//输入参数：原二值图像 f[][]，图像高度 h，图像宽度 w，目标的灰度值 gray
//输出参数：函数返回圆形度
float Circle(BYTE f[][500],int h,int w,BYTE gray)
{ float C;
  int p= Girth(f,h,w,gray);              //计算周长
  C=4*3.14*Area(f,h,w,gray)/(p*p);       //计算圆形度
  return C;
}
```

【案例 6-2】 识别图 6-28 中的每个水果。

图 6-28　四种水果

识别过程如下：

```
BYTE f[500][500],g[500][500];RECT r;float R[10],LW[10];
int xx[20000],yy[20000],n,L,S,num=0,X[10],Y[10],N[10];
CDC *p=GetDC();
```

1）彩色图像变灰度图像，如图 6-29（a）所示。根据图 6-28 中四种水果的颜色（苹果红色、黄瓜绿色、香蕉黄色、蜜橘橘黄色）和背景（白色），突出水果为暗色，灰度化的红色分量系数设为 0，绿色与蓝色的分量系数设为 0.5。

```
float a[]={0,0.5,0.5};
Gray(im,h,w,a,f);
DispGrayImage(p,f,h,w,w,0);
```

2）使用全局最佳阈值法二值化图像，如图 6-29（b）所示。

```
int t=Otsu(f,h,w);
GrayToTwo(f,h,w,t,g);
DispGrayImage(p,g,h,w,2*w,0);
```

二值图像中还有一些空白点。

3）闭、开运算滤波一些空白点，如图 6-29（c）所示。

```
BYTE s[31][31];
for(int y=0;y<7;y++)
   for(int x=0;x<7;x++)
      s[y][x]=1;                                          //结构元素 s 大小为 7*7
Dilation(g,h,w,s,7,0,f);Erosion(f,h,w,s,7,0,g);          //闭运算
Erosion(g,h,w,s,7,0,f);Dilation(f,h,w,s,7,0,g);          //开运算
DispGrayImage(p,g,h,w,0,h);
```

4）区域生长定位每个水果。

```
for(y=0;y<h;y++)
  for(int x=0;x<w;x++)
    if(g[y][x]==0)                                 //找到一个水果的一个点
      { Grow(g,h,w,x,y,0,xx,yy,n);                 //区域生长
        for(int y=0;y<h;y++)
          for(int x=0;x<w;x++)
            f[y][x]=255;
        for(int i=0;i<n;i++)f[yy[i]][xx[i]]=0;     //将每个水果单独保存
        R[num]=Rectangle(f,h,w,0);                 //计算每个水果的矩形度
        LW[num]=LS(f,h,w,0);                       //计算每个水果的长宽比
        N[num]=n;                                  //记录每个水果的面积(像素点个数)
        Position(f,h,w,0,X[num],Y[num]);           //计算每个水果的中心位置
        num++;
      }
```

5）识别每个水果，结果如图 6-29（d）所示。

```
int m=0;
for(int i=1;i<num;i++)if(R[i]<R[m])m=i;            //矩形度最小的为香蕉
p->TextOut(X[m],Y[m],"香蕉");
m=0;
for(i=1;i<num;i++)if(LW[i]>LW[m])m=i;              //长宽比最大的为黄瓜
p->TextOut(X[m],Y[m],"黄瓜");
m=0;
for(i=1;i<num;i++)if(N[i]>N[m])m=i;                //面积最大的为苹果
p->TextOut(X[m],Y[m],"苹果");
m=0;
for(i=1;i<num;i++)if(N[i]<N[m])m=i;                //面积最小的为蜜橘
p->TextOut(X[m],Y[m],"蜜橘");
```

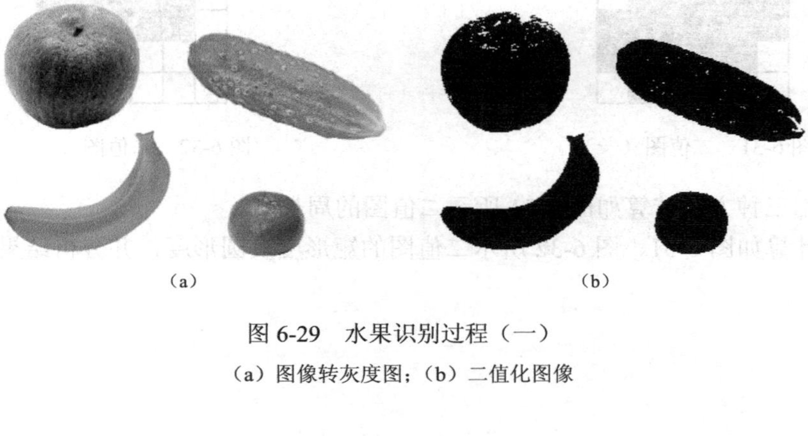

（a） （b）

图 6-29 水果识别过程（一）

（a）图像转灰度图；（b）二值化图像

图 6-29 水果识别过程（二）

（c）滤波空白点；（d）识别结果

1．已知目标图像 X 与结构元素 S 如图 6-30 所示，求：

1）（X○S1）●S1；

2）X⊙S。

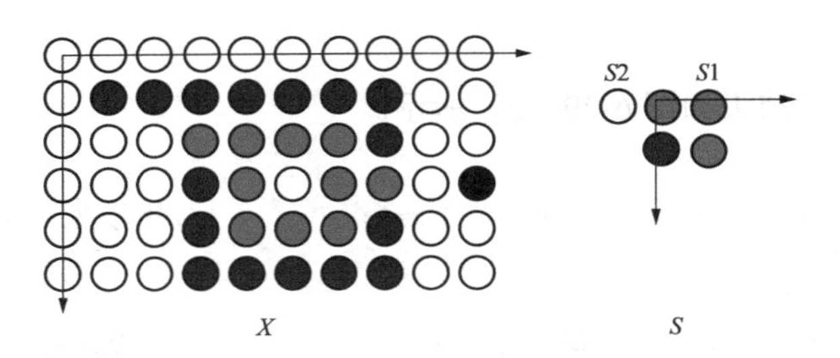

图 6-30 目标图像 X 与结构元素 S

2．已知如图 6-31 所示的二值图，画出分别用四邻域法与八邻域法提取边界的结果。

3．已知如图 6-32 所示的二值图，写出用两种方法对其进行细化的每一步。

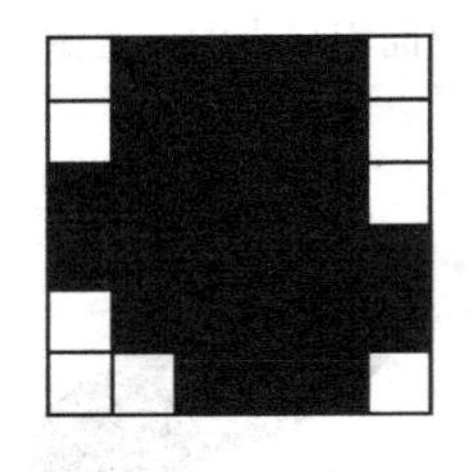

图 6-31 二值图（一）

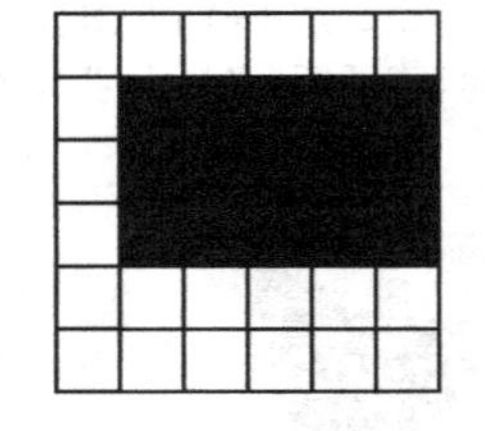

图 6-32 二值图（二）

4．分别用三种方法计算如图 6-31 所示二值图的周长。

5．分别计算如图 6-31、图 6-32 所示二值图的矩形度及圆形度，并分析结果。

第 7 章　图 像 频 域 变 换

图像频域变换在数字图像处理与分析中起着很重要的作用，是一种常用的、有效的图像分析手段。图像频域变换的目的在于：①使图像处理问题简单化；②有利于图像特征的提取；③有助于图像的编码。

简单的图像频域变换通常是一种二维正交变换，但要求这种正交变换必须是可逆的，并且正变换和逆变换的算法不能太复杂。正交变换的特点是：在变换域内图像能量主要集中分布在低频率成分上，边缘信息反映在高频率成分上。因此，正交变换广泛应用于图像增强、图像恢复、特征提取、图像压缩编码和形状分析等领域。

7.1　傅里叶变换（FT）

7.1.1　连续傅里叶变换

一维傅里叶变换对的定义为：

$$\begin{aligned} F[f(x)] = F(u) &= \int_{-\infty}^{+\infty} f(x)\mathrm{e}^{-\mathrm{j}2\pi ux}\mathrm{d}x \\ F^{-1}[F(u)] = f(x) &= \int_{-\infty}^{+\infty} F(u)\mathrm{e}^{\mathrm{j}2\pi ux}\mathrm{d}u \end{aligned} \tag{7-1}$$

式中：$\mathrm{j} = -\sqrt{-1}$；x 为时域（或空间域）变量；u 为频域变量。第一个式子称为傅里叶正变换，第二个式子称为傅里叶逆变换。

二维傅里叶变换对的定义为：

$$\begin{aligned} F[f(x,y)] = F(u,v) &= \int_{-\infty}^{+\infty}\int_{-\infty}^{+\infty} f(x,y)\mathrm{e}^{-\mathrm{j}2\pi(ux+vy)}\mathrm{d}x\mathrm{d}y \\ F^{-1}[F(u,v)] = f(x,y) &= \int_{-\infty}^{+\infty}\int_{-\infty}^{+\infty} F(u,v)\mathrm{e}^{\mathrm{j}2\pi(ux+vy)}\mathrm{d}u\mathrm{d}v \end{aligned} \tag{7-2}$$

式中：x、y 为时域变量；u、v 为频域变量。

7.1.2　离散傅里叶变换

在数字图像处理中，需要使用离散傅里叶变换（discrete Fourier transform，DFT）。

1. 一维离散傅里叶变换

设$\{f(x)|f(0),f(1),f(2),\cdots,f(N-1)\}$为一维信号 $f(x)$的 N 个抽样，其离散傅里叶变换对的定义为：

$$\begin{aligned} F[f(x)] = F(u) &= \sum_{x=0}^{N-1} f(x)\mathrm{e}^{-\mathrm{j}2\pi ux/N} \\ F^{-1}[F(u)] = f(x) &= \frac{1}{N}\sum_{u=0}^{N-1} F(u)\mathrm{e}^{\mathrm{j}2\pi ux/N} \end{aligned} \tag{7-3}$$

式中：x、u=0，1，2，…，$N-1$。$1/N$ 可以放在两式中的任一个式子中。

将欧拉公式

$$e^{j\theta} = \cos\theta + j\sin\theta$$

代入式（7-3）并利用 $\cos(-\theta) = \cos(\theta)$，得：

$$F(u) = \sum_{x=0}^{N-1} f(x)\left(\cos\frac{2\pi ux}{N} - j\sin\frac{2\pi ux}{N}\right) \tag{7-4}$$

通常傅里叶变换可以表示成复数形式，即：

$$F(u) = R(u) + jI(u) \tag{7-5}$$

式中：$R(u)$和 $I(u)$分别是 $F(u)$的实部和虚部。

傅里叶变换也可表示成指数形式，即：

$$F(u) = |F(u)|e^{j\varphi(u)} \tag{7-6}$$

式中：$|F(u)| = \sqrt{R^2(u) + I^2(u)}$；$\varphi(u) = \arctan\frac{I(u)}{R(u)}$。

通常称 $|F(u)|$为 $f(x)$的频谱或傅里叶幅度谱，$\varphi(u)$为 $f(x)$的相位谱。频谱的平方称为能量谱或功率谱，它可以表示为：

$$E(u) = |F(u)|^2 = R^2(u) + I^2(u) \tag{7-7}$$

2. 二维离散傅里叶变换

二维离散傅里叶变换对的定义为：

$$\begin{aligned} F[f(x,y)] = F(u,v) &= \sum_{x=0}^{M-1}\sum_{y=0}^{N-1} f(x,y)e^{-j2\pi\left(\frac{ux}{M}+\frac{vy}{N}\right)} \\ F^{-1}[F(u,v)] = f(x,y) &= \frac{1}{MN}\sum_{u=0}^{M-1}\sum_{v=0}^{N-1} F(u,v)e^{j2\pi\left(\frac{ux}{M}+\frac{vy}{N}\right)} \end{aligned} \tag{7-8}$$

式中：u、$x = 0$，1，2，…，$M-1$；v、$y = 0$，1，2，…，$N-1$；x、y 为时域变量，u、v 为频域变量。

同理，系数 $1/MN$ 可以在正变换或逆变换中，只要两式系数的乘积等于 $1/MN$ 即可。

二维离散函数的傅里叶频谱、相位谱和能量谱分别为：

$$|F(u,v)| = \sqrt{R^2(u,v) + I^2(u,v)} \tag{7-9}$$

$$\varphi(u,v) = \arctan\frac{I(u,v)}{R(u,v)} \tag{7-10}$$

$$E(u,v) = R^2(u,v) + I^2(u,v) \tag{7-11}$$

式中：$R(u, v)$和 $I(u, v)$分别是 $F(u, v)$的实部和虚部。

傅里叶正变换的程序设计如下：

```
//输入参数:原彩色图像 im[][][],图像的高度 h 与宽度 w
//输出参数:图像在频域中的实部 r[][][]、虚部 i[][][]
void Forward_Fourier(BYTE im[3][200][200], int h, int w,
                     float r[3][200][200], float i[3][200][200])
 {  float R,I,uw,vh,cd,wh=w*h;
    for (int v=0; v<h; v++)
      for (int u=0; u<w; u++)
       {  uw=(float)u/w, vh=(float)v/h;
          for(int k=0; k<3; k++)
```

```
        { R=0,I=0;
          for (int y=0; y<h; y++)
            for (int x=0; x<w; x++)
              {cd=6.28*(uw*x+vh*y);
               R=R+im[k][y][x]*cos(cd); I=I-im[k][y][x]*sin(cd);
              }
           r[k][v][u]=R/wh,i[k][v][u]=I/wh;
        }
      }
  }
```

傅里叶逆变换的程序设计如下：

```
//输入参数:图像在频域中的实部 r[][][]、虚部 i[][][],图像的高度 h 与宽度 w
//输出参数:空间域中的图像 put[][][]
void Backward_Fourier(float r[3][200][200], float i[3][200][200],
                      int h, int w, BYTE put[3][200][200])
 { float R,I,E,xw,yh,cd;
   for (int y=0; y<h; y++)
    for (int x=0; x<w; x++)
     { xw=(float)x/w,yh=(float)y/h;
       for(int k=0; k<3; k++)
         { R=0,I=0;
           for (int v=0; v<h; v++)
             for (int u=0; u<w; u++)
               { cd=6.28*(xw*u+yh*v);
                 R=R+r[k][v][u]*cos(cd);I=I-i[k][v][u]*sin(cd);
               }
           E=R+I;
           if(E>255)E=255;
           else if(E<0)E=0;
           put[k][y][x]=E;
         }
     }
 }
```

如图 7-1（a）所示的彩色图像（16×16），其红色分量的灰度值如图 7-1（b）所示，对应的傅里叶频谱值如图 7-1（c）所示。从图 7-1（c）中可以看出，左上角的频谱 $F(0, 0)$值最大，它比其他位置处的值大几个数量级。根据计算公式，$F(0, 0)$是所有 $f(x, y)$之和，所以 $F(0, 0)$有时称为直流（DC）分量。在电气工程中，DC 表示直流，也就是频率为零的电流。同时，从图 7-1（b）中还可以看出，四个角附近都有一些高值。因此，经过傅里叶变换，频谱可以将主要信息集中在少量的四个角附近的位置。

对于如图 7-2（a）所示的图像（64×57），R、G、B 三个颜色分量经过傅里叶变换后，将傅里叶频谱值（归到［0，255］）作为 R、G、B 三个分量的值显示，如图 7-2（b）所示。可以看到，左上角有一个亮点。为了便于观察，将图像的 R、G、B 三个分量的灰度 $f(k, x, y)$乘以$(-1)^{(x+y)}$，可得到如图 7-2（c）所示的结果，即图像的主要信息集中在中心处，可以进行图像压缩处理。

例如，分别只取图 7-2（c）中心处 3×3、5×5、7×7、9×9、11×11 区域像素进行傅里叶逆变换，得到的原图像如图 7-2（d）所示。可以看出，当取 9×9 区域中像素值进行还原时，基本上能还原到原图像，也就是用 81 个像素的值可以表示原图像 3648 个像素的主要内容，从而起到了一定的压缩作用。

（a）

103	101	103	103	105	105	105	108	108	107	106	105	107	108	110	110
68	61	57	62	60	58	63	65	62	56	55	53	53	54	56	56
70	90	98	97	96	92	91	69	76	102	100	99	100	99	84	84
74	223	248	247	248	250	245	79	133	255	247	248	242	242	211	74
76	232	194	124	132	133	133	62	74	111	107	102	123	242	195	74
82	241	158	48	58	58	58	68	64	52	55	45	159	254	95	51
77	244	157	48	58	60	66	69	64	66	65	84	248	199	51	51
77	240	198	127	135	135	98	64	63	69	54	167	255	105	55	59
79	239	254	255	255	255	174	49	67	62	93	249	201	43	65	59
84	248	184	101	105	109	71	59	63	46	183	255	102	51	59	59
83	251	162	52	65	59	58	63	59	76	255	213	32	56	58	49
85	253	167	63	67	66	66	60	55	181	255	90	39	56	56	49
87	253	169	55	65	62	61	55	93	253	186	24	47	47	49	49
92	255	175	54	63	59	61	44	171	255	208	189	194	193	165	35
76	213	137	49	57	58	59	43	154	241	238	242	242	247	208	35
56	53	50	57	57	59	55	52	42	45	46	47	49	48	35	35

（b）

28744	1464	4354	2337	3428	1363	1163	799	311	794	1148	1342	3392	2311	4234	1715
1594	1640	3735	2469	511	1174	440	538	284	256	314	518	552	614	1128	1726
1873	1305	1391	2232	3129	928	528	245	61	170	381	367	910	808	804	1894
4188	95	1415	64	473	1481	1403	436	196	99	367	181	731	319	1930	854
1349	2140	327	812	179	678	455	281	92	83	187	359	220	384	829	1368
2089	541	114	66	258	435	326	37	141	107	192	277	290	267	427	1003
3190	381	947	36	389	59	89	145	137	37	351	160	435	57	645	605
1216	964	160	135	199	120	229	24	76	10	45	124	241	168	604	532
667	91	122	150	78	59	51	36	20	37	53	57	81	151	122	102
1204	517	604	174	245	125	43	11	76	22	230	119	201	129	165	954
3174	638	653	54	434	158	352	33	135	148	91	65	388	37	936	380
2040	995	425	271	284	276	187	109	137	38	325	435	248	58	94	532
1384	1364	850	386	229	356	192	87	94	280	440	670	173	800	337	2134
4182	905	1932	315	732	184	365	95	194	427	1400	1490	455	55	1399	88
1763	1875	815	817	897	360	376	179	69	251	528	927	3118	2205	1425	1325
1387	1751	1137	596	518	503	316	257	289	535	431	1159	513	2488	3681	1650

（c）

图 7-1　图像的傅里叶频谱值

（a）彩色图像；（b）红色分量灰度值；（c）傅里叶频谱值

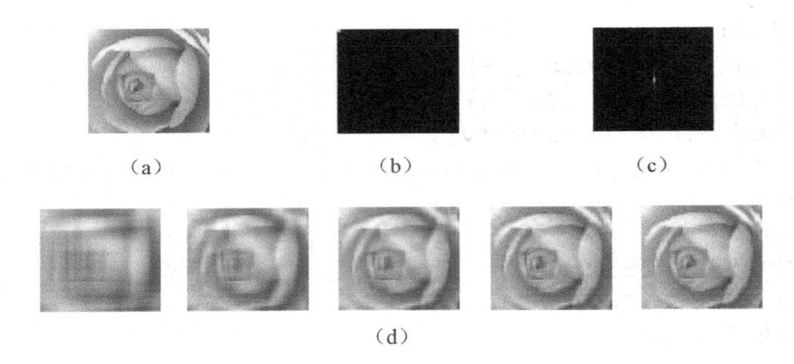

图 7-2　图像的傅里叶变换效果

（a）原图；（b）傅里叶频谱图；（c）图像压缩；（d）傅里叶逆变换

从图 7-2（d）中也可以看出，取傅里叶变换后的直流中心低频区域，过滤掉四周高频区域（以 0 代替），可以达到平滑图像的效果，这也被称为低通滤波。低频区域的选择方法不同，就有不同的低通滤波器，如理想低通滤波器、高斯低通滤波器、布特沃斯低通滤波器等。

反之，如果过滤掉傅里叶变换后的直流中心低频区域，取四周高频区域，可以达到锐化图像的效果，这也被称为高通滤波。高频区域的选择方法不同，也有不同的高通滤波器，如理想高通滤波器、高斯高通滤波器、布特沃斯高通滤波器等。

离散傅里叶变换的计算量非常大，特别是当图像较大时，运算时间令人难以忍受。因此，离散傅里叶变换都采用快速算法，即快速傅里叶变换（fast Fourier transform，FFT），对此这里不予阐述。

7.2　离散余弦变换（DCT）

离散余弦变换（discrete cosine transform，DCT）的变换核为余弦函数。DCT 变换被认为是一种语音信号、图像信号变换的准最佳变换。

（1）一维离散余弦变换。设$\{f(x)|x=0, 1, \cdots, N-1\}$为离散的信号列，一维DCT变换及逆变换的定义为：

$$F(u)=C(u)\sqrt{\frac{2}{N}}\sum_{x=0}^{N-1}f(x)\cos\frac{(2x+1)u\pi}{2N}$$
$$f(x)=\sqrt{\frac{2}{N}}\sum_{u=0}^{N-1}C(u)F(u)\cos\frac{(2x+1)u\pi}{2N} \quad (7\text{-}12)$$

式中：x、$u=0, 1, 2, \cdots, N-1$；$C(u)=\begin{cases}\frac{1}{\sqrt{2}} & u=0\\ 1 & \text{其他}\end{cases}$。

（2）二维离散余弦变换。设$f(x, y)$为$M\times N$的数字图像矩阵，则二维DCT变换及逆变换的定义为：

$$F(u,v)=\frac{2}{\sqrt{MN}}C(u)C(v)\sum_{x=0}^{M-1}\sum_{y=0}^{N-1}f(x,y)\cos\frac{(2x+1)u\pi}{2M}\cos\frac{(2y+1)v\pi}{2N}$$
$$f(x,y)=\frac{2}{\sqrt{MN}}\sum_{u=0}^{M-1}\sum_{v=0}^{N-1}C(u)C(v)F(u,v)\cos\frac{(2x+1)u\pi}{2M}\cos\frac{(2y+1)v\pi}{2N} \quad (7\text{-}13)$$

式中：$C(u)$和$C(v)$的定义同前；x、$u=0, 1, 2, \cdots, M-1$；y、$v=0, 1, 2, \cdots, N-1$。

余弦正变换函数的程序设计如下：

```
//输入参数:原彩色图像 im[][][],图像的高度 h 与宽度 w
//输出参数:图像在频域中的值 put[][][]
void Forward_Cosine(BYTE im[3][200][200], int h, int w, int put[3][200][200])
 {const float PI=3.1415926; float uv0=1.0/sqrt(2),cuv,s,cu,cv,uw,vh;
  for(int v=0; v<h; v++)
   for(int u=0; u<w; u++)
    { uw=PI*u/(2*w), vh=PI*v/(2*h), cu=1,cv=1;
      if(u==0)cu=uv0;
      if(v==0)cv=uv0;
      cuv=cu*cv;
      for(int k=0;k<3;k++)
       { s=0;
         for(int y=0; y<h; y++)
           for(int x=0; x<w; x++)
              s=s+im[k][y][x]*cos((2*x+1)*uw)*cos((2*y+1)*vh);
         s=s*cuv*2/sqrt(w*h);
         put[k][v][u] =s;
       }
    }
 }
```

余弦逆变换函数的程序设计如下：

```
//输入参数:图像在频域中的值 im[][][],图像的高度 h 与宽度 w
//输出参数:图像在空间域中的值 put[][][]
void Backward_Cosine(int im[3][200][200], int h, int w, BYTE put[3] [200][200])
 {const float PI=3.1415926;float uv0=1.0/sqrt(2),s,cu,cv,xw,yh;
```

```
    for(int y=0; y<h; y++)
     for(int x=0; x<w; x++)
       { xw=PI*(2*x+1)/(2*w), yh=PI*(2*y+1)/(2*h);
         for(int k=0; k<3; k++)
          {s=0;
           for(int v=0; v<h; v++)
             for(int u=0; u<w; u++)
                 { cu=1,cv=1;
                   if(u==0)cu=uv0;
                   if(v==0)cv=uv0;
                   s=s+im[k][v][u]*cu*cv*cos(xw*u)*cos(yh*v);
                 }
           s=s*2/sqrt(w*h);
           if(s>255)put[k][y][x]=255;
           else if(s<0)put[k][y][x]=0;
           else put[k][y][x]=s;
          }
       }
  }
```

对于如图 7-1（b）所示的图像，进行 DCT 变换后得到如图 7-3 所示的结果。

1796	85	114	297	-254	-15	-88	-99	-280	-164	-116	-92	-82	-41	-7	12
39	13	26	-242	-35	96	-44	30	78	25	64	22	20	-6	12	-2
-124	-175	-105	0	154	-61	20	154	-4	101	62	41	3	24	13	0
-88	111	-90	61	58	-142	182	-115	41	61	-54	10	20	3	-9	-2
-149	22	9	-101	-69	110	2	-58	212	-43	12	70	3	15	-13	-5
-84	-39	61	92	139	17	-118	72	-41	-85	50	-89	4	34	-19	3
-230	-13	60	-4	122	25	0	-18	-11	80	-45	-63	82	-32	8	-4
283	-40	25	19	-80	2	-27	16	-51	-6	-62	64	-35	-28	22	0
118	139	-54	-147	-55	-51	54	3	-9	-2	58	17	-37	28	-9	-4
285	-124	-15	111	-88	16	-12	-6	-53	-1	-28	13	-28	-6	0	16
13	23	-30	0	12	-9	10	-11	14	-15	27	-16	7	3	0	0
149	-20	-15	14	-60	-2	1	14	-20	-8	15	-3	-6	0	-8	2
-45	30	7	-37	13	4	0	-7	37	2	-4	9	16	-7	10	-2
-96	-36	33	32	73	-6	-8	0	4	0	-11	-21	14	9	1	-11
-80	-15	31	-7	39	9	-7	-3	19	6	-7	0	13	1	-1	0
-17	23	0	-32	5	-9	12	-1	3	4	2	3	-2	-1	1	1

图 7-3　DCT 变换

从图 7-3 中可以看出，左上角的值最大，它是所有 $f(x, y)$的平均值。经过余弦变换，主要信息集中在少量的左上角附近的位置。余弦变换也可用于图像压缩。

7.3　离散沃尔什-哈达玛变换（DWHT）

（1）一维离散沃尔什-哈达玛变换。沃尔什函数是一个完备的正交函数系，其值只能取+1 和−1。从排列次序上可将沃尔什函数的定义方法分为三种。在此只介绍由哈达玛排列定义的沃尔什变换，即沃尔什-哈达玛变换。

2^n 阶哈达玛矩阵有如下形式：

$$\boldsymbol{H}_1=[1] \qquad \boldsymbol{H}_2=\begin{bmatrix}1 & 1\\ 1 & -1\end{bmatrix} \qquad \boldsymbol{H}_4=\begin{bmatrix}\boldsymbol{H}_2 & \boldsymbol{H}_2\\ \boldsymbol{H}_2 & -\boldsymbol{H}_2\end{bmatrix}=\begin{bmatrix}1 & 1 & 1 & 1\\ 1 & -1 & 1 & -1\\ 1 & 1 & -1 & -1\\ 1 & -1 & -1 & 1\end{bmatrix}$$

一维 DWHT 变换及逆变换的定义为：

$$W(u)=\frac{1}{N}\sum_{x=0}^{N-1}f(x)Walsh(u,x)$$
$$f(x)=\sum_{u=0}^{N-1}W(u)Walsh(u,x) \tag{7-14}$$

若将 $Walsh(u,x)$用哈达玛矩阵来表示，并将变换表达式写成矩阵形式，则式（7-14）可写为：

$$\begin{bmatrix}W(0)\\W(1)\\\vdots\\W(N-1)\end{bmatrix}=\frac{1}{N}[\boldsymbol{H}_N]\begin{bmatrix}f(0)\\f(1)\\\vdots\\f(N-1)\end{bmatrix}$$
$$\begin{bmatrix}f(0)\\f(1)\\\vdots\\f(N-1)\end{bmatrix}=[\boldsymbol{H}_N]\begin{bmatrix}W(0)\\W(1)\\\vdots\\W(N-1)\end{bmatrix} \tag{7-15}$$

式中：［$\boldsymbol{H}_N$］为 N 阶哈达玛矩阵。

由哈达玛矩阵的特点可知，沃尔什-哈达玛变换的本质是将离散序列 $f(x)$的各项值的符号按一定规律改变后，进行加减运算，它比采用复数运算的 DFT 和采用余弦运算的 DCT 要简单得多。

（2）二维离散沃尔什-哈达玛变换。二维 DWHT 变换及逆变换的定义为：

$$W(u,v)=\frac{1}{MN}\sum_{x=0}^{M-1}\sum_{y=0}^{N-1}f(x,y)Walsh(u,x)Walsh(v,y)$$
$$f(x,y)=\sum_{u=0}^{M-1}\sum_{v=0}^{N-1}W(u,v)Walsh(u,x)Walsh(v,y) \tag{7-16}$$

式中：x、$u=0,1,2,\cdots,M-1$；y、$v=0,1,2,\cdots,N-1$。

【例 7-1】 如下是一个二维数字图像信号矩阵，求这个信号的二维 DWHT。

$$\boldsymbol{f}=\begin{bmatrix}1&1&1&1\\1&1&1&1\\1&1&1&1\\1&1&1&1\end{bmatrix}$$

解：根据题意，$M=N=4$，其二维 DWHT 的变换核为：

$$\boldsymbol{H}_4=\begin{bmatrix}1&1&1&1\\1&-1&1&-1\\1&1&-1&-1\\1&-1&-1&1\end{bmatrix}$$

则

$$\boldsymbol{W}=\frac{1}{4^2}\begin{bmatrix}1&1&1&1\\1&-1&1&-1\\1&1&-1&-1\\1&-1&-1&1\end{bmatrix}\begin{bmatrix}1&1&1&1\\1&1&1&1\\1&1&1&1\\1&1&1&1\end{bmatrix}\begin{bmatrix}1&1&1&1\\1&-1&1&-1\\1&1&-1&-1\\1&-1&-1&1\end{bmatrix}=\begin{bmatrix}1&0&0&0\\0&0&0&0\\0&0&0&0\\0&0&0&0\end{bmatrix}$$

由此可以看出，二维 DWHT 也具有能量集中的特性，而且原始数据中数字分布越均匀，经变换后的数据越集中于矩阵的边角。因此，二维 DWHT 可用于压缩图像信息。

对于如图 7-1（b）所示的图像，经 DWHT 变换后可得到如图 7-4 所示的结果。

112	-1	7	-17	15	-10	-12	-10	-1	-2	2	-8	6	0	9	-8
2	0	0	0	0	0	0	0	0	0	0	0	0	0	0	0
-1	0	0	0	0	1	2	1	4	0	0	0	1	0	-3	-1
7	0	-1	0	-2	-3	-2	0	10	0	0	0	-3	-1	-8	5
2	0	-9	4	2	0	-4	2	7	0	7	0	-9	-1	-4	4
-6	0	0	7	-3	0	-1	2	3	0	0	-3	0	0	0	0
-7	0	0	11	-5	-1	-3	3	3	0	0	-5	0	3	0	1
17	0	4	-4	0	-3	-3	0	-5	0	-3	0	2	0	2	-1
1	0	2	3	-14	0	0	5	2	1	-7	0	6	0	-1	0
-8	0	-1	1	-1	4	4	0	-1	0	0	2	0	0	0	0
-14	0	-2	-1	-2	6	6	2	-4	0	1	6	0	-1	1	-1
19	0	-1	-3	3	-4	-4	2	-7	0	2	0	-1	1	2	-3
-1	1	0	0	-1	0	6	3	-10	0	-4	8	-6	1	-5	4
-4	0	0	0	3	2	4	-4	-2	0	0	1	0	0	1	0
-9	0	1	0	6	4	7	-7	-1	-1	0	0	0	0	2	1
-4	0	0	0	0	3	1	-1	2	0	0	0	0	-2	2	0

图 7-4 DWHT 变换

计算哈达玛矩阵函数的程序设计如下：

```
//输入参数:哈达玛矩阵大小 n×n
//输出参数:哈达玛矩阵 H[][][]
void HDM(int n, int H[128][128])
{   H[0][0]=1;
    for(int i=2; i<=n; i=i*2)
      for(int x=0; x<i/2; x++)
        for(int y=0; y<i/2; y++)
          H[i/2+y][x]=H[y][x],H[y][i/2+x]=H[y][x],H[i/2+y][i/2+x]=-H[y][x];
}
```

沃尔什-哈达玛正变换函数的程序设计如下：

```
//输入参数：原彩色图像 f[][][]，图像的高与宽 n（n 是 2 的次幂值）
//输出参数：沃尔什-哈达玛变换结果 F[][][]
void Forward_WHT(int n, BYTE f[3][128][128], int F[3][128][128])
{   int H[128][128], nn=n*n; long f1[3][128][128];
    HDM(n,H);
    for(int k=0; k<3; k++)
      for(int y=0; y<n; y++)
        for(int x=0; x<n; x++)
        { long s=0;
          for(int m=0; m<n; m++)
            s+=H[y][m]*f[k][m][x];
          f1[k][y][x] =s;
        }
    for(k=0; k<3; k++)
      for(int y=0; y<n; y++)
        for(int x=0; x<n; x++)
        { long s=0;
          for(int m=0; m<n; m++)
            s+=f1[k][y][m]*H[m][x];
          F[k][y][x]=s/nn;
        }
}
```

沃尔什-哈达玛逆变换函数的程序设计如下：

```
//输入参数：沃尔什-哈达玛变换结果F[][][]，图像的高与宽n（n是2的次幂值）
//输出参数：还原后的彩色图像f[][][]
void Backward_WHT(int n, int F[3][128][128], BYTE f[3][128][128])
{ int H[128][128],nn=n*n; long f1[3][128][128];
  HDM(n,H);
  for(int k=0; k<3; k++)
   for(int y=0; y<n; y++)
     for(int x=0; x<n; x++)
     { long s=0;
       for(int m=0; m<n; m++)
        s+=H[y][m]*F[k][m][x];
       f1[k][y][x] =s;
     }
  for(k=0; k<3; k++)
   for(int y=0; y<n; y++)
     for(int x=0; x<n; x++)
     { long s=0;
       for(int m=0; m<n; m++)
        s+=f1[k][y][m]*H[m][x];
       f[k][y][x]=s;
     }
}
```

习 题

1．对如图 7-5 所示的灰度图像进行二维 DCT 变换。

0	1	0	5
0	2	0	6
0	3	0	7
0	4	0	8

图 7-5 灰度图像

2．如下是一个二维数字图像信号矩阵，求这个信号的二维 DWHT。

$$\boldsymbol{f}=\begin{bmatrix}1&5&5&1\\1&5&5&1\\1&5&5&1\\1&5&5&1\end{bmatrix}$$

第8章　图像压缩编码

数字图像的数据量是相当大的。例如，有一幅 1024×1024 的 24 位 BMP 图像，其数据量为 1024×1024×3≈3MB。如此庞大的数据量，会给存储器的存储容量、通信信道的带宽及计算机的处理速度带来极大的压力。单纯靠增加存储器容量、提高信道带宽及计算机处理速度等方法来解决这个问题是不现实的，因此必须针对图像的特点对其数据进行压缩编码，以提高图像的存储、传输、处理速度。图像压缩编码是指通过删除冗余的或者不需要的信息来减少数据量的技术。本章首先介绍了图像压缩编码的基础知识，并在此基础上重点阐述了几种经典的压缩编码方法，包括香农-范诺编码、哈夫曼编码、行程编码、LZW 编码、算术编码、JPEG 压缩编码等。

8.1　图像压缩编码概述

图像压缩编码是指减少表示给定信息所需数据量的图像处理方法。数据和信息是不相同的，数据是用来记录和传送信息的，或者说数据是信息的载体。真正有用的不是数据本身，而是数据所携带的信息。相同的信息可以有不同的数据表示，对一些不相关或者重复信息的数据表示，我们称之为冗余数据。图像数据通常包含较多的冗余数据，这就为图像压缩编码提供了可能性。

（1）图像冗余类型。常见的图像数据冗余主要表现为以下三种类型：

1）空间冗余。多数图像的像素是空间相关的，也就是每一个像素类似于相邻的像素。因此，在相关像素的表示中，没有必要重复表示。例如，一幅 8 比特（2^8个二进制位）灰度图像中有一片区域灰度值相同或相近，因此就没必要将每个像素都用 8 比特表示。如果灰度相同，就用重复数和灰度值表示一片灰度相同的区域；如果灰度相近，可用相邻像素灰度差值表示，可减小码长。

【例 8-1】 将下列图像描述信息压缩。

“这是一幅 2×2 的图像，图像的第一个像素是红的，第二个像素是红的，第三个像素是红的，第四个像素是红的。”

解：可以压缩为“这是一幅 2×2 的图像，整幅图都是红色的。”

所以，整理图像的描述方法可以达到压缩的目的。

2）时间冗余。在时间冗余方面，主要是指在视频序列中相邻帧相关的像素有重复的信息。例如，图像相邻帧往往包含相同的背景。后一帧的数据与前一帧的数据有许多共同之处，此称为时间冗余。

3）视觉冗余。多数图像中包含一些人类视觉感觉不到或与用途无关的信息，从利用价值上看，它们是冗余的。因此，对于人眼不能感知或无用的那部分图像信息应该简单表示，对人眼能感知或有用的信息应该详细表示。如果在记录原始图像数据时，对视觉敏感和不敏感的部分同等对待，就存在视觉冗余。

例如，对于如图 8-1 所示的两种不同 RGB 值的红色，视觉分辨不出来，可用同一个值代替。

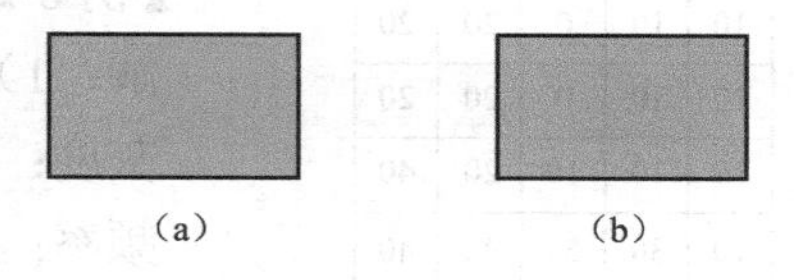
图 8-1 不同 RGB 值的红色
（a）（248，27，4）；（b）（251，32，15）

所以，静态图像的压缩可从两方面开展：一是改变图像信息的描述方式，减少空间冗余；二是忽略视觉不太明显的微小差异，减少视觉冗余。

（2）图像压缩类型。图像压缩技术利用了数据固有的冗余性和不相干性，将一个大的数据文件转换成较小的文件；在需要的时候，由压缩文件以精确的或近似的方式将原文件恢复出来。两个文件的大小之比（压缩比）确定了压缩的程度。

图像压缩可分为两大类：第一类压缩过程是可逆的，也就是说，从压缩后的图像能够完全恢复出原来的图像，信息没有任何丢失，此称为无损压缩，该压缩算法删除的仅仅是冗余的信息；第二类压缩过程是不可逆的，也就是说，无法从压缩后的图像完全恢复出原图像，信息有一定的丢失，此称为有损压缩，该压缩算法删除的是冗余信息和不相关的信息。

选择哪一类压缩方法取决于对图像的要求，一般有损压缩的压缩比要高于无损压缩的压缩比。对于多数图像来说，为了得到更高的压缩比，可以接受准确度受轻微影响的有损压缩方法。而对于有些图像，以及所有的可执行文件，则不允许进行任何修改，从而只能对它们进行无损压缩。

（3）图像编码类型。图像压缩一般通过改变图像的表示方式来实现，因此压缩和编码是分不开的。根据编码原理可将图像编码分为熵编码、预测编码、变换编码、混合编码等几类。

1）熵编码。一种无损编码方法，主要在于减少空间冗余。其基本原理是给出现概率较大的符号赋予一个短码字，而给出现概率较小的符号赋予一个长码字，从而使得最终的平均码长很小。常见的熵编码方法有行程编码、香农-范诺编码、哈夫曼编码和算术编码等。

2）预测编码。用相邻的已知像素（或像素块）来预测当前像素（或像素块）的取值，然后再对预测误差进行量化和编码。常用的预测编码方法有 Δ 调制编码、微分预测编码等。

3）变换编码。将空间域上的图像经过正交变换映射到另一变换域（如频域）上，变换后图像的大量信息能用较少的数据来表示，从而达到压缩的目的。其主要在于减少空间冗余和视觉冗余。常用的变换编码方法有离散傅里叶变换编码、离散余弦变换编码、离散哈达玛变换编码等。

4）混合编码。综合了熵编码、变换编码或预测编码的编码方法，如 JPEG 压缩编码和 MPEG 压缩编码等。其压缩比较高。

8.2 香农-范诺编码

香农-范诺编码（Shannon-Fano coding）属于熵编码，其在编码的过程中不丢失信息，保存信息熵，是一种无损压缩编码。香农-范诺编码是基于一组符号集及其出现的频率构建前缀码的技术。香农-范诺编码的主要步骤如下：

（1）将图像中各灰度级出现的频率从大到小（或从小到大）排序。

（2）将频率集合尽量分成两个频率和相近的子集，并编码为 0 和 1。

（3）再对两个子集重复步骤（2），直到各子集只有一个频率为止。

（4）将编码依次连起来，即可得到频率所对应的灰度级的编码。

10	10	0	20	20
10	10	0	20	20
10	10	10	20	40
10	30	50	40	40
30	30	40	40	40

图 8-2　灰度图像

【例 8-2】 对如图 8-2 所示的灰度图像进行香农-范诺编码。

解：1）首先统计每级灰度出现的频率。

灰度：0　　10　　20　　30　　40　　50

频率：2/25　8/25　5/25　3/25　6/25　1/25

2）将频率按从大到小的顺序排列。

频率：8/25　6/25　5/25　3/25　2/25　1/25

灰度：10　　40　　20　　30　　0　　50

3）将频率集合分成两个子集，并尽量使两个子集合的频率和相近，前一个子集编码为 0，后一个子集编码为 1。

频率：8/25　6/25　5/25　3/25　2/25　1/25

灰度：10　　40　　20　　30　　0　　50

第一次编码：（　0　）（　1　）

4）再对两个子集重复步骤 3），直到各子集只有一个频率为止。

灰度：　10　　40　　20　　30　　0　　50

频率：　8/25　6/25　5/25　3/25　2/25　1/25

第一次编码：（　0　）（　1　）

第二次编码：（（0）　（1））（（0）　（　1　））

第三次编码：　（（0）　（　1　）））

第四次编码：　（　（（0）　（1））））

5）将每个频率所属的子集合的编码依次连起来，即可得到频率所对应的灰度值的编码。结果如下：

灰度：10　　40　　20　　30　　0　　50

编码：00　　01　　10　　110　　1110　　1111

可以看出，任一码字都不是其他码字的前缀。香农-范诺编码过程可用一个从上到下的二叉树的建立过程来描述，如图 8-3 所示。

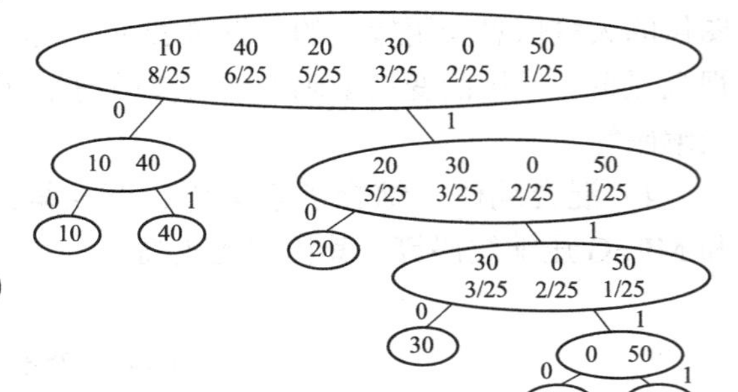

图 8-3　香农-范诺编码过程

对如图 8-2 所示的图像进行香农-范诺编码，共用了 59bit，编码结果如下：

00 00 1110 10 10 00 00 1110 10 10 00 00 00 10 01 00 110 1111 01 01 110 110 01 01 01

原图像占用了 25×8=200（bit），压缩比=200/59≈3.4。可以看出，其解码结果唯一，未损失信息。

8.3　哈夫曼编码

哈夫曼编码（Huffman encoding）也属于熵编码，它是 Huffman 于 1952 年为压缩文本文件所建立的。其基本原理也是将频繁使用的数据用较短的二进制代码代替，将较少使用的数据用较长的二进制代码代替。

哈夫曼编码的主要步骤如下：

（1）将各灰度级出现的频率从小到大（或从大到小）排序。

（2）从频率小的灰度开始，并从叶子到根建立二叉树，直到所有灰度进入二叉树。

（3）从根结点开始对二叉树进行 0 和 1 编码。

【例 8-3】 对如图 8-2 所示的灰度图像进行哈夫曼编码。

解： 1）首先统计出每级灰度出现的频率。

灰度：0 10 20 30 40 50

频率：2/25 8/25 5/25 3/25 6/25 1/25

2）从左到右按频率从小到大排序（如果频率相同，假设将灰度小的放在前面）。

灰度：50 0 30 20 40 10

频率：1/25 2/25 3/25 5/25 6/25 8/25

3）选出频率最小的两个值（1/25、2/25）作为二叉树的两个叶子节点（假设频率小的在左节点，频率大的在右节点），将频率之和 3/25 作为它们的根节点，如图 8-4（a）所示。新的根节点再次参与与其他频率的排序（如果频率相同，假设新计算的频率放在前面）。

频率：1/25+2/25=3/25 3/25 5/25 6/25 8/25

4）选出频率最小的两个值（3/25、3/25）作为二叉树的两个叶子节点，将频率之和 6/25 作为它们的根节点，如图 8-4（b）所示。新的根节点再次参与与其他频率的排序。

频率：5/25 3/25+3/25=6/25 6/25 8/25

5）选出频率最小的两个值（5/25、6/25）作为二叉树的两个叶子节点，将频率之和 11/25 作为它们的根节点，如图 8-4（c）所示。新的根节点再次参与与其他频率的排序。

频率：6/25 8/25 5/25+6/25=11/25

6）选出频率最小的两个值（6/25、8/25）作为二叉树的两个叶子节点，将频率之和 14/25 作为它们的根节点，如图 8-4（d）所示。新的根节点再次参与与其他频率的排序。

频率：11/25 6/25+8/25=14/25

7）将最后两个频率值（11/25、14/25）作为二叉树的两个叶子节点，将频率之和 25/25=1 作为它们的根节点，如图 8-4（e）所示。

8）分配码字。将形成的二叉树的左节点标 0，右节点标 1。把从最上面的根节点到最下面的叶子节点途中遇到的 0、1 序列串起来，就得到了各级灰度的编码，如图 8-4（f）所示。各级灰度的编码如下：

灰度： 50 0 30 20 40 10

哈夫曼编码：0100 0101 011 00 10 11

对如图 8-2 所示灰度图像进行哈夫曼编码，共用了 59bit，编码结果如下：

11 11 0101 00 00 11 11 0101 00 00 11 11 11 00 10 11 011 0100 10 10 011 011 10 10 10

对于这个图像而言，哈夫曼编码的压缩比与香农-范诺编码的压缩比相同。

如果图像较大，且灰度级较多，对整幅图像直接进行哈夫曼编码时，可能具有很长的编码，达不到较好的压缩效果，因此一般将图像分为多个块，对每块单独进行哈夫曼编码。

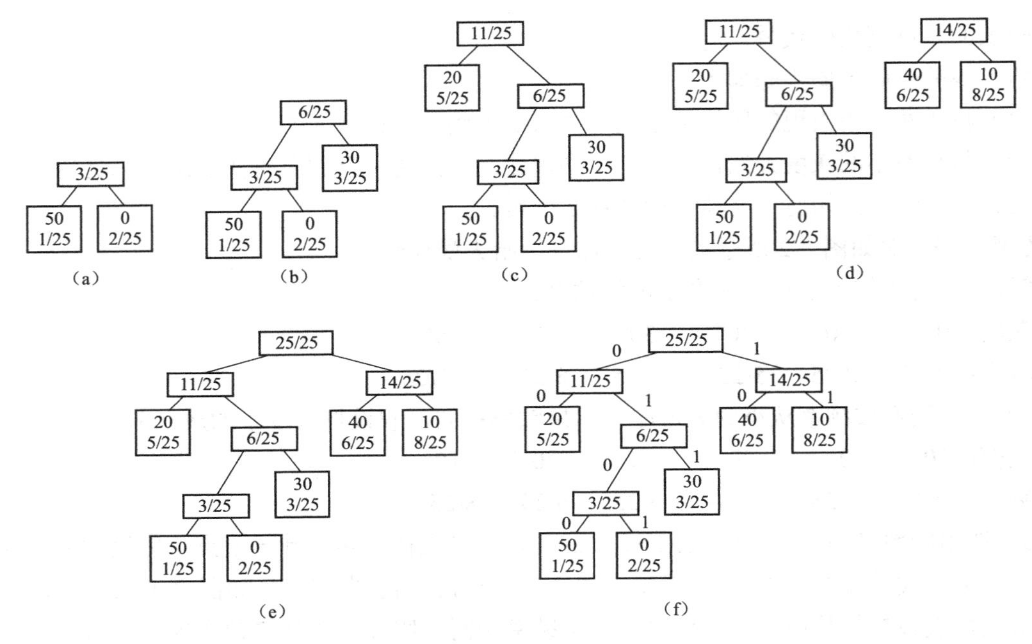

图 8-4　哈夫曼编码过程

（a）第一次编码；（b）第二次编码；（c）第三次编码；（d）第四次编码；（e）第五次编码；（f）编码结果

生成哈夫曼编码的程序设计如下：

```
//定义哈夫曼树的节点类型
struct node
{ unsigned int num;                          //节点值
  unsigned int count;                        //出现次数
  char code[64];                             //哈夫曼编码
  int pf;                                    //父节点下标
  int pl;                                    //左子节点下标
  int pr;                                    //右子节点下标
};
//哈夫曼编码函数:Huffman_code
//输入参数:需编码的彩色图像 im[][][],图像的高度 h 与宽度 w,图像的灰度级 gray
//输出参数:哈夫曼树中的节点数 newi,哈夫曼树 huffman[]
void Huffman_code(BYTE im[3][20][20], int h, int w, int gray,
                  int &newi, node huffman[511])
 {for(int i=0; i<gray; i++)                  //哈夫曼树节点赋初值
   {huffman[i].num=i,huffman[i].count=0,huffman[i].pf=-1;
    huffman[i].pl=-1;huffman[i].pr=-1;huffman[i].code[0]='\0';
   }
  for(int k=0; k<3; k++)
    for(int y=0; y<h; y++)
      for(int x=0; x<w; x++)
        huffman[im[k][y][x]].count++;        //计算哈夫曼树中各节点出现次数
  int hw3=h*w*3;
  unsigned int imin1,imin2, min1=hw3,min2=hw3;
  newi=gray;
  for(int j=0; j<gray-1; j++)
```

```
    {for(int i=0; i<newi; i++)
       if(huffman[i].count!=0 && huffman[i].count<min1 && huffman[i].pf==-1)
         imin1=i,min1=huffman[i].count;              //计算目前出现频率最小的节点
       huffman[imin1].pf=newi;
       huffman[imin1].code[0]='0';
       for(i=0;i<newi;i++)
           if(huffman[i].count!=0&&huffman[i].count<min2&&huffman[i].pf==-1)
             imin2=i,min2=huffman[i].count;          //计算目前出现频率次小的节点
       huffman[imin2].pf=newi; huffman[imin2].code[0]='1';
       huffman[newi].num=newi;                       //生成新的求各节点
       huffman[newi].count=min1+min2; huffman[newi].pf=-1;
       huffman[newi].pl=imin1,huffman[newi].pr=imin2; newi++;
       min1=hw3,min2=hw3;
    }
   for(i=0; i<gray; i++)
    {int s=1,f=i;char ch;
     while((f=huffman[f].pf)!=-1)                    //生成哈夫曼编码
      {huffman[i].code[s++]=huffman[f].code[0];
       for(int j=0; j<s/2; j++)
         ch=huffman[i].code[j], huffman[i].code[j]=huffman[i].code[s-j-2],
         huffman [i].code[s-j-2]=ch;
       huffman[i].code[s]='\0';
      }
     }
}
```

8.4 行 程 编 码

行程编码（run length encoding）又称行程长度编码，它也是一种熵编码，其编码原理是将具有相同值的连续串用串长和一个串的代表值来代替。该连续串称为行程，串长称为行程长度。

行程编码比较简单直观，编码和解码速度较快，许多图像和视频文件的压缩编码中均采用了行程编码。

【例 8-4】 对如图 8-5 所示的一行像素进行行程编码。

图 8-5 一行像素

解： 行程编码结果如图 8-6 所示。

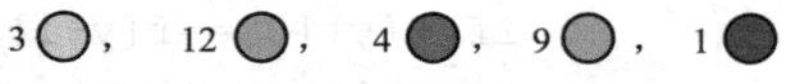

3○，12○，4●，9○，1●

图 8-6 行程编码结果

行程编码的压缩比取决于图像本身的特点。图像中具有相同颜色的图像块越大，压缩比就越高；反之，压缩比就越低。

为了达到较好的压缩效果，一般不单独使用行程编码，而是将其与其他编码方法结合使用。

【例 8-5】 对如图 8-7 所示的灰度图像进行行程编码。

解： 将二维图像按行扫描变为一维信号：

9，9，9，85，85，23，23，23，23，54，54，54，54，54，6，6

则有5个行程：(3，9)，(2，85)，(4，23)，(5，54)，(2，6)。

9	9	9	85
85	23	23	23
23	54	54	54
54	54	6	6

图8-7 灰度图像

255	255	0	0
0	0	0	255
255	255	0	0
0	0	0	0

图8-8 二值图像

【例8-6】 对如图8-8所示的二值图像进行行程编码。

方法1：按行（或列）变为一维：

255，255，0，0，0，0，0，255，255，255，0，0，0，0，0，0

则有4个行程：(2，255)，(5，0)，(3，255)，(6，0)。

方法2：它只有两个灰度，每个行程间不需要都保存灰度值，因此只保存第一个行程的灰度值，则：

255（第一个像素为白色），2（2个白），5（5个黑），3（3个白），6（6个黑）

方法3：按行（或列）进行单独编码，但要指定每行第一个行程的灰度值：

第一行：255（第1个像素为白色），2（白），2（黑）；

第二行：0（第1个像素为黑色），3（黑），1（白）；

第三行：255（第1个像素为白色），2（白），2（黑）；

第四行：0（第1个像素为黑色），4（黑）。

方法4：约定每行第一个像素为白色，如果第一个像素是黑色，则白色的行程长度为0，则：

第一行：2（白），2（黑）；

第二行：0（白），3（黑），1（白）；

第三行：2（白），2（黑）；

第四行：0（白），4（黑）。

行程编码函数（将二维作为一维进行行程编码）的程序设计如下：

```
//输入参数:需编码的黑白二值图像 f[][],图像的高度 h 与宽度 w
//输出参数:行程编码 len[](第一个元素是起始像素的灰度),行程数 n-1
void RLC_code(BYTE f[200][200], int h, int w, unsigned int len[40000], int &n)
 {unsigned int n1=1;
  len[0]=f[0][0];n=1;                    //第一个元素存起始像素的灰度
  for(int y=0; y<h; y++)
   {if(y>0)
       if(f[y][0]==f[y-1][w-1])n1++; //前一行最后像素与当前行的第一个像素在一个行程中
       else len[n++]=n1, n1=1;       //前一行最后像素与当前行的第一个像素不在一个行
                                     //程中,计数新行程
    for(int x=0; x<w-1; x++)
        if(f[y][x]==f[y][x+1])n1++;  //左右相邻像素在一个行程中
        else len[n++]=n1, n1=1;      //左右相邻像素不在一个行程中，计数新行程
   }
  len[n++]=n1;
  }
```

行程解码函数的程序设计如下：

```
//输入参数:行程编码(第一个元素是起始像素的灰度)len[],图像的高度h与宽度w,行程数n-1
//输出参数:解码编码的黑白二值图像f[][]
void RLC_recode(unsigned int len[40000], BYTE f[200][200], int h, int w, int n)
 {unsigned int n1=1; int y=0, k=0, s,m,x0=0;
  BYTE g=len[0];                                //获取第一个行程的灰度
  for(int i=1; i<n; i++)
   {if(x0+len[i]<w)                             //当前位置x0加下一个新行程在图像宽度内,
                                                //直接解码新行程
     {for(int x=x0; x<x0+len[i]; x++) f[y][x]=g;
      x0=x0+len[i];
     }
    else                                        //当前位置x0加下一个新行程超过图像宽度,
                                                //要换行解码行程
     {for(int x=x0; x<w; x++) f[y][x]=g;//先完成当前行的行程解码
      y++;                                      //再完成下一行或几行的行程解码
      s=(len[i]-w+x0)/w, m=(len[i]-w+x0)%w;
      for(k=0; k<s; k++)
          for(int x=0; x<w; x++)
            f[y+k][x]=g;
      for(x=0; x<m; x++) f[y+k][x]=g;
      x0=m; y=y+k;
     }
      g=255-g;                                  //下一个行程开始时，改变灰度
   }
}
```

8.5 LZW 编 码

LZW（Lempel-Ziv & Welch）编码又称字串表编码，属于无损编码，它在编码或解码的同时会生成特定的字符串编码表。Lempel和Ziv共同提出了查找冗余字符和用较短的符号标记替代冗余字符的概念，形成了LZ压缩技术。Welch将LZ压缩技术从概念发展到实用阶段，进而形成LZW压缩技术，并广泛应用于图像压缩领域。LZW已集成到多种图像文件格式，如GIF、PDF、TIFF。GIF图像文件采用的是一种改良的LZW压缩算法，通常称为GIF-LZW压缩算法。下面简要介绍GIF-LZW（简称LZW）的编码与解码方法。

8.5.1 LZW编码过程

LZW编码的具体过程如下：

（1）建立初始化字符串字典。对于256级灰度（转为字符串）的图像，初始化字符串字典为256个，见表8-1。

表8-1 初始化字符串字典

编码	字符串
0	“0”
1	“1”
...	...
255	“255”
256	未用
257	未用
...	...

（2）读取图像中第一个像素的灰度值，并转为字符串存入s2和s1中。

（3）读取下一个像素灰度，并转为字符串存入s2中，判断s1+“+”+s2是否在字典中。

如果在字典中，则 s1=s1+“+”+s2，转入下一步。如果不在字典中，将 s1+“+”+s2 添加到字典中并编码，输出编码 s1，s1=s2，转入下一步。

（4）转入（3），直到图像中所有像素都已读取完毕。

（5）最后编码 s1。

8	8	95	95
95	8	8	95

图 8-9　灰度图像

【例 8-7】 对如图 8-9 所示的灰度图像进行 LZW 编码。

解： 设初始化字符串字典，见表 8-1。

1）读取第一灰度值，s2=s1=“8”（见表 8-2 第一行）。

2）读取图像中下一个灰度 8，s2=“8”。判断 s1+“+”+s2=“8+8”不在字典中，将“8+8”添加到字典中并编码 256，输出 s1 编码 8，且 s1=s2=“8”（见表 8-2 第二行）。

3）读取图像中下一个灰度 95，s2=“95”。判断 s1+“+”+s2=“8+95”不在字典中，将“8+95”添加到字典中并编码 257，输出 s1 编码 8，且 s1=s2=“95”（见表 8-2 第三行）。

4）读取图像中下一个灰度 95，s2=“95”。判断 s1+“+”+s2=“95+95”不在字典中，将“95+95”添加到字典中并编码 258，输出 s1 编码 95，且 s1=s2=“95”（见表 8-2 第四行）。

5）读取图像中下一个灰度 95，s2=“95”。判断 s1+“+”+s2=“95+95”在字典中，则 s1=s1+“+”+s2=“95+95”（见表 8-2 第五行）。

6）读取图像中下一个灰度 8，s2=“8”。判断 s1+“+”+s2=“95+95+8”不在字典中，将“95+95+8”添加到字典中并编码 259，输出 s1 编码 258，且 s1=s2=“8”（见表 8-2 第六行）。

7）读取图像中下一个灰度 8，s2=“8”。判断 s1+“+”+s2=“8+8”在字典中，则 s1=s1+“+”+s2=“8+8”（见表 8-2 第七行）。

8）读取图像中下一个灰度 95，s2=“95”。判断 s1+“+”+s2=“8+8+95”不在字典中，将“8+8+95”添加到字典中并编码 260，输出 s1 编码 256，且 s1=s2=“95”（见表 8-2 第八行）。

9）最后输出 s1 的编码 95（见表 8-2 第九行）。

最后的 LZW 编码结果为 8，8，95，258，256，95。

表 8-2　　LZW 的编码过程

行号	输入 s2	s1+s2	添加字典项目	输出编码	s1
1	“8”				“8”
2	“8”	“8+8”	“8+8”（256）	8	“8”
3	“95”	“8+95”	“8+95”（257）	8	“95”
4	“95”	“95+95”	“95+95”（258）	95	“95”
5	“95”	“95+95”			“95+95”
6	“8”	“95+95+8”	“95+95+8”（259）	258	“8”
7	“8”	“8+8”			“8+8”
8	“95”	“8+8+95”	“8+8+95”（260）	256	“95”
9				95	

【例 8-8】 对如图 8-10 所示的特殊灰度图像进行 LZW 编码。

8	8	8	8
8	8	8	8

图 8-10　特殊灰度图像

根据 LZW 编码过程，对如图 8-10 所示的特殊灰度图像进行 LZW 编码，编码过程见表 8-3，最后编码结果为 8，256，257，256。可以看出，该例中的压缩比要比［例 8-7］中的压缩比更高。

表 8-3　对特殊灰度图像的 LZW 编码过程

行号	输入 s2	s1+s2	添加字典项目	输出编码	s1
1	“8”				“8”
2	“8”	“8+8”	“8+8”（256）	8	“8”
3	“8”	“8+8”			“8+8”
4	“8”	“8+8+8”	“8+8+8”（257）	256	“8”
5	“8”	“8+8”			“8+8”
6	“8”	“8+8+8”			“8+8+8”
7	“8”	“8+8+8+8”	“8+8+8+8”（258）	257	“8”
8	“8”	“8+8”			“8+8”
9				256	

LZW 编码函数的程序设计如下：

```
//输入参数:需编码的灰度图像 f[][],图像的高度 h 与宽度 w
//输出参数:LZW 编码 code_set[],编码个数 n
void LZW_code(BYTE f[200][200], int h, int w,
              unsigned int code_set[40000], int &m)
 {  CString dic[512];
    for(int i=0; i<256; i++) dic[i].Format("%d",i);     //建立初始化字典
    int n=256;                                          //字典最后可加项目的位置
    m=0;                                                //编码当前位置
    CString s1,s2; s1.Format("%d",f[0][0]);             //第一个灰度值一定在字典中
    for (int y=0; y<h; y++)
       for (int x =0; x<w; x++)
         if(x==0 && y==0)continue;                      //跳过第一个灰度
         else
           {s2.Format("%d",f[y][x]);                    //读取灰度,并转为字符串存入 s2 中
            BOOL bz=false;
            for(int i=0; i<n; i++)
              if(s1+"+"+s2==dic[i]){bz=true; break;}
            if(bz) s1=s1+"+"+s2;                        //在字典中找到 s1+s2
            else                                        //在字典中未找到 s1+s2
                {dic[n++]=s1+"+"+s2;                    //添加字典项目
                 for(int i=0; i<n; i++)
                        if(s1==dic[i])code_set[m++]=i;     //对 s1 编码
                 s1=s2;
                }
           }
     for(i=0; i<n; i++)
       if(s1==dic[i])code_set[m++]=i;                      //对 s1 编码
 }
```

8.5.2　LZW 解码过程

对 LZW 编码进行解码时，也要建立一个同样的解压缩字典。具体过程如下：

（1）建立初始化字符串字典。对于 256 级灰度（转为字符串）的图像，初始化字符串字典为 256 个，见表 8-1。

（2）读取第一个编码 code，输出 code 对应的字符串结果，并使 oldcode=code。

（3）读取下一个编码 code，判断 code 是否在字典中。

如果在字典中，则输出 code 对应的字符串结果，将 oldcode 对应的串加上（“+”）code 对应串中第一个子串添加到字典中，使 oldcode=code，转入下一步。

如果不在字典中，则输出 oldcode 对应的串和 oldcode 的第一个子串，并将输出的字符串添加到字典中，使 oldcode=code，转入下一步。

（4）转入（3），直到所有编码读取完毕。

【例 8-9】 对［例 8-7］中的编码 8，8，95，258，256，95 进行解码。

解： 先建立初始化字符串字典，结果见表 8-1。

1）首先读取第一个编码 code=8，输出 8 所对应的字符串“8”，使 oldcode=code=8（见表 8-4 第一行）。

2）读下一个编码 code=8，字典中存在该编码，输出 8 所对应的字符串“8”，然后将 oldcode=8 所对应的字符串“8”加上 code=8 所对应的第一个子串“8”，即“8+8”添加到字典中，同时使 oldcode=code=8（见表 8-4 第二行）。

3）读下一个编码 code=95，字典中存在该编码，输出 95 所对应的字符串“95”，然后将 oldcode=8 所对应的字符串“8”加上 code=95 所对应的第一个子串“95”，即“8+95”添加到字典中，同时使 oldcode=code=95（见表 8-4 第三行）。

4）读下一个编码 code=258，字典中不存在该编码，输出 oldcode 所对应的字符串“95”加上 oldcode 第一个子串“95”，即“95+95”，并添加到字典中，使 oldcode=code=258（见表 8-4 第四行）。

5）读下一个编码 code=256，字典中存在该编码，输出 256 所对应的字符串“8+8”，然后将 oldcode=258 所对应的字符串“95+95”加上 code=256 所对应的第一个子串“8”，即“95+95+8”添加到字典中，同时使 oldcode=code=256（见表 8-4 第五行）。

6）读下一个编码 code=95，字典中存在该编码，输出 95 所对应的字符串“95”，然后将 oldcode=256 所对应的字符串“8+8”加上 code=95 所对应的第一个子串“95”，即“8+8+95”添加到字典中，同时使 oldcode=code=95（见表 8-4 第六行）。

最后解码的字符串为：“8”，“8”，“95”，“95+95”，“8+8”，“95”。然后将字符串转化（或分离）为相应数据就是解码后的灰度图像。

表 8-4　对［例 8-7］中编码的 LZW 解码过程

行号	输入 code	输出结果	添加字典项目	oldcode
1	8	“8”		8
2	8	“8”	“8+8”（256）	8
3	95	“95”	“8+95”（257）	95
4	258	“95+95”	“95+95”（258）	258
5	256	“8+8”	“95+95+8”（259）	256
6	95	“95”	“8+8+95”（260）	95

【例 8-10】 对［例 8-8］中的编码 8，256，257，256 进行解码。

解：根据 LZW 解码过程，对［例 8-8］中的编码进行 LZW 解码，解码过程见表 8-5。

表 8-5 对［例 8-8］中编码的 LZW 解码过程

行号	输入 code	输出结果	添加字典项目	oldcode
1	8	“8”		8
2	256	“8+8”	“8+8”（256）	256
3	257	“8+8+8”	“8+8+8”（257）	257
4	256	“8+8”	“8+8+8+8”（258）	256

由此可见，LZW 编码算法在编码与解码过程中所建立的字典是一样的，都是动态生成的，因此在压缩文件中不必保存字典。

LZW 解码函数的程序设计如下：

```
//输入参数:LZW 编码 code_set[],图像的高度 h 与宽度 w,编码个数 m
//输出参数:解码的灰度图像 f[][]
void LZW_recode(unsigned int code_set[40000], int m,
                BYTE f[200][200], int h, int w)
 {CString dic[512],ss; char s[50],*ps;
  for(int i=0;i<256;i++) dic[i].Format("%d",i); //建立初始化字典
  int n=256;                                    //字典最后可加项目的位置
  unsigned int code,oldcode;
  code=code_set[0];
  f[0][0]=atoi(dic[code]);
  oldcode=code;
  int num=1;                                    //已转灰度值的个数
  for(i=1; i<m; i++)
   {code=code_set[i];
    if(code<n)                                  //字典表中存在该编码
     {strcpy(s,dic[code]); ps=strtok(s,"+");
      while(ps!=NULL)
       { f[num/w][num++%w]=atoi(ps);
         ps=strtok(NULL,"+");                   //读取 s1 中下一个逗号前的字符串
       }
      ss.Format("%s",strtok(s,"+"));
       //将 oldcode 对应串加 code 对应串中第一个子串加到字典中
      dic[n++]=dic[oldcode]+"+"+ss;
      oldcode=code;
     }
    else                                        //字典表中不存在该编码
     {strcpy(s,dic[oldcode]); ps=strtok(s,"+");
      while(ps!=NULL)
       { f[num/w][num++%w]=atoi(ps);            //输出 oldcode 对应的串
         ps=strtok(NULL,"+");
       }
      ps=strtok(s,"+");
      f[num/w][num++%w]=atoi(ps);
      ss.Format("%s",ps);
```

```
        dic[n++]=dic[oldcode]+"+"+  ss;            //将输出的字符串添加到字典中
        oldcode=code;
        }
    }
}
```

8.6 算 术 编 码

算术编码有两种模式：一种是基于信源概率统计特性的固定编码模式；另一种是针对未知信源概率模型的自适应模式。自适应模式中各个符号的概率初始值都相同，它们依据出现的符号而相应地改变。只要编码器和解码器使用相同的初始值和相同的改变值的方法，那么它们的概率模型将保持一致。上述两种形式的算术编码均可用硬件实现，其中自适应模式适用于不进行概率统计的场合。

下面结合一个实例来阐述固定模式的算术编码的具体方法。

【例 8-11】 对信源“20，10，10，30，30”进行算术编码。

解：1）计算信源中各符号出现的概率：

$$p(10)=0.4, p(20)=0.2, p(30)=0.4$$

2）设定数据序列中各数据符号在区间 [0, 1] 内的间隔（赋值范围）：10 为[0, 0.4), 20 为[0.4, 0.6), 30 为[0.6, 1.0]。

3）第一个被压缩的符号为“20”，其初始间隔为［0.4，0.6）。

4）第二个被压缩的符号为“10”，由于前面的符号“20”的取值区间被限制在［0.4，0.6），所以“10”的取值范围应在前一符号间隔［0.4，0.6）的［0，0.4）子区间内：起始位为 0.4+0×（0.6–0.4）=0.4，终止位为 0.4+0.4×（0.6–0.4）=0.48，即“10”的实际编码区间在［0.4，0.48）。

5）第三个被压缩的符号为“10”，由于前面的符号“10”的取值区间被限制在［0.4，0.48），所以“10”的取值范围应在前一符号间隔［0.4，0.48）的［0，0.4）子区间内：起始位为 0.4+0×（0.48–0.4）=0.4，终止位为 0.4+0.4×（0.48–0.4）=0.432，即“10”的实际编码区间在［0.4，0.432）。

6）第四个被压缩的符号为“30”，其取值范围应在前一符号间隔［0.4，0.432）的［0.6，1］子区间内：起始位为 0.4+0.6×（0.432–0.4）=0.4192，终止位为 0.4+1×（0.432–0.4）=0.432，即“30”的实际编码区间在［0.4192，0.432］。

7）第五个被压缩的符号为“30”，其取值范围应在前一符号间隔［0.4192，0.432）的［0.6，1］子区间内：起始位为 0.4192+0.6×（0.432–0.4192）=0.42688，终止位为 0.4192+1×（0.432–0.4192）=0.432，即“30”的实际编码区间在［0.42688，0.432］。

8）把区间［0.42688，0.432］用二进制形式表示为［0.0110110101001，0.011011101000011］。

9）在这个区间内找出最短的二进制编码作为其算术编码。可以看出，0.0110111 是此区间最短的编码，且算术编码中任一数据序列的编码都含有“0.”，所以在编码时可以不考虑“0.”，直接把 0110111 作为数据序列“20，10，10，30，30”的算术编码。由此可见，数据序列“20，10，10，30，30”用 7 比特的二进制代码就可以表示。

解码是编码的逆过程，可根据编码时的概率分配表和压缩后数据代码所在的范围，确定代码所对应的每一个数据符号。由此可见，算术编码的实现方法要比哈夫曼编码复杂一些。

8.7 JPEG 压缩编码

JPEG 是国际标准化组织（ISO）和国际电报电话咨询委员会（CCITT）下设的联合图像专家组（JPEG）制定的适用于静态图像的压缩编码标准。和具有相同图像质量的其他常用文件格式（如 GIF、TIFF、PCX）相比，JPEG 的压缩比目前是最高的。JPEG 只处理真彩图和灰度图。JPEG 是一种有损压缩方法，即其在压缩过程中会丢失数据，每次编辑 JPEG 图像后，图像就会被重复压缩一次，损失就会有所增加。

JPEG 有几种模式，其中最常用的是基于离散余弦变换的顺序模式，又称基线系统（Baseline）。下面针对这种模式进行介绍。

8.7.1 JPEG 编码过程

JPEG 是一种混合编码方法，它综合了熵编码、变换编码和预测编码的编码方法，其编码过程如图 8-11 所示。

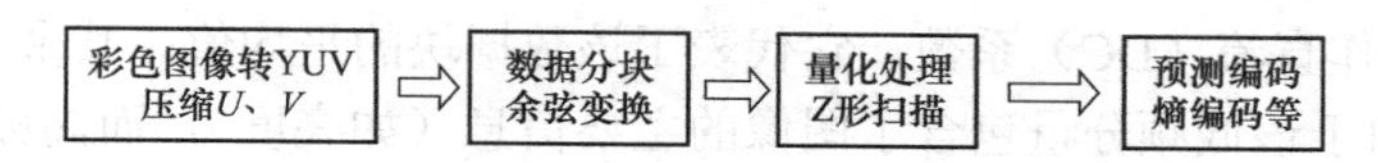

图 8-11 JPEG 编码过程

JPEG 解码的过程基本上为上述过程的逆过程。

1. 彩色图像转 YUV 并压缩 U、V

YUV 模型被广泛应用于电视的色彩显示等领域。YUV 中的 Y 分量表示颜色的亮度，U、V 分别表示蓝色和红色的色度，该颜色模型的主要优点是将亮度信息与色度信息分开，有利于图像的亮度和色度分析等处理。

RGB 转 YUV 的表达式如下（R、G、B 的取值范围均为 0～255）：

$$\begin{cases} Y = 0.299R + 0.587G + 0.114B \\ U = -0.169R - 0.331G + 0.5B \\ V = 0.5R - 0.418G - 0.082B \end{cases} \tag{8-1}$$

JPEG 采用 YUV 模型是因为 Y 分量（亮度）比 U、V 分量（色度）更重要，所以可以只取 U、V 的一部分，以增加压缩比。支持 JPEG 格式的软件通常有 YUV411 和 YUV422 两种取样方式，其含义是 Y、U、V 三个分量的数据取样比例。例如，如果 Y 取四个数据单元，即水平取样因子 HY 乘以垂直取样因子 VY 的值为 4，而 U 和 V 各取一个数据单元，即 $HU \times VU = 1$，$HV \times VV = 1$，那么这种取样方式就称为 YUV411。易知 YUV411 有 50%的压缩比，YUV422 有 33%的压缩比。YUV411 的取样方式如图 8-12 所示。

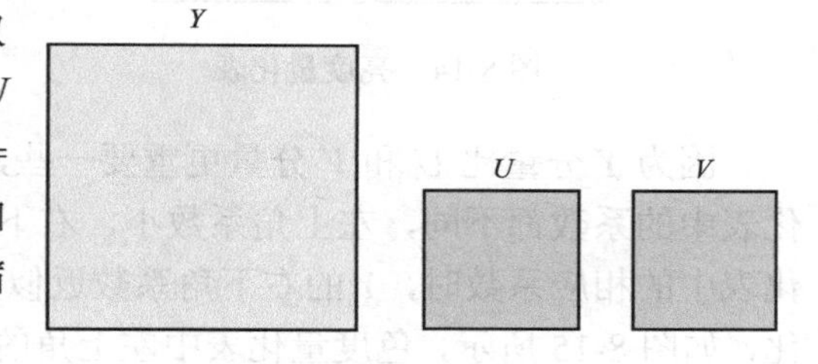

图 8-12 YUV411 取样方式

2. 图像数据分块及余弦变换

将每个分量（Y、U、V）的图像分割成不重叠的 8×8 像素块，每一个 8×8 像素块称为一个数据单元（DU）。例如，对于一个 32×32 大小的图像，其 8×8 像素块如图 8-13（b）所示。

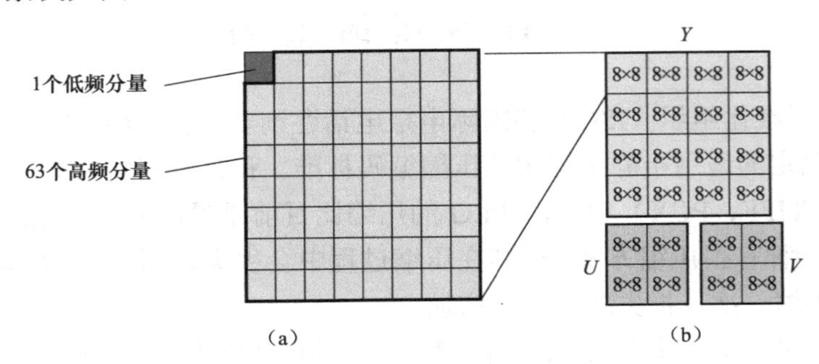

图 8-13　图像数据分块及余弦变换

（a）图像块的频率成分；（b）8×8 像素块

对于每个 8×8 的数据块进行离散余弦变换后，得到的 64 个系数代表了该图像块的频率成分，其中低频分量集中在左上角，高频分量分布在右下角，如图 8-13（a）所示。系数矩阵左上角的 1 个系数叫作直流（DC）系数，它代表了该数据块的平均值；其余 63 个系数叫作交流（AC）系数。由于该低频分量包含了图像的主要信息（如亮度），而高频分量与之相比，就不那么重要了，所以可以忽略一些高频分量，从而达到压缩图像的目的。

3. 量化处理并进行 Z 形扫描

量化处理是产生信息损失的根源。这里的量化操作，就是将 DU 中的某一个数据除以量化表中对应的值。量化表规定了离散余弦变换域中相应的 64 个系数的量化精度，其使得对某个系数的具体量化阶取决于人眼对该频率分量的视觉敏感程度。理论上，对不同的空间分辨率、数据精度等情况，应该有不同的量化表。一般采用如图 8-14 和图 8-15 所示的量化表，可取得较好的视觉效果。

16	11	10	16	24	40	51	61
12	12	14	19	26	58	60	55
14	13	16	24	40	57	69	56
14	17	22	29	51	87	80	62
18	22	37	56	68	109	103	77
24	35	55	64	81	104	113	92
49	64	78	87	103	121	120	101
72	92	95	98	112	100	103	99

图 8-14　亮度量化表

17	18	24	47	99	99	99	99
18	21	26	66	99	99	99	99
24	26	56	99	99	99	99	99
47	66	99	99	99	99	99	99
99	99	99	99	99	99	99	99
99	99	99	99	99	99	99	99
99	99	99	99	99	99	99	99
99	99	99	99	99	99	99	99

图 8-15　色度量化表

因为 *Y* 分量比 *U* 和 *V* 分量更重要一些，因而对 *Y* 采用细量化，如图 8-14 所示，亮度量化表中的系数都不同，左上角系数小，右下角系数逐渐变大，当 *Y* 中的每个系数除以亮度量化表中的相应系数时，*Y* 的右下角系数近似为 0，如图 8-16（a）所示；而对 *U* 和 *V* 采用粗量化，如图 8-15 所示，色度量化表中左上角的值较小，而右下角的值大都是 99，同样可以起到保持低频分量、抑制高频分量的作用，如图 8-16（b）所示。

离散余弦变换系数被量化后，会构成一个稀疏矩阵，这时将每个 DU 用 Z（Zigzag）形扫描方法变成一维数列，将有利于熵编码。Z 形扫描的顺序如图 8-17 所示。

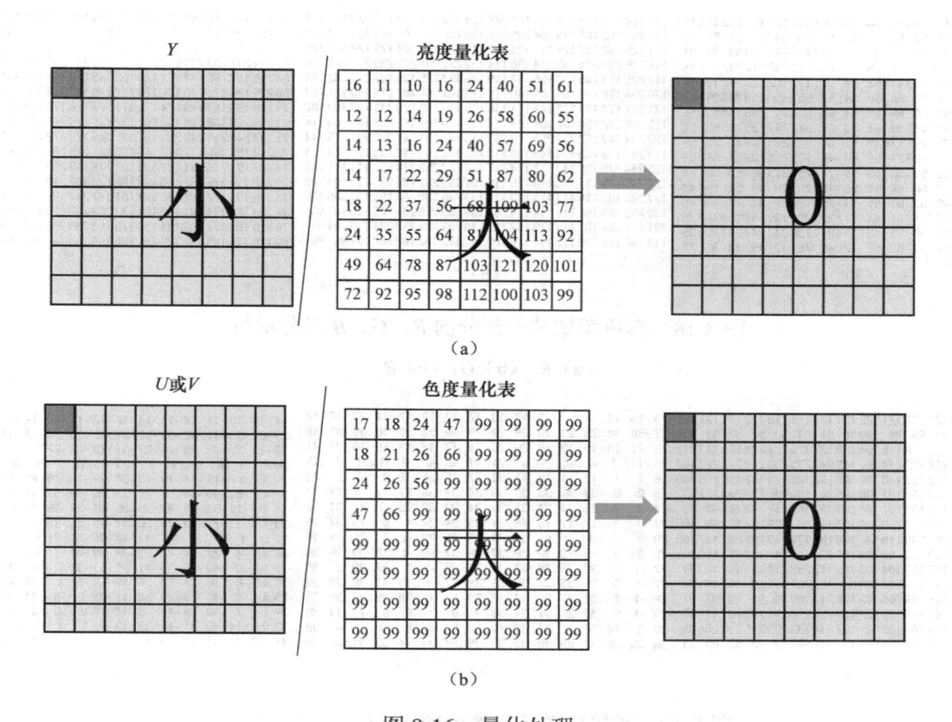

亮度量化表

16	11	10	16	24	40	51	61
12	12	14	19	26	58	60	55
14	13	16	24	40	57	69	56
14	17	22	29	51	87	80	62
18	22	37	56	68	109	103	77
24	35	55	64	81	104	113	92
49	64	78	87	103	121	120	101
72	92	95	98	112	100	103	99

色度量化表

17	18	24	47	99	99	99	99
18	21	26	66	99	99	99	99
24	26	56	99	99	99	99	99
47	66	99	99	99	99	99	99
99	99	99	99	99	99	99	99
99	99	99	99	99	99	99	99
99	99	99	99	99	99	99	99
99	99	99	99	99	99	99	99

图 8-16 量化处理

(a) 对 Y 采用细量化；(b) 对 U 和 V 采用粗量化

4. DC 和 AC 系数分别进行编码

（1）DC 系数编码。DC 系数是每个 DU 的左上角数据，它反映了一个 8×8 数据块的平均亮度，一般与相邻 DU 的 DC 系数有较大的相关性。JPEG 对 DC 系数做差分编码，即用前一个 DU 的同一分量的 DC 系数作为当前 DU 的 DC 系数预测值，再对当前 DU 的实际 DC 值与预测值的差值做哈夫曼编码。

0	1	5	6	14	15	27	28
2	4	7	13	16	26	29	42
3	8	12	17	25	30	41	43
9	11	18	24	31	40	44	53
10	19	23	32	39	45	52	54
20	22	33	38	46	51	55	60
21	34	37	47	50	56	59	61
35	36	48	49	57	58	62	63

图 8-17 离散余弦变换系数的 Z 形扫描顺序

（2）AC 系数编码。经 Z 形扫描排列后的 AC 系数，更有可能出现由连续 0 组成的字符串，从而对其进行行程编码将有利于压缩数据。JPEG 将一个非零 DC 系数及其前面的 0 行程长度（连续 0 的个数）的组合称为一个事件，将每个事件进行行程编码及哈夫曼编码。

8.7.2 JPEG 编码实例

下面结合实例简单介绍 JPEG 编码的主要过程。

【例 8-12】 已知彩色图像某一部分的 R、G、B 三分量值如图 8-18 所示。

解： 1）将 RGB 模型变为 YUV 模型。利用前面所述的转换公式得出该图像相应部分的 Y、U、V 分量值，如图 8-19 所示。

采用 YUV411 的取样方式，对 U、V 取样（取平均值）后的分量值如图 8-20 所示。

2）图像数据分块。将 Y 分量分为 4 个 DU，U、V 分量各为一个 DU，如图 8-21 所示。

3）离散余弦变换。对 Y、U、V 按 DU 块进行离散余弦变换，结果如图 8-22 所示。

103	101	103	103	105	105	105	108	108	107	106	105	107	108	110	110
68	61	57	62	60	58	63	65	62	56	55	53	53	54	56	56
70	90	98	97	96	92	91	69	76	102	100	99	100	99	84	84
74	223	248	247	248	250	245	79	133	255	247	248	242	242	211	74
76	232	194	124	132	133	133	62	74	111	107	102	123	242	195	74
82	241	158	48	58	58	58	68	64	52	55	45	159	254	95	51
77	244	157	48	58	60	66	69	64	66	65	84	248	199	51	51
77	240	198	127	135	135	98	64	63	69	54	167	255	105	55	59
79	239	254	255	255	255	174	49	67	62	93	249	201	43	65	59
84	248	184	101	105	109	71	59	63	46	183	255	102	51	59	59
83	251	162	52	65	59	58	63	59	76	255	213	32	56	58	49
85	253	167	63	67	66	66	60	55	181	255	90	39	56	56	49
87	253	169	55	65	62	61	55	93	253	186	24	47	47	49	49
92	255	175	54	63	59	61	44	171	255	208	189	194	193	165	35
76	213	137	49	57	58	59	43	154	241	238	242	242	247	208	35
56	53	50	57	57	59	55	52	42	45	46	47	49	48	35	35

（a）

122	122	124	123	124	124	124	124	124	122	122	121	123	123	123	123
108	105	103	105	105	104	105	107	106	102	102	100	101	101	100	100
111	125	130	129	129	127	124	111	116	134	132	131	129	129	120	120
116	218	233	234	233	234	230	114	152	237	231	232	230	231	205	116
117	225	193	145	152	155	152	109	116	137	135	131	147	232	192	116
120	234	170	101	109	109	109	115	113	107	109	101	174	240	127	102
121	237	172	102	112	111	114	116	116	115	115	125	241	197	102	102
123	235	202	158	162	164	134	114	116	116	107	182	255	133	108	114
123	234	247	252	252	255	179	103	116	113	131	241	202	99	115	114
125	241	190	133	139	140	118	112	116	102	194	248	133	107	114	114
126	244	175	106	113	111	114	117	112	122	252	210	90	111	111	106
127	245	179	111	118	118	115	115	107	193	251	125	99	111	109	106
127	246	181	110	117	115	113	111	133	245	190	86	104	104	106	106
130	253	185	108	116	114	114	101	185	255	216	201	205	206	181	96
121	210	157	107	114	113	112	101	170	231	231	232	234	235	204	96
113	106	106	113	112	111	110	108	98	102	102	102	102	101	96	96

（b）

147	150	149	148	148	148	149	149	148	146	145	145	145	146	147	147
157	159	158	157	157	158	158	161	157	156	156	154	154	154	155	155
163	162	162	163	162	159	159	163	159	164	162	162	162	161	158	158
160	224	234	233	233	237	233	151	173	237	230	231	230	232	213	160
164	230	197	166	172	172	173	162	165	165	164	159	161	233	199	160
166	235	186	170	176	176	174	177	175	175	174	169	196	241	159	158
170	240	185	167	173	174	174	177	177	176	175	169	240	207	158	158
171	238	209	188	194	193	182	177	179	179	168	198	254	159	176	180
175	237	245	249	248	255	190	172	180	179	172	241	205	164	180	180
173	243	196	166	171	173	168	180	181	170	205	246	166	178	180	180
174	244	192	176	181	181	181	182	179	169	250	213	157	181	180	177
176	246	194	176	182	180	180	180	173	207	249	159	177	181	180	177
175	246	194	177	181	180	182	181	177	247	199	154	176	173	177	177
176	250	196	174	181	182	181	173	202	253	220	217	217	218	208	163
176	220	183	177	182	181	179	175	193	235	232	234	233	235	215	163
182	170	176	183	182	182	181	180	169	163	162	163	161	162	163	163

（c）

图 8-18　彩色图像某一部分的 R、G、B 三分量值

（a）R；（b）G；（c）B

119	118	120	119	121	121	121	122	121	120	119	118	120	121	121	121
101	98	95	98	97	96	98	100	98	94	94	92	92	92	93	93
104	118	124	123	122	120	118	104	108	127	125	124	124	123	113	113
108	220	237	237	237	239	234	107	148	242	235	236	233	234	207	108
110	227	193	141	148	150	148	100	109	132	129	125	141	235	193	108
113	236	168	93	101	101	101	108	105	98	100	92	172	244	121	93
113	239	168	93	102	102	106	108	107	107	106	117	242	198	93	93
114	236	201	152	157	158	128	106	107	109	98	179	254	127	99	105
115	235	248	252	252	255	178	94	108	105	124	243	202	89	107	105
118	243	188	127	132	134	109	103	107	93	191	249	127	98	105	105
118	246	173	97	106	103	104	108	103	113	252	211	80	102	103	97
120	247	177	104	110	109	107	105	98	191	251	118	89	102	101	97
120	248	178	101	108	106	105	102	126	247	189	75	95	94	97	97
123	253	183	99	107	105	105	92	182	254	214	199	203	203	179	85
113	212	153	97	104	104	103	92	167	234	233	235	236	238	206	85
103	97	97	104	103	103	101	99	89	91	92	92	92	92	85	85

（a）

13	15	13	13	13	13	13	13	12	12	12	12	11	12	12	12
27	30	30	28	29	30	29	29	28	30	30	30	30	30	30	30
28	21	18	19	19	19	20	28	24	17	17	18	18	18	21	21
25	1	-1	-2	-2	-1	0	21	11	-2	-2	-2	-1	-1	2	25
26	1	1	12	11	10	11	30	27	16	16	16	9	-1	2	25
25	0	8	37	36	36	35	33	34	37	36	37	11	-1	18	31
27	0	7	36	34	34	33	33	34	33	33	25	-1	4	31	31
27	0	3	17	17	16	26	34	35	34	34	9	0	15	37	36
29	0	-1	-1	-2	0	5	38	35	36	23	-1	1	36	35	36
26	0	3	19	18	18	28	37	36	37	6	-1	18	39	36	36
27	-1	9	38	36	38	37	36	37	27	-1	0	37	38	37	39
27	0	8	35	35	34	35	36	36	7	-1	19	42	38	38	39
26	-1	7	37	35	36	37	38	25	0	4	38	39	38	39	39
25	-1	6	36	36	37	37	39	9	0	2	8	6	7	14	38
30	3	14	39	38	37	37	40	12	0	0	0	-1	-1	4	38
38	35	38	38	38	38	39	39	39	34	34	34	33	34	38	38

（b）

-14	-15	-15	-14	-14	-14	-14	-12	-12	-11	-12	-12	-12	-11	-10	-10
-29	-32	-33	-31	-32	-33	-31	-31	-32	-33	-34	-34	-34	-34	-32	-32
-30	-25	-22	-23	-23	-24	-23	-31	-28	-22	-22	-22	-21	-21	-25	-25
-30	2	9	8	9	9	8	-25	-13	11	9	9	7	6	2	-30
-29	3	0	-15	-14	-15	-13	-34	-30	-18	-20	-20	-16	6	1	-30
-27	4	-8	-39	-38	-38	-37	-35	-36	-40	-39	-41	-11	8	-22	-36
-31	4	-10	-39	-39	-37	-35	-35	-38	-36	-36	-29	4	0	-36	-36
-33	2	-3	-22	-19	-20	-26	-37	-38	-35	-38	-10	0	-19	-39	-40
-32	2	4	2	2	0	-4	-40	-36	-37	-27	4	0	-40	-37	-40
-30	4	-4	-22	-24	-22	-33	-39	-39	-41	-7	4	-22	-41	-40	-40
-31	4	-9	-40	-36	-38	-41	-39	-39	-32	2	1	-42	-40	-39	-42
-30	4	-8	-36	-37	-38	-36	-40	-38	-8	2	-24	-44	-40	-39	-42
-29	4	-8	-40	-38	-39	-38	-41	-29	4	-3	-44	-42	-41	-42	-42
-27	1	-7	-39	-39	-40	-39	-42	-10	0	-5	-8	-7	-9	-12	-44
-33	0	-14	-42	-41	-40	-39	-43	-12	5	4	5	5	7	1	-44
-41	-38	-41	-41	-40	-39	-40	-41	-41	-41	-40	-39	-38	-38	-44	-44

（c）

图 8-19　彩色图像某一部分的 Y、U、V 分量值

（a）Y；（b）U；（c）V

21	21	21	21	20	21	20	21
18	8	8	17	12	7	8	17
13	14	23	27	28	26	4	19
13	15	25	31	34	25	4	33
13	5	8	27	36	6	23	35
13	22	35	36	26	4	38	38
12	21	36	37	8	13	22	32
26	32	37	38	21	17	16	29

（a）

-22	-23	-23	-22	-22	-23	-22	-21
-20	-7	-7	-17	-13	-6	-7	-19
-12	-15	-26	-29	-31	-30	-3	-21
-14	-18	-28	-33	-36	-28	-3	-37
-14	-5	-11	-29	-38	-6	-25	-39
-13	-23	-37	-39	-29	-4	-41	-40
-12	-23	-39	-40	-8	-15	-24	-35
-28	-34	-40	-40	-22	-17	-16	-32

（b）

图 8-20　U、V 取样后的分量值

（a）U；（b）V

119	118	120	119	121	121	121	122	121	120	119	118	120	121	121	121
101	98	95	98	97	96	98	100	98	94	94	92	92	92	93	93
104	118	124	123	122	120	118	104	108	127	125	124	124	123	113	113
108	220	237	237	237	239	234	107	148	242	235	236	233	234	207	108
110	227	193	141	148	150	148	100	109	132	129	125	141	235	193	108
113	236	168	93	101	101	101	108	105	98	100	92	172	244	121	93
113	239	168	93	102	102	106	108	107	107	106	117	242	198	93	93
114	236	201	152	157	158	128	106	107	109	98	179	254	127	99	105
115	235	248	252	252	255	178	94	108	105	124	243	202	89	107	105
118	243	188	127	132	134	109	103	107	93	191	249	127	98	105	105
118	246	173	97	106	103	104	108	103	113	252	211	80	102	103	97
120	247	177	104	110	109	107	105	98	191	251	118	89	102	101	97
120	248	178	101	108	106	105	102	126	247	189	75	95	94	97	97
123	253	183	99	107	105	105	92	182	254	214	199	203	203	179	85
113	212	153	97	104	104	103	92	167	234	233	235	236	238	206	85
103	97	97	104	103	103	101	99	89	91	92	92	92	92	85	85

（a）

21	21	21	21	20	21	20	21
18	8	8	17	12	7	8	17
13	14	23	27	28	26	4	19
13	15	25	31	34	25	4	33
13	5	8	27	36	6	23	35
13	22	35	36	26	4	38	38
12	21	36	37	8	13	22	32
26	32	37	38	21	17	16	29

（b）

-22	-23	-23	-22	-22	-23	-22	-21
-20	-7	-7	-17	-13	-6	-7	-19
-12	-15	-26	-29	-31	-30	-3	-21
-14	-18	-28	-33	-36	-28	-3	-37
-14	-5	-11	-29	-38	-6	-25	-39
-13	-23	-37	-39	-29	-4	-41	-40
-12	-23	-39	-40	-8	-15	-24	-35
-28	-34	-40	-40	-22	-17	-16	-32

（c）

图 8-21　Y、U、V 分量的 DU 块

（a）Y；（b）U；（c）V

1102	89	-55	-46	-132	-69	-52	-4
-81	-88	-11	43	79	70	27	8
-111	6	57	-2	45	-9	23	-5
-58	33	66	-19	-4	-28	-2	0
160	-18	-81	13	-30	15	-9	1
70	-11	-20	1	-14	6	-10	2
-19	3	11	-3	13	-4	10	-1
-68	10	37	-4	14	-6	8	1

1080	-35	-139	103	-31	-47	1	0
-57	40	97	-84	-36	50	-6	-14
-138	9	9	-19	111	-26	-10	29
-40	-51	35	59	-44	2	50	-15
132	12	-27	-24	-15	25	-42	-2
110	31	-43	0	-6	-26	-3	9
-24	-10	15	-2	12	1	9	-8
-64	-28	35	1	7	4	8	1

1104	186	-26	-71	-172	-130	-64	-18
167	15	-82	-3	-38	-18	-5	-11
47	-71	-97	46	39	50	22	-5
115	21	-63	3	-35	-7	-7	-3
41	-43	-57	23	22	30	12	-2
51	1	-29	4	-14	-1	-6	-2
17	-11	-17	6	4	10	2	2
7	-3	-4	0	-1	-1	-2	0

1144	151	-149	-99	-74	24	-13	0
-62	-9	-51	-102	92	61	19	-7
-34	-87	-75	56	127	50	-28	-20
149	20	-24	79	7	-46	-73	-3
-177	-8	82	-12	12	-67	-10	19
120	1	-58	14	-24	5	-5	12
-39	-4	8	3	19	10	4	-2
-4	6	8	-6	-3	-5	-3	-1

（a）

169	-7	-13	-31	23	0	1	-1
-26	0	-1	25	2	-8	6	-1
1	18	11	-1	-16	8	1	-7
3	-13	11	-7	-1	-11	-16	11
9	0	-1	8	7	-8	0	0
11	1	-7	-6	-11	-3	10	-7
18	2	-5	0	-6	-2	-2	4
-6	-4	-2	6	1	1	0	0

（b）

-181	8	14	35	-24	1	-3	1
28	0	2	-28	-3	9	-7	1
0	-20	-12	0	17	-9	0	7
-3	14	-11	6	2	-13	19	-13
-10	0	0	-8	-7	9	-1	0
-14	-2	8	6	14	4	-11	9
-19	-2	8	0	7	2	2	-5
5	5	3	-5	0	-1	0	0

（c）

图 8-22 Y、U、V 的离散余弦变换

（a）Y；（b）U；（c）V

图 8-22 中 Y 的 4 个 DU 块低频数据为：1102，1080，1104，1144；U 和 V 的 DU 块的低频数据分别为 169 和–181。低频数据包含图像的主要信息，因此可以忽略一些高频数据，以达到压缩图像的目的。

4）量化处理。对图 8-22 中的 Y 分量用如图 8-14 所示的量化表进行量化，对图 8-22 中的 U、V 分量用如图 8-15 所示的量化表进行量化，结果如图 8-23 所示。可以看出，低频数据大部分量化为 0。

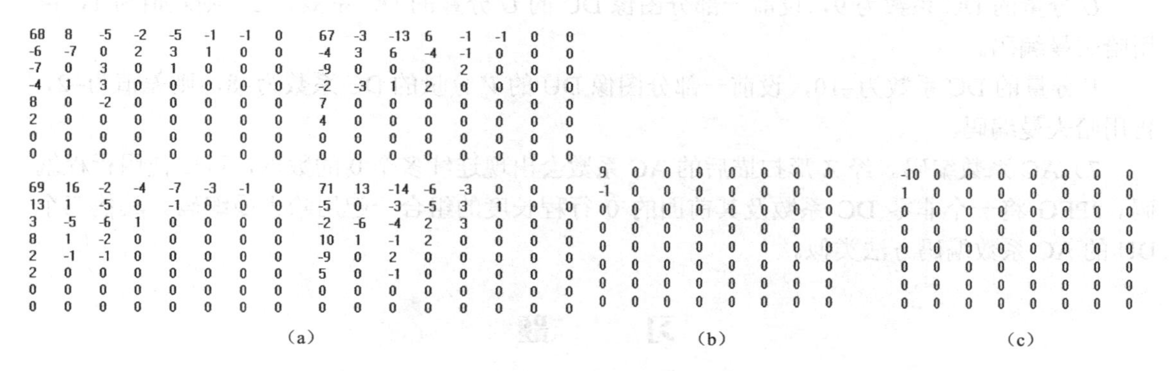

68	8	-5	-2	-5	-1	-1	0
-6	-7	0	2	3	1	0	0
-7	0	3	0	1	0	0	0
-4	1	3	0	0	0	0	0
8	0	-2	0	0	0	0	0
2	0	0	0	0	0	0	0
0	0	0	0	0	0	0	0
0	0	0	0	0	0	0	0

67	-3	-13	6	-1	-1	0	0
-4	3	6	-4	-1	0	0	0
-9	0	0	0	2	0	0	0
-2	-3	1	2	0	0	0	0
7	0	0	0	0	0	0	0
4	0	0	0	0	0	0	0
0	0	0	0	0	0	0	0
0	0	0	0	0	0	0	0

69	16	-2	-4	-7	-3	-1	0
13	1	-5	0	-1	0	0	0
3	-5	-6	1	0	0	0	0
8	1	-2	0	0	0	0	0
2	-1	-1	0	0	0	0	0
2	0	0	0	0	0	0	0
0	0	0	0	0	0	0	0
0	0	0	0	0	0	0	0

71	13	-14	-6	-3	0	0	0
-5	0	-3	-5	3	1	0	0
-2	-6	-4	2	3	0	0	0
10	1	-1	2	0	0	0	0
-9	0	2	0	0	0	0	0
5	0	-1	0	0	0	0	0
0	0	0	0	0	0	0	0
0	0	0	0	0	0	0	0

（a）

9	0	0	0	0	0	0	0
-1	0	0	0	0	0	0	0
0	0	0	0	0	0	0	0
0	0	0	0	0	0	0	0
0	0	0	0	0	0	0	0
0	0	0	0	0	0	0	0
0	0	0	0	0	0	0	0
0	0	0	0	0	0	0	0

（b）

-10	0	0	0	0	0	0	0
1	0	0	0	0	0	0	0
0	0	0	0	0	0	0	0
0	0	0	0	0	0	0	0
0	0	0	0	0	0	0	0
0	0	0	0	0	0	0	0
0	0	0	0	0	0	0	0
0	0	0	0	0	0	0	0

（c）

图 8-23 Y、U、V 的量化

（a）Y；（b）U；（c）V

5）Z 形扫描。对 Y、U、V 分别进行 Z 形扫描。

Y 分量的 Z 形扫描结果如图 8-24 所示。

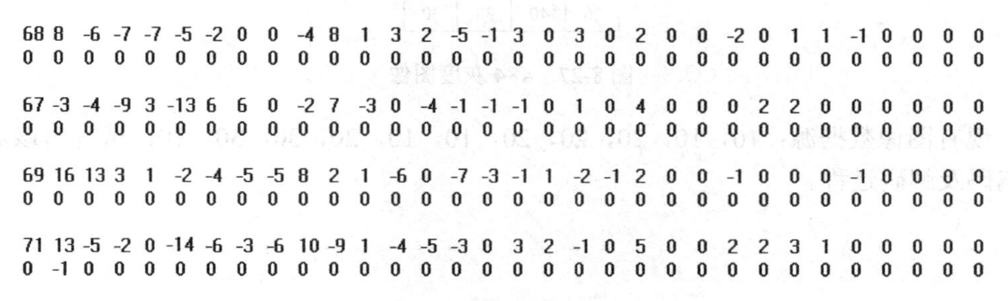

68 8 -6 -7 -7 -5 -2 0 0 -4 8 1 3 2 -5 -1 3 0 3 0 2 0 0 -2 0 1 1 -1 0 0 0 0
0 0 0 0 0 0 0 0 0 0 0 0 0 0 0 0 0 0 0 0 0 0 0 0 0 0 0 0 0 0 0 0

67 -3 -4 -9 3 -13 6 6 0 -2 7 -3 0 -4 -1 -1 -1 0 1 0 4 0 0 0 2 2 0 0 0 0 0 0
0 0 0 0 0 0 0 0 0 0 0 0 0 0 0 0 0 0 0 0 0 0 0 0 0 0 0 0 0 0 0 0

69 16 13 3 1 -2 -4 -5 -5 8 2 1 -6 0 -7 -3 -1 1 -2 -1 2 0 0 -1 0 0 0 -1 0 0 0 0
0 0 0 0 0 0 0 0 0 0 0 0 0 0 0 0 0 0 0 0 0 0 0 0 0 0 0 0 0 0 0 0

71 13 -5 -2 0 -14 -6 -3 -6 10 -9 1 -4 -5 -3 0 3 2 -1 0 5 0 0 2 2 3 1 0 0 0 0 0
0 -1 0 0 0 0 0 0 0 0 0 0 0 0 0 0 0 0 0 0 0 0 0 0 0 0 0 0 0 0 0 0

图 8-24 Y 分量的 Z 形扫描结果

U 分量的 Z 形扫描结果如图 8-25 所示。

9 0 -1 0 0 0 0 0 0 0 0 0 0 0 0 0 0 0 0 0 0 0 0 0 0 0 0 0 0 0 0 0
0 0 0 0 0 0 0 0 0 0 0 0 0 0 0 0 0 0 0 0 0 0 0 0 0 0 0 0 0 0 0 0

图 8-25　*U* 分量的 Z 形扫描结果

V 分量的 Z 形扫描结果如图 8-26 所示。

-10 0 1 0 0 0 0 0 0 0 0 0 0 0 0 0 0 0 0 0 0 0 0 0 0 0 0 0 0 0 0 0
0 0 0 0 0 0 0 0 0 0 0 0 0 0 0 0 0 0 0 0 0 0 0 0 0 0 0 0 0 0 0 0

图 8-26　*V* 分量的 Z 形扫描结果

6）DC 系数编码。从 Z 形扫描结果可以看出，*Y* 分量的四个 DC 系数分别为 68、67、69、71，因为相邻数据块的 DC 系数有一定的相关性，所以数据比较接近。对 DC 系数进行差分编码，即用前一个数据块的 DC 系数作为当前数据块的 DC 系数预测值，用当前数据块的 DC 值与前一个数据块的 DC 值的差值表示当前数据块的 DC 值，再进行哈夫曼编码，可达到一定的压缩效果。

设该图像的前一部分图像与第一个 DU 相邻的 DU 的 DC 系数为 70，则 *Y* 分量与前一个 DU 的 DC 系数的差值为–2、–1、2、3，再用哈夫曼编码。

U 分量的 DC 系数为 9，设前一部分图像 DU 的 *U* 分量的 DC 系数为 8，则差值为 1，再用哈夫曼编码。

V 分量的 DC 系数为–10，设前一部分图像 DU 的 *V* 分量的 DC 系数为–8，则差值为–2，再用哈夫曼编码。

7）AC 系数编码。经 Z 形扫描后的 AC 系数会出现连续多个 0 的数据，可以使用行程编码。JPEG 将一个非零 DC 系数及其前面的 0 行程长度的组合一起用哈夫曼编码。其他三个 DU 的 AC 系数编码方法类似。

习　题

1．对如图 8-27 所示的一个 4×4 灰度图像，分别进行香农-范诺编码和哈夫曼编码。

20	10	10	10
20	0	0	0
20	30	30	30
20	40	30	30

图 8-27　4×4 灰度图像

2．现有图像数据源：10，10，20，20，20，10，10，20，30，30，10，试写出该数据的 LZW 编码及解码过程。

第9章 图像合成处理

本章介绍的图像合成处理是指对两幅图像进行加、减、乘、除代数运算及其复合运算，还包括对一幅图像进行添加内容处理，如加噪声、加水印等。

9.1 图像代数运算

图像代数运算是将两幅图像（大小一样）对应位置像素的对应颜色分量进行加、减、乘、除代数运算，即：

$$q(k,x,y)=f(k,x,y)+g(k,x,y)\quad (k=0,1,2) \tag{9-1}$$

$$q(k,x,y)=f(k,x,y)-g(k,x,y)\quad (k=0,1,2) \tag{9-2}$$

$$q(k,x,y)=f(k,x,y)\cdot g(k,x,y)\quad (k=0,1,2) \tag{9-3}$$

$$q(k,x,y)=f(k,x,y)/g(k,x,y)\quad (k=0,1,2) \tag{9-4}$$

（1）图像相加。由于图像灰度有一定的范围，一般将相加值进行平均：

$$q(k,x,y)=[f(k,x,y)+g(k,x,y)]/2 \tag{9-5}$$

将如图 9-1（a）所示的图像与如图 9-1（b）所示的图像相加平均结果如图 9-1（c）所示，它可以反映两幅图像。

（a） （b） （c）

图 9-1 图像相加

（a）原图 1；（b）原图 2；（c）相加平均后的结果

对于在同一场景、不同时间拍摄的多幅图像，进行平均值计算可以削弱噪声。

（2）图像相减。由于图像灰度相减会有负值出现，可用相减后的绝对值代替：

$$q(k,x,y)=|f(k,x,y)-g(k,x,y)| \tag{9-6}$$

在不同时刻获取的两帧图像背景基本相同，两幅图像相减后，背景像素变为黑色。如果图像中有运动的物体，则相减后的绝对值就是亮色，所以差值图像可以检测运动的物体。将如图 9-2（a）所示的图像与如图 9-2（b）所示的图像相减后取绝对值，结果如图 9-2（c）所示，它可以检测到飞舞的蝴蝶。

在视频图像中，可利用差值图像自动监控特定的场景。由于各种因素的影响，同一固定背景的图像不一定完全相同。可以定义时刻 t_1 和 t_2 获取的两幅图像的差值图像为：

$$d_{ij}(x,y)=\begin{cases}255 & |f(x,y,t_1)-f(x,y,t_2)|>T\\ 0 & \text{其他}\end{cases} \tag{9-7}$$

式中：T 是一个指定的阈值。

（a）

（b）

（c）

图 9-2　图像相减

（a）原图 1；（b）原图 2；（c）相减后取绝对值

实际中噪声也会导致出现亮色信息，亮色噪声一般是孤立点或小连通区域，对此可以在 d_{ij} 处构成 4 连通或 8 连通区域，忽略亮色像素个数小于预定值的区域。当然，这样也会忽略掉小的或慢速运动的物体。

（3）图像相乘。图像灰度相乘可能会出现大量大于 255 的值，可以对结果图像灰度除以 255：

$$q(k,x,y)=f(k,x,y)\cdot g(k,x,y)/255 \tag{9-8}$$

将如图 9-3（a）所示的图像与如图 9-3（b）所示的图像相乘，结果如图 9-3（c）所示。

（a）

（b）

（c）

图 9-3　图像相乘

（a）原图 1；（b）原图 2；（c）相乘结果

可以看出，两幅图的亮色区域基本被另一个图像的颜色代替，暗色区域基本保留。

【案例 9-1】 利用图像相乘提取图像中的某个区域。

将图像乘以一个黑白二值图，可以提取图像中的某个区域。将如图 9-4（a）所示的图像与如图 9-4（b）所示的图像相乘，结果如图 9-4（c）所示。

（4）图像相除。图像灰度相除的范围不易控制，对此可以对结果图像灰度乘以一个系数 A。当图像 f 偏亮、图像 g 偏暗时，A 取较小的值；当图像 f 偏暗、图像 g 偏亮时，A 取较大的值。当运算结果大于 255 时，用 255 代替；当分母 $g(k, x, y)$ 为 0 时，用 1 代替。

$$q(k,x,y)=A\cdot f(k,x,y)/g(k,x,y) \tag{9-9}$$

将如图 9-5（a）所示的图像除以如图 9-5（b）所示的图像，结果如图 9-5（c）所示（A=50）；将如图 9-5（b）所示的图像除以如图 9-5（a）所示的图像，结果如图 9-5（d）所示（A=200）。图像相除改变了原图像的颜色。

【案例 9-2】 利用图像相除遮盖图像中的某个区域。

（a）
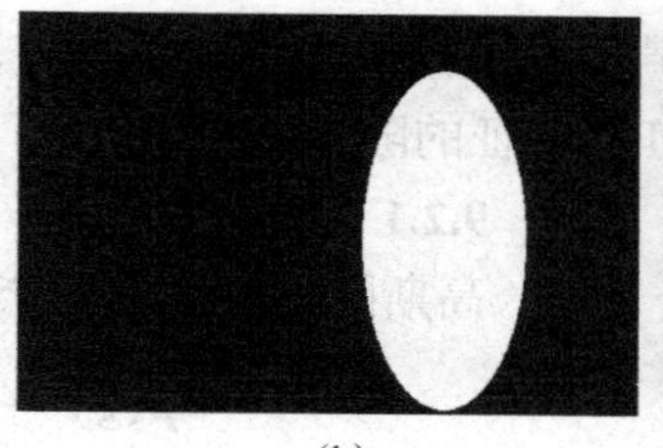
（b）

（c）

图 9-4　图像相乘以提取某个区域

（a）原图；（b）黑白二值图；（c）相乘结果

（a）

（b）

（c）

（d）

图 9-5　图像相除

（a）原图 1；（b）原图 2；（c）相除结果 1；（d）相除结果 2

将图像除以一个黑白二值图，可以遮盖图像中的某个区域。将如图 9-6（a）所示的图像除以如图 9-6（b）所示的图像，结果如图 9-6（c）所示（A=1）。

（a）
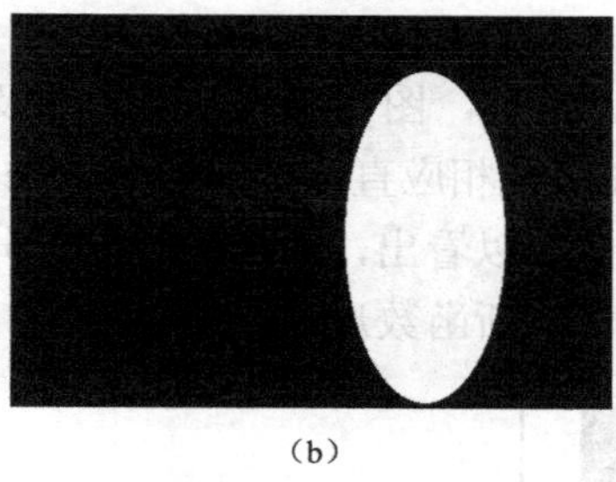
（b）

（c）

图 9-6　图像相除以遮盖某个区域

（a）原图；（b）黑白二值图；（c）相除结果

9.2　图像噪声的合成

在研究图像的复原等处理时，经常需要将图像加上一定的噪声后，再进行复原方法的研究。这里介绍常用的三种空间噪声，即高斯噪声、均匀噪声、脉冲（椒盐）噪声，空间噪声可以认为是由概率密度函数（PDF）表征的随机变量。

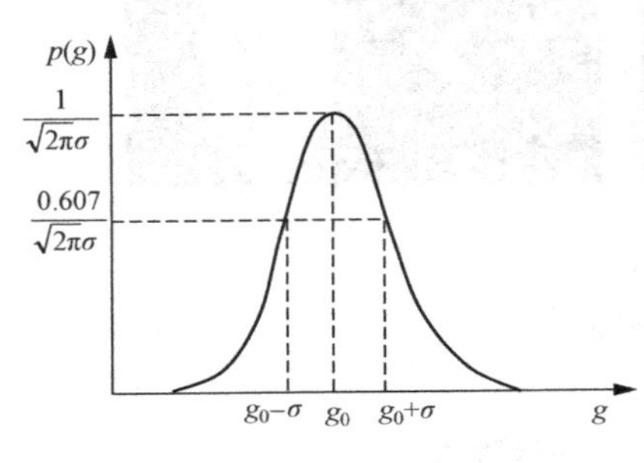

图 9-7 高斯函数曲线

9.2.1 高斯噪声

高斯随机变量 g 的 PDF 由式（9-10）给出：

$$p(g)=\frac{1}{\sqrt{2\pi\sigma}}\mathrm{e}^{-(g-g_0)^2/2\sigma} \tag{9-10}$$

式中：g 表示灰度值，g_0 表示 g 的平均值，σ 表示 g 的标准差。标准差的平方 σ^2 表示方差。高斯函数曲线如图 9-7 所示。

在图像中产生高斯噪声时，需要生成高斯随机数，这里使用近似的高斯随机数生成方法，即用 12 个随机数之和产生均值为零且在 2 倍标准差范围内的高斯随机数。

产生近似高斯随机数的程序设计如下：

```
//输入参数:原灰度图像 f[][],图像高度 h 与宽度 w,高斯的标准差 s
//输出参数:加噪后的图像 g[][]
void gs(BYTE f[500][500], long h, long w, float s, BYTE g[500][500])
 {int fg[500][500],s2=2*s; float gmax=0,gmin=255,fmax=0;
  for (int y=0; y<h; y++)
    for (int x=0; x<w; x++)
     { float g=0;
       for(int k=0; k<12; k++) g=g+rand()%s2;
       g=g-6*s2;                                    //产生近似高斯随机数
       fg[y][x]=f[y][x]+g;
       if(fg[y][x]>gmax)gmax=fg[y][x];
       if(fg[y][x]<gmin)gmin=fg[y][x];
       if(f[y][x]>fmax)fmax=f[y][x];
     }
      float rate=fmax/(gmax-gmin);
      for (y=0; y<h; y++)
        for (int x=0; x<w; x++)
          g[y][x]=(fg[y][x]-gmin)*rate;          //将灰度归到 255 以内
 }
```

图 9-8 为高斯噪声的效果图。其中，图 9-8（a）是原图及相应灰度直方图，图 9-8（b）是加了标准差为 20 的高斯噪声图像及相应直方图，图 9-8（c）是加了标准差为 40 的高斯噪声图像及相应直方图。从直方图中可以看出，对于一种灰度分布，经过高斯噪声干扰，一种灰度可变为多种灰度且分布近似于高斯函数形状。

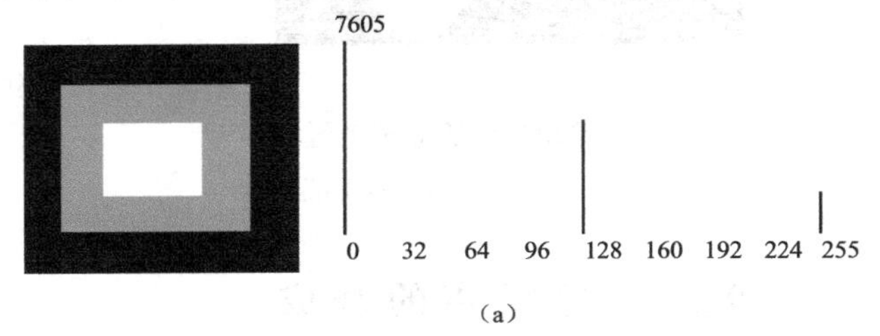

（a）

图 9-8 高斯噪声的效果（一）

（a）原图及相应灰度直方图

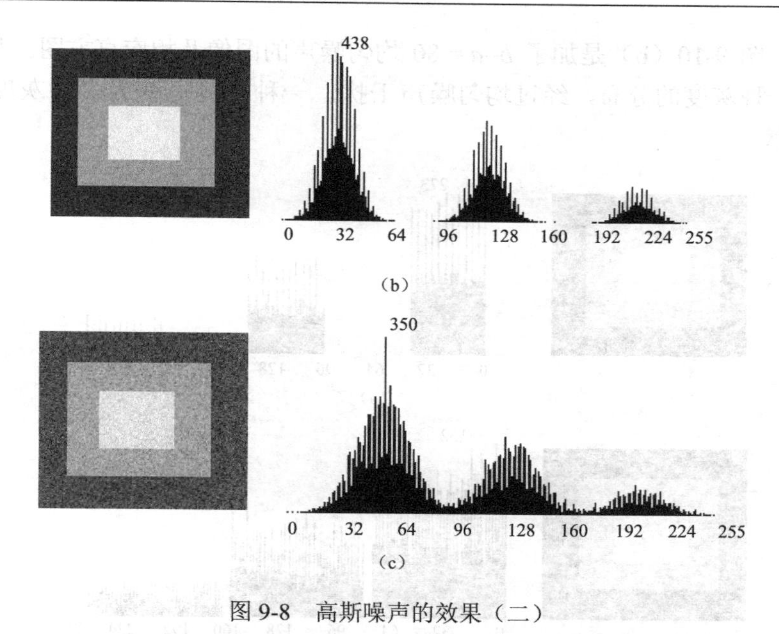

图 9-8　高斯噪声的效果（二）

（b）标准差为 20 的高斯噪声图像及相应直方图；（c）标准差为 40 的高斯噪声图像及相应直方图

9.2.2　均匀噪声

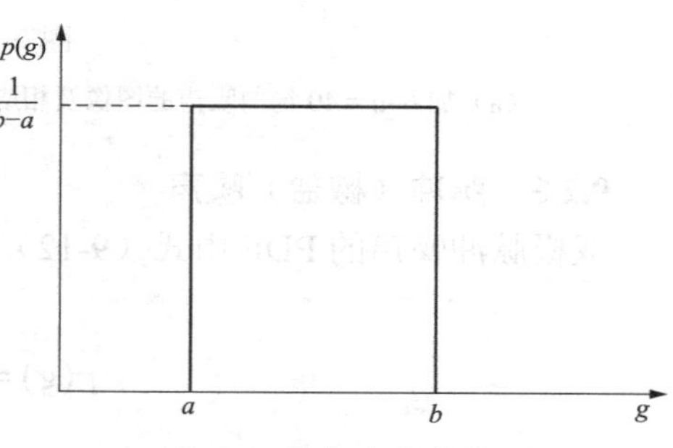

图 9-9　均匀密度曲线

均匀随机变量 g 的 PDF 由式（9-11）给出：

$$p(g)=\begin{cases}\dfrac{1}{b-a} & a\leqslant g\leqslant b \\ 0 & 其他\end{cases} \tag{9-11}$$

该密度函数的均值为$(a+b)/2$，方差为$(b-a)^2/12$。均匀密度曲线如图 9-9 所示。

在图像中产生均匀噪声的程序设计如下：

```
//输入参数:原灰度图像 f[][],图像高度 h 与宽度 w,均值范围 ba
//输出参数:加噪后的图像 g[][]
void mean(BYTE f[500][500], long h, long w, int ba, BYTE g[500][500])
 {int fg[500][500]; float fmax=0,gmax=0,gmin=255;
  for (int y=0; y<h; y++)
    for (int x=0; x<w; x++)
     { int r=rand()%(2*ba-ba/2);
       fg[y][x]=f[y][x]+r;
       if(fg[y][x]>gmax)gmax=fg[y][x];
       if(fg[y][x]<gmin)gmin=fg[y][x];
       if(f[y][x]>fmax)fmax=f[y][x];
     }
    float rate=fmax/(gmax-gmin);
    for (y=0;y<h;y++)
      for (int x=0; x<w; x++)
        g[y][x]=(fg[y][x]-gmin)*rate;
 }
```

图 9-10 为均匀噪声的效果图。其中，图 9-10（a）是加了 $b-a=40$ 均匀噪声的图像

及相应直方图，图 9-10（b）是加了 $b-a=80$ 均匀噪声的图像及相应直方图。从直方图中可以看出，对于一种灰度的分布，经过均匀噪声干扰，一种灰度可变为多种灰度且分布近似于均匀函数形状。

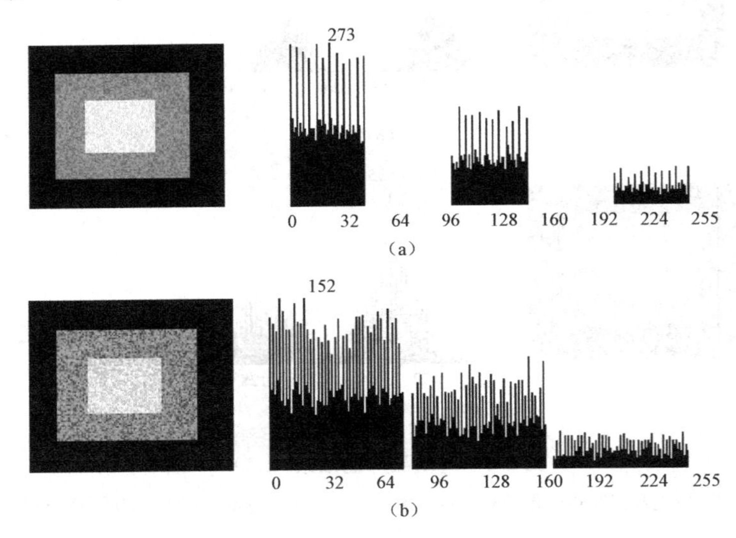

图 9-10 均匀噪声的效果

（a）加 $b-a=40$ 均匀噪声的图像及相应直方图；（b）加 $b-a=80$ 均匀噪声的图像及相应直方图

9.2.3 脉冲（椒盐）噪声

双极脉冲噪声的 PDF 由式（9-12）给出：

$$p(g)=\begin{cases} p_a & g=a \\ p_b & g=b \\ 1-p_a-p_b & 其他 \end{cases} \tag{9-12}$$

如果 $b>a$，则灰度级 b 在图像中显示一个亮点，灰度级 a 在图像中显示一个暗点。若 p_a 或 p_b 为零，则为单极脉冲。如果 p_a 与 p_b 近似相等且不为零，则脉冲噪声类似于图像上随机分布的胡椒和盐粉微粒，所以双极脉冲噪声也称椒盐噪声。在数字图像处理中，一般当 a=0 时为黑点（胡椒），当 b=255 时为白点（盐粒）。脉冲噪声的概率密度曲线如图 9-11 所示。

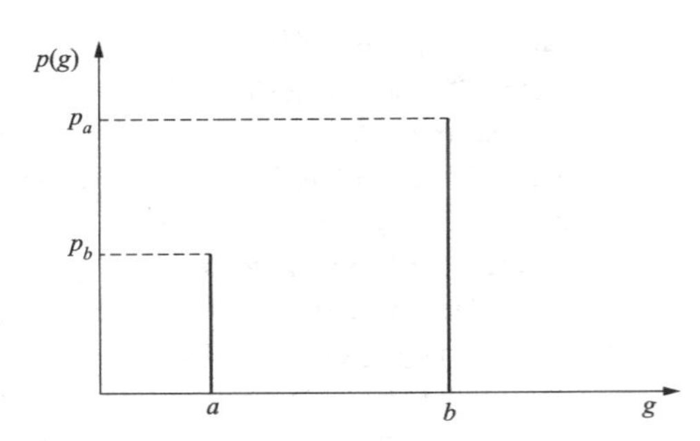

图 9-11 脉冲噪声的概率密度曲线

图 9-12 为不同概率的椒盐噪声的效果图。其中，图 9-12（a）中的椒盐噪声概率为 0.2，图 9-12（b）中的椒盐噪声概率为 0.1，图 9-12（c）中的胡椒噪声概率为 0.03，图 9-12（d）中的盐粒噪声概率为 0.03。

在图像中产生椒盐噪声的程序设计如下：

```
//输入参数:原灰度图像 f[][],图像高度 h 与宽度 w,噪声灰度 gg,噪声的概率 p
//输出参数:加噪后的图像 f[][]
void jy(BYTE f[500][500], long h, long w, BYTE gg, float p)
```

```
{int n=p*h*w,x,y;
 for(int i=0; i<n; i++)
   y=rand()%h,x=rand()%w, f[y][x]=gg;
}
```

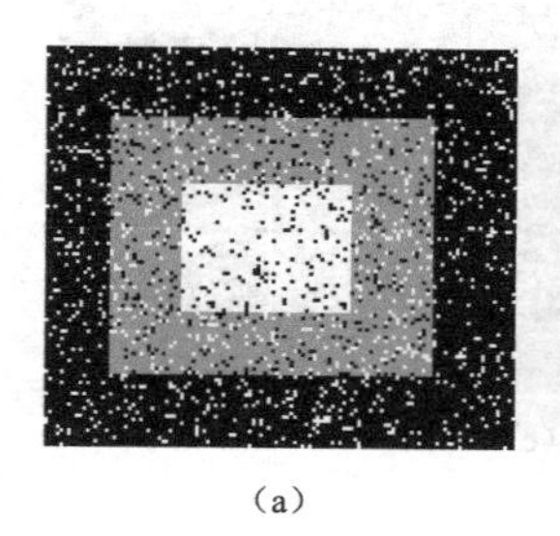
(a)

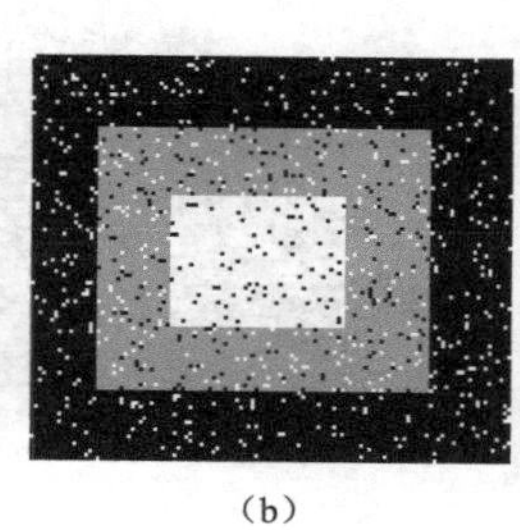
(b)

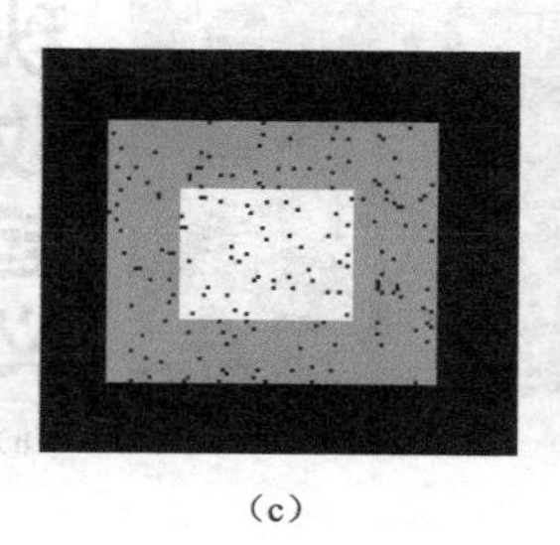
(c)

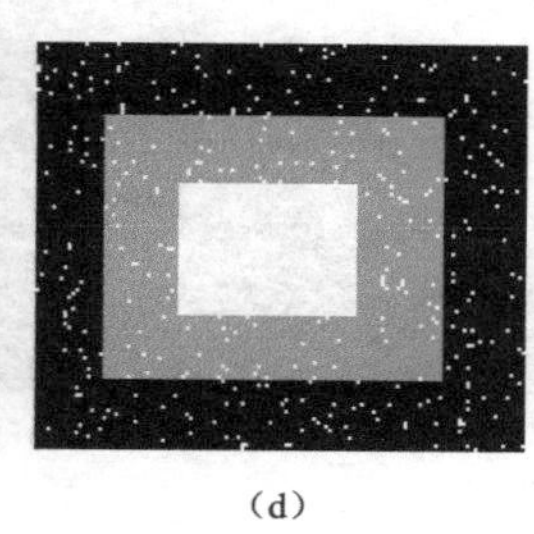
(d)

图 9-12 椒盐噪声的效果

(a) 概率为 0.2 的椒盐噪声；(b) 概率为 0.1 的椒盐噪声；(c) 概率为 0.03 的胡椒噪声；(d) 概率为 0.03 的盐粒噪声

9.3 图像水印的生成

数字图像水印的生成是把称为水印的一条或多条信息插入图像中，实现对图像的保护。水印不能从图像中分离出来，因此可以用来保护所有者的权益，如版权识别、用户识别、著作权认定、自动监控、复制保护等。水印一般分为可见水印与不可见水印。

9.3.1 可见水印

可见水印是一幅不透明或半透明的子图像，或是放在另一幅图像之上的图像。因此，它对观察者是显而易见的。可见水印一般在空间域中处理。设未加水印的图像为 f，水印为 g，则水印图像 f_g 可用一种简单的线性组合表示：

$$f_g=(1-\alpha)f+\alpha g \tag{9-13}$$

式中：α（$0<\alpha\leqslant 1$）控制水印 g 和图像 f 的相对可见性。当 $\alpha=1$ 时，水印是不透明的；随着 α 接近 0，水印变得越来越透明。一般情况下，水印 g 小于图像 f，因此在嵌入水印时，需要确定水印在图像中的起始位置。

在图像中加入可见水印的程序设计如下：

```
//输入参数：需加水印的灰度图像 f[][],水印灰度图像 g[][],水印图像的高度 h 与宽度 w
//          水印在图像中的起始位置(x0,y0),水印的透明度 a
//输出参数:加水印的图像 f[][]
void sy1(BYTE f[500][500], BYTE g[500][500],
         long h, long w, int x0, int y0,float a)
 {for (int y=0; y<h; y++)
    for (int x=0; x<w; x++)
      f[y+y0][x+x0]=(1-a)*f[y+y0][x+x0]+a*g[y][x];
 }
```

图 9-13（a）为秋收起义（中国共产党党史军史上的三大起义之一）纪念雕塑图像，对其加如图 9-13（b）所示的水印，效果如图 9-13（c）（$\alpha=0.3$）、图 9-13（d）（$\alpha=0.6$）、图 9-13（e）（$\alpha=0.9$）所示。

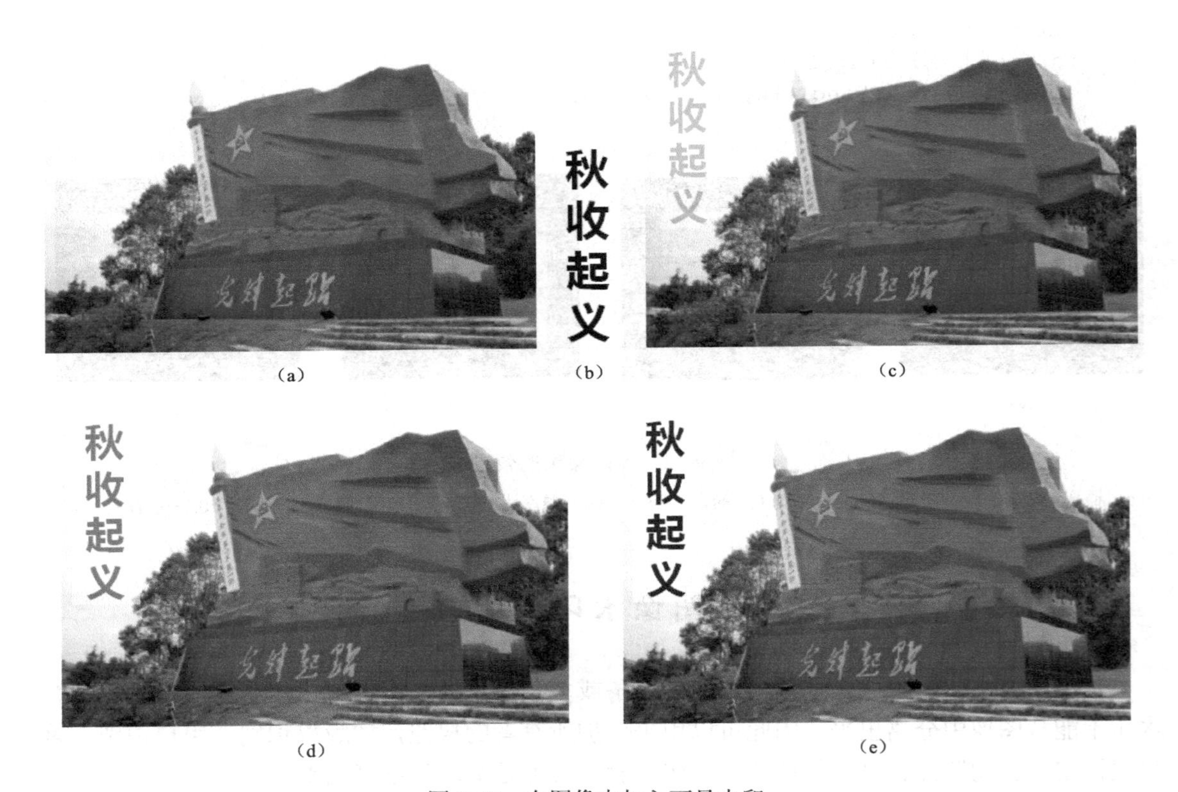

图 9-13　在图像中加入可见水印

（a）原图；（b）水印图像；（c）加水印的图像（$\alpha=0.3$）；（d）加水印的图像（$\alpha=0.6$）；（e）加水印的图像（$\alpha=0.9$）

9.3.2　不可见水印

对于不可见水印，裸眼是看不见的，且不能被感知，但使用解码算法可以恢复水印。生成不可见水印是指在人眼可忽略或不能感知的冗余信息中插入水印。这里介绍一种简单的生成最低有效位（least significant bits，LSB）水印图像的方法。

对于一幅灰度图像，如果一个像素占一个字节，低位数据对感知图像实质上没有效果，因此，可在低位存放水印的高位信息，计算式为：

$$f_g = 4\left(\frac{f}{4}\right) + \frac{g}{64} \tag{9-14}$$

式（9-14）是利用整数运算的，用 4 除 f，再乘以 4，可置 f 的两个最低二进制位为 0；用 64 除 g，把 g 的两个高位移到两个低位的位置。再把两个结果相加，可产生水印图像。

式（9-14）的算法也可以用 C 语言的位运算实现：

```
((g>>6)&3)+(f&252)
```

水印的提取是将图像的 6 位高位置 0，低位的 2 位值扩充到 8 位值。

产生不可见水印函数的程序设计如下：

```
//输入参数：需加水印的灰度图像 f[][],水印灰度图像 g[][],水印图像的高度 h 与宽度 w
//           水印在图像中的起始位置(x0,y0)
//输出参数：加水印的图像 f[][]
void sy2(BYTE f[500][500], BYTE g[500][500], long h, long w, int x0, int y0)
```

```
{for (int y=0; y<h; y++)
   for (int x=0; x<w; x++)
     f[y+y0][x+x0]=((g[y][x]>>6)&3)+(f[y+y0][x+x0]&252);
}
```

恢复水印图像函数的程序设计如下：

```
//输入参数:带水印的灰度图像f[][],水印图像的高度h与宽度w,水印在图像中的起始位置(x0,y0)
//输出参数:恢复的水印图像g[][]
void tsy(BYTE f[500][500], long h, long w, int x0, int y0, BYTE g[500][500])
 {for (int y=0; y<h; y++)
   for (int x=0; x<w; x++)
     g[y][x]=(f[y+y0][x+x0]&3)<<6;
 }
```

图 9-14（a）为对图 9-13（a）加不可见水印后的效果图，人眼分辨不出是否有水印；图 9-14（b）是恢复后的水印图像，其白色背景变为灰色，黑色没有变化。

（a）　　（b）

图 9-14　在图中加入不可见水印及水印图像的恢复

（a）加入不可见水印的图像；（b）恢复后的水印图像

不可见水印的一个重要特征是它能抵抗多种干扰，也就是水印的鲁棒性。上面介绍的嵌入水印的方法鲁棒性不好，当图像进行 JPEG 压缩和解压时，水印就会被破坏。目前已有许多鲁棒性好的不可见水印的嵌入方法，这里不再一一介绍。

【案例 9-3】 在一幅风景图像［见图 9-15（a）］中添加一个背景为白色的人像［见图 9-15（b）］。

（a）　　（b）　　（c）

图 9-15　图像的合成

（a）大图像；（b）小图像；（c）合成的图像

图像合成函数的程序设计如下：

```
//输入参数: 大图像 p1[][][],高度 h1 与宽度 w1,小图像 p2[][][],高度 h2 与宽度 w2
//          小图像在大图像中的起始位置(x0,y0)
//输出参数:合成的图像 p1[][][]
void Compose(BYTE p1[3][500][500], int h1, int w1,
             BYTE p2[3][500][500], int h2, int w2, int x0, int y0)
 {for (int y=0; y<h2; y++)
    for (int x=0; x<w2; x++)
      if(y+y0<h1 && x+x0<w1)
        if(p2[0][y][x]!=255 || p2[1][y][x]!=255 || p2[2][y][x]!=255)
          for(int k=0;k<3;k++)
            p1[k][y+y0][x+x0]=p2[k][y][x];
 }
```

合成的图像如图 9-15（c）所示。

【案例 9-4】 将如图 9-16（a）、（b）所示的两幅图像合成画中画样式。

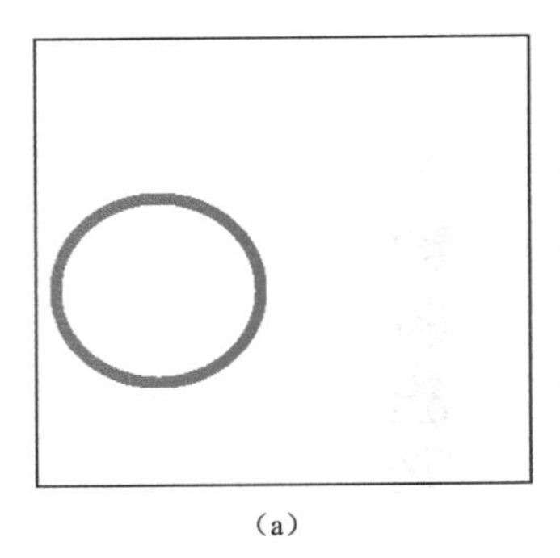

(a)

(b)

(c)

图 9-16 图像合成

（a）图案图像；（b）需要处理的图像；（c）画中画

合成的图像如图 9-16（c）所示。

图像合成的程序设计如下：

设图 9-16（a）为图案图像，保存在 p1 [ ] [ ] [ ] 中，高度为 h1、宽度为 w1；图案图像中圆圈内设为黑色，但程序显示时不显示黑色，圆圈外为白色。设图 9-16（b）为需要处理的图像，保存在 p2 [ ] [ ] [ ] 中，高度为 h2、宽度为 w2，（X，Y）为在图像中需要显示的起始位置。

1）将图像缩小后放入圆圈内。

```
CDC *p=GetDC();
for( int y=0; y<h2; y+=2)
  for(int x=0; x<w2; x+=2)
      { x1=x/2; y1=y/2;                    //图像缩小一倍
        if((X+x1)<w1 && (Y+y1)<h1)         //图像不超过图案的范围
         if(p1[0][Y+y1][X+x1]==0 && p1[1][Y+y1][X+x1]==0 && p1[2][Y+y1][X+x1]==0)
          p->SetPixel(X+x1,Y+y1,RGB(p2[0] [y][x],p2[1] [y][x],p2[2] [y][x]));
                                           //圆圈内显示图像
      }
```

2）将图像放大后放入圆圈外。

```
for(y=Y; y<h2-1; y++)
  for(int x=X; x<w2-1; x++)
      {x1=s*x,y1=s*y;                                  //图像放大 s 倍
       if((x1-X*2)<w1 && (y1-Y*2)<h1)                  //图像不超过图案的范围
         for(int j=0; j<s; j++)
           for(int i=0; i<s; i++)
               {for(int k=0; k<3; k++)
                  c1=i/(s-1)*(1.0*p2[k][y][x+1]-p2[k][y][x])+p2[k][y][x],
                  c2=i/(s-1)*(1.0*p2[k][y+1][x+1]-p2[k][y+1][x])+p2[k][y+1][x],
                  C[k]=j/(s-1)*(c2-c1)+c1;             //放大图像双线性插值
                if(p1[0][y1-Y*2+j][x1-X*2+i]==255 && p1[1][y1-Y*2+j][x1-X*2+i]==255
                   && p1[2][y1-Y*2+j][x1-X*2+i]==255)
                   p->SetPixel(x1-X*2+i,y1-Y*2+j,RGB(C[0],C[1],C[2]));
                                                       //圆圈外显示图像
               }
   }
```

其他图案及图像的合成示例如图 9-17 所示。

（a）　（b）

图 9-17　其他图案及图像的合成

（a）合成图像 1；（b）合成图像 2

【案例 9-5】 将如图 9-18（a）、（b）所示的两幅图像合在一起，达到更换发型的效果。

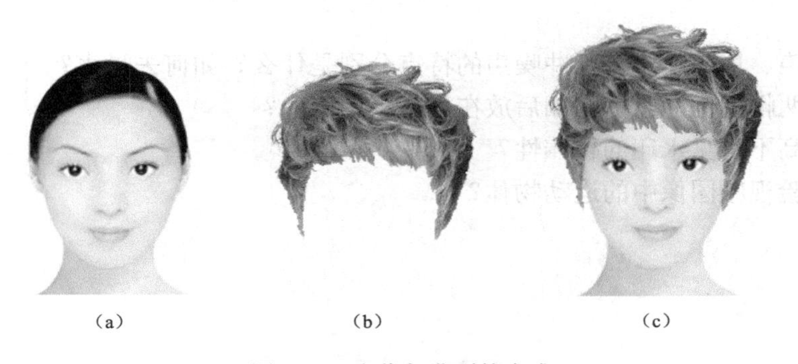

（a）　（b）　（c）

图 9-18　人像与发型的合成

（a）人像；（b）发型图像；（c）合成效果

合成效果如图 9-18（c）所示。

图像合成的程序设计如下：

设人像保存在 p1 [] [] [] 中，高度为 h1、宽度为 w1；发型图像保存在 p2 [] [] [] 中，高度为 h2、宽度为 w2，发型图像除了发型，其他区域为白色。

在鼠标左键按下的响应函数中编写如下代码：

```
void CMyDlg::OnLButtonDown(UINT nFlags, CPoint point)
 {CDC *p=GetDC();
  for(int y=0; y<h1; y++)
    for(int x=0; x<w1; x++)
      p->SetPixel(x,y,RGB(p1[0][y][x],p1[1][y][x],p1[2][y][x]));//重绘人像
    for( y=0; y<h2; y++)
      for(int x=0; x<w2; x++)
        if(p2[0][y][x]!=255&&p2[1][y][x]!=255&&p2[2][y][x]!=255)
          //只绘制发型图像中的头发,为了避免其他非头发区挡住人像
          p->SetPixel(x+point.x,y+point.y,RGB(p2[0][y][x],p2[1][y][x],p2[2][y][x]));
    CDialog::OnLButtonDown(nFlags, point);
 }
```

人像与不同发型合成的效果如图 9-19 所示。

图 9-19　人像与不同发型合成的效果

习　题

1．高斯噪声、均匀噪声与脉冲噪声的特点分别是什么？如何去噪声？

2．如何将两幅图像的水印叠加后放在第三幅图像中？

3．如何提高不可见水印的鲁棒性？

4．如何检验视频图像中的运动物体？

第10章　图　像　复　原

图像复原就是改善给定图像的质量并尽可能地恢复原图像。图像在形成、传输和记录过程中，受各种因素的影响，图像的质量会有所下降，其典型表现为图像有噪声、模糊、畸变等。这种质量下降的过程一般称为图像的退化。图像复原（或称图像恢复）的目的就是尽可能恢复被退化图像的原始内容。因此，需要研究各种复原技术对图像进行校正。本章主要介绍图像退化/复原模型、有噪声图像的复原、逆滤波复原、维纳滤波复原、约束最小平方滤波和几何畸变校正等。

10.1　图像退化/复原模型

图像复原是试图利用退化过程的先验知识使已退化的图像恢复本来面目。典型的图像复原是根据退化的原因，分析引起退化的环境因素，建立相应的数学退化模型，以此模型为基础，采用各种反退化处理方法，恢复原图像。建立图像退化的反向过程的数学模型是图像复原的主要任务。要想经过图像退化反向过程的数学模型的运算，恢复全真的景物图像是比较困难的。所以，图像复原本身往往需要有一个质量标准，即衡量接近全真景物图像的程度。确定复原后图像的质量标准后，就能对所期望的结果做出符合某种标准的最佳估计。

由于引起退化的因素众多而且性质各不相同，为描述图像退化过程所建立的数学模型往往多种多样，而图像复原的质量标准也往往存在差异，因此图像复原是一个复杂的数学过程，图像复原的方法、技术也各不相同。

这里介绍的一个图像退化/复原模型为：利用一个退化函数 $H(x, y)$和一个加性噪声 $n(x, y)$对一幅输入图像 $f(x, y)$进行处理，产生一幅退化后的图像 $g(x, y)$。图像复原的目的就是获取原始图像的一个估计 $f'(x, y)$，如图 10-1 所示。通常，我们希望这一估计尽可能地接近原始输入图像，并且 $H(x, y)$和 $n(x, y)$的信息知道得越多，$f'(x, y)$就越接近 $f(x, y)$。

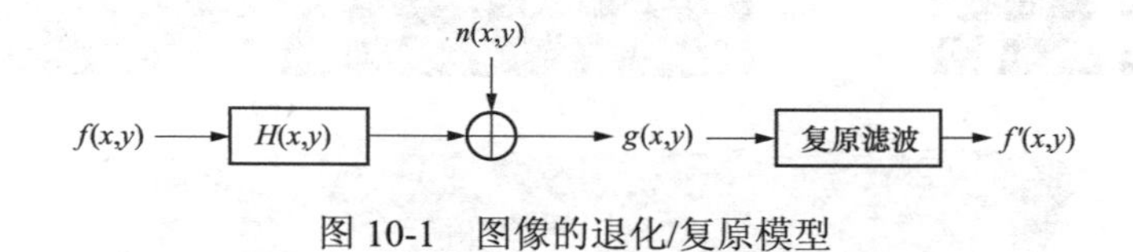

图 10-1　图像的退化/复原模型

10.2　有噪声图像的复原

下面介绍如何在空间域中复原仅有噪声干扰的图像。

10.2.1　均值滤波法

1. 算术均值滤波器

设 S_{xy} 表示中心在(x, y)处、大小为 $m\times n$（m、n 为奇数）的矩形子图像窗口（邻域）的一组坐标，在点(x, y)处复原图像f'的值，就是计算S_{xy}中的算术均值。算术均值滤波器由式（10-1）给出：

$$f'(x,y)=\frac{1}{mn}\sum_{(s,t)\in S_{xy}} g(s,t) \tag{10-1}$$

该方法实际上就是3.4.3中介绍的均值滤波器。

图像算术均值滤波函数的程序设计如下：

```
//输入参数:原灰度图像 f[][],原图像高度 h 与宽度 w,滤波器大小 m、n(一般为奇数)
//输出参数:滤波后的图像 g[][](没有处理边界像素)
void num_filter(BYTE f[500][500], long h, long w, int m, int n, BYTE g[500][500])
 {int n2=n/2,m2=m/2,mn=m*n;
  for (int y=m2; y<h-m2; y++)
    for (int x=n2; x<w-n2; x++)
     {  float s=0;
        for(int j=-m2; j<=m2; j++)
          for(int i=-n2; i<=n2; i++)
            s+=f[y+j][x+i];
         g[y][x]=s/mn;
     }
 }
```

对如图10-2（a）所示的原图像，经过均值为0、标准差为10的高斯噪声，b–a为40的均值噪声，概率为0.1的胡椒噪声，概率为0.1的盐粒噪声干扰后的结果分别如图10-2（b）、（c）、（d）、（e）的左侧所示；经过3×3邻域的算术均值滤波复原，结果分别如图10-2（b）、（c）、（d）、（e）的右侧所示。可以看出，算术均值滤波能降低一些噪声，但会模糊图像。从图10-2（d）、（e）的右侧可以看出，算术均值滤波对椒盐噪声的去噪效果不太好。

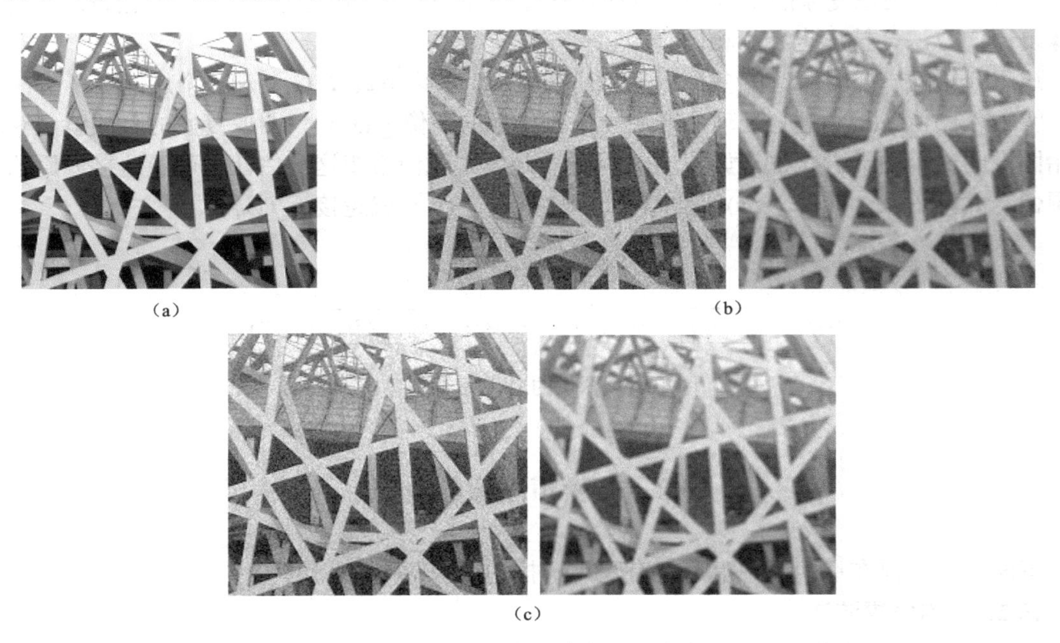

（a）　　（b）

（c）

图10-2　不同噪声图像的算术均值滤波（一）

（a）原图；（b）高斯噪声图像及滤波后的图像；（c）均匀噪声图像及滤波后的图像

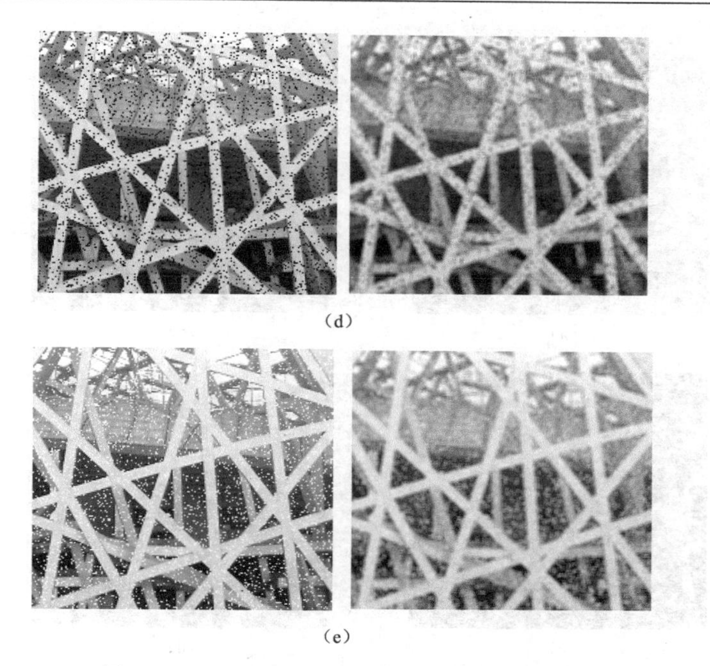

（d）

（e）

图 10-2 不同噪声图像的算术均值滤波（二）

（d）胡椒噪声图像及滤波后的图像；（e）盐粒噪声图像及滤波后的图像

2. 几何均值滤波器

几何均值滤波器由式（10-2）给出：

$$f'(x,y)=\left[\prod_{(s,t)\in S_{xy}} g(s,t)\right]^{\frac{1}{mn}} \tag{10-2}$$

其中，每个复原的像素由邻域窗口中像素乘积的 $1/mn$ 次幂给出。

图像几何均值滤波函数的程序设计如下：

```
//输入参数:原灰度图像 f[][],原图像高度 h 与宽度 w,滤波器大小 m、n(一般为奇数)
//输出参数:滤波后的图像 g[][](没有处理边界像素)
void geo_filter(BYTE f[500][500], long h, long w, int m, int n, BYTE g[500][500])
 {  int n2=n/2, m2=m/2, mn=m*n;
    for (int y=m2; y<h-m2; y++)
      for (int x=n2; x<w-n2; x++)
       {  double s=1;
          for(int j=-m2; j<=m2; j++)
            for(int i=-n2; i<=n2; i++)
              if(f[y+j][x+i]!=0)s=s*f[y+j][x+i];
          g[y][x]=pow(s,1.0/mn);
       }
 }
```

对图 10-2 中受高斯噪声、均值噪声、胡椒噪声、盐粒噪声干扰后的图像，进行几何均值滤波复原，结果如图 10-3 所示。可以看出，几何均值滤波不仅不能去除胡椒噪声，而且还加强了噪声。对于其他噪声，与算术均值滤波相比，经几何均值滤波后图像中的边界要稍微清晰一些，而且去除盐粒噪声的效果要更好。

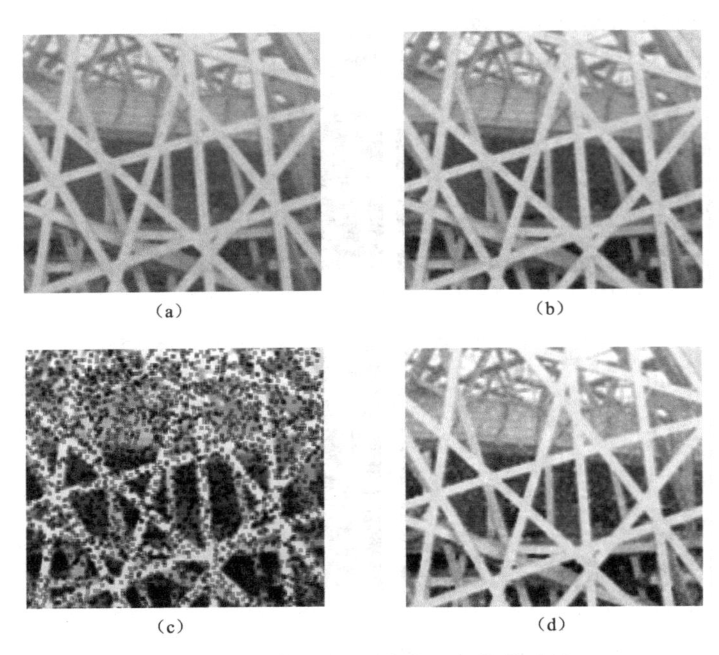

图 10-3 不同噪声图像的几何均值滤波

（a）高斯噪声滤波结果；（b）均值噪声滤波结果；（c）胡椒噪声滤波结果；（d）盐粒噪声滤波结果

3. 谐波均值滤波器

谐波均值滤波器由式（10-3）给出：

$$f'(x,y)=\frac{mn}{\sum_{(s,t)\in S_{xy}}\frac{1}{g(s,t)}} \tag{10-3}$$

图像谐波均值滤波函数的程序设计如下：

```
//输入参数:原灰度图像 f[][],原图像高度 h 与宽度 w,滤波器大小 m、n(一般为奇数)
//输出参数:滤波后的图像 g[][](没有处理边界像素)
void har_filter(BYTE f[500][500], long h, long w, int m, int n, BYTE g[500][500])
 {  int n2=n/2,m2=m/2,mn=m*n;
    for (int y=m2; y<h-m2; y++)
      for (int x=n2; x<w-n2; x++)
       {  float s=0;
          for(int j=-m2; j<=m2; j++)
            for(int i=-n2; i<=n2; i++)
              s+=1.0/f[y+j][x+i];
           g[y][x]=mn/s;
       }
 }
```

对图 10-2 中受高斯噪声、均值噪声、胡椒噪声、盐粒噪声干扰后的图像，进行谐波均值滤波复原，结果如图 10-4 所示。可以看出，谐波均值滤波不适用于胡椒噪声，但对盐粒噪声的效果较好。对于其他噪声，与几何均值滤波相比，经谐波均值滤波后图像中的边界更清晰。

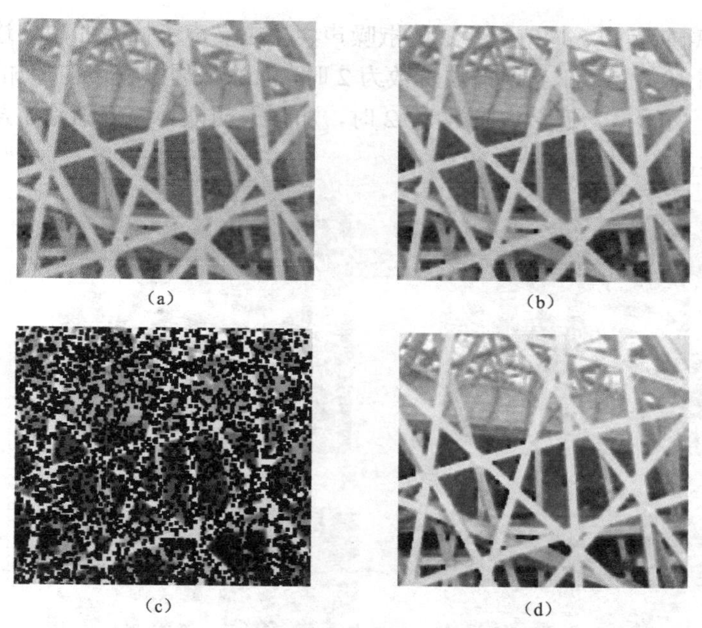

(a) (b)

(c) (d)

图 10-4 不同噪声图像的谐波均值滤波

(a) 高斯噪声滤波结果；(b) 均值噪声滤波结果；(c) 胡椒噪声滤波结果；(d) 盐粒噪声滤波结果

4. 逆谐波均值滤波器

逆谐波均值滤波器由式（10-4）给出：

$$f'(x,y)=\frac{\sum\limits_{(s,t)\in S_{xy}} g(s,t)^{Q+1}}{\sum\limits_{(s,t)\in S_{xy}} g(s,t)^{Q}} \tag{10-4}$$

式中：Q 为逆谐波阶数，当 Q 为正时，消除胡椒噪声；当 Q 为负时，消除盐粒噪声；当 $Q=0$ 时，逆谐波均值滤波器简化为算术均值滤波器；当 $Q=-1$ 时，逆谐波均值滤波器简化为谐波均值滤波器。

图像逆谐波均值滤波函数的程序设计如下：

```
//输入参数:原灰度图像 f[][],原图像高度 h 与宽度 w,滤波器大小 m、n(一般为奇数)
//输出参数:滤波后的图像 g[][](没有处理边界像素)
void har1_filter(BYTE f[500][500], long h, long w, int m, int n, int q,
                 BYTE g[500][500])
 {  int n2=n/2,m2=m/2,mn=m*n;
    float s1,s2,s;
    for (int y=m2; y<h-m2; y++)
      for (int x=n2; x<w-n2; x++)
        {  s1=0,s2=0;
           for(int j=-m2; j<=m2; j++)
             for(int i=-n2; i<=n2; i++)
              {s1=s1+pow(f[y+j][x+i],q);
               s2=s2+pow(f[y+j][x+i],q+1);
              }
           g[y][x]=s2/s1;
        }
 }
```

对图 10-2 中受高斯噪声、均值噪声、胡椒噪声、盐粒噪声干扰后的图像进行逆谐波均值滤波复原，结果如图 10-5 所示。当逆谐波阶数为 2 时，消除了胡椒噪声但却加强了盐粒噪声，如图 10-5（e）、（g）所示；当逆谐波阶数为–2 时，加强了胡椒噪声但消除了盐粒噪声，如图 10-5（f）、（h）所示。

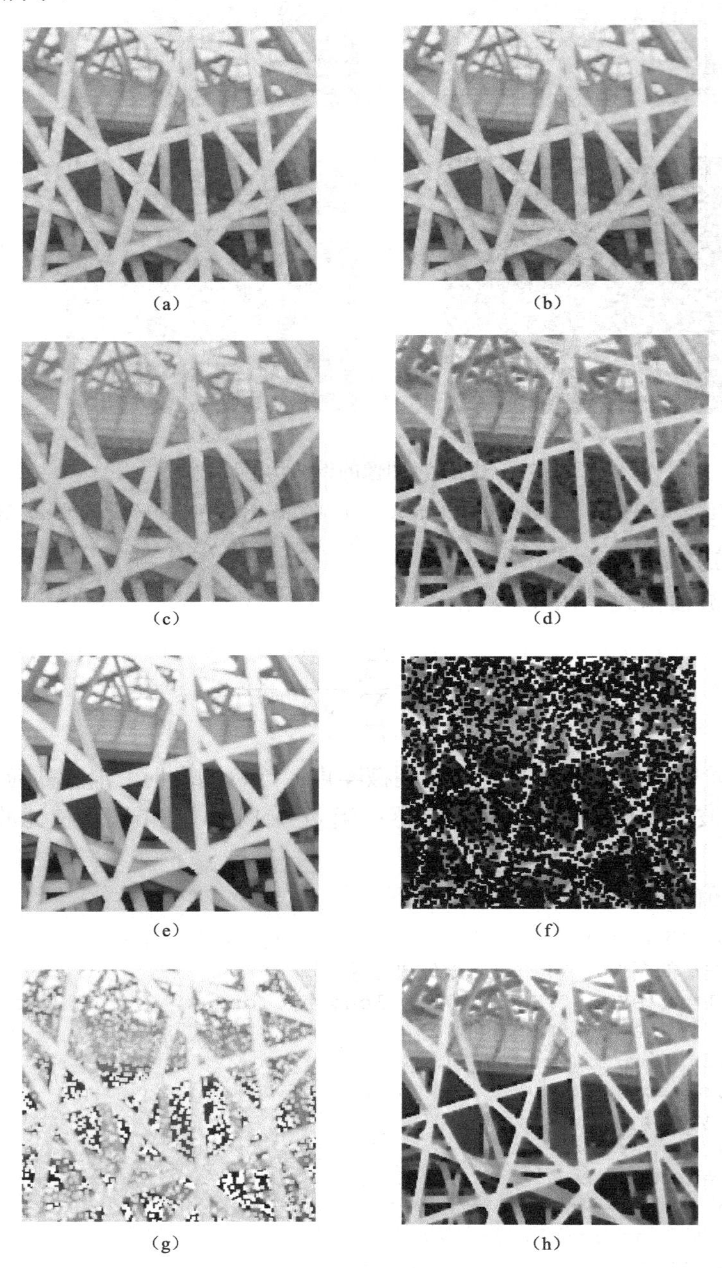

（a） （b） （c） （d） （e） （f） （g） （h）

图 10-5 不同噪声图像的逆谐波均值滤波

（a）高斯噪声滤波结果（$Q=2$）；（b）高斯噪声滤波结果（$Q=-2$）；（c）均值噪声滤波结果（$Q=2$）；（d）均值噪声滤波结果（$Q=-2$）；（e）胡椒噪声滤波结果（$Q=2$）；（f）胡椒噪声滤波结果（$Q=-2$）；（g）盐粒噪声滤波结果（$Q=2$）；（h）盐粒噪声滤波结果（$Q=-2$）

10.2.2 统计排序滤波法

1. 中值滤波器

中值滤波的目的是在保留图像边缘的同时去除点状噪声。把以某点（x，y）为中心的小区域（滤波器）内的所有像素的灰度按大小顺序排列，将中间值作为（x，y）处的灰度值，一般小区域有奇数个像素。中值滤波器由式（10-5）给出：

$$f'(x,y) = \underset{(s,y)\in S_{xy}}{\text{median}}\{g(s,t)\} \tag{10-5}$$

当3×3滤波器的中心对准图10-6（a）中左上角小圆内的灰度值5时，区域内的像素灰度按从小到大的顺序排列为：1、1、1、1、1、1、1、1、5，中值为1，经中值滤波后，结果为图10-6（b）中左上角的1。当滤波器的中心对准图10-6（a）中右上角小圆内的灰度值0时，区域内的像素灰度按从小到大的顺序排列为：0、5、5、5、5、5、5、5、5，中值为5，经中值滤波后，结果为图10-6（b）中右上角的5。当小区域在图像中移动时，按类似方法计算，可得出处理后的图像，如图10-6（b）所示。可以看出，中值滤波去除了点状噪声0和5。

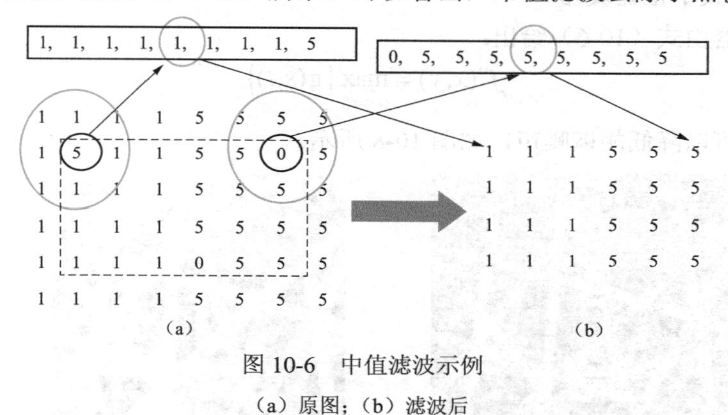

图10-6 中值滤波示例

（a）原图；（b）滤波后

中值滤波函数Mid的程序设计如下：

```
//输入参数:原灰度图像 f[][],图像高度 h,图像宽度 w,滤波器长度 n
//输出参数:滤波后的图像 g[][]
void Mid(BYTE f[][500], int h, int w, int n, BYTE g[][500])
 {  int a[100],N=n*n; BYTE T;
    for(int y=0; y<h; y++)
      for(int x=0; x<w; x++)
       {if(x<n/2 && x>w-n/2 && y<n/2 && y>h-n/2)
          {g[y][x]=f[y][x];continue;}
        int k=0;
        for(int s=-n/2; s<=n/2; s++)
          for(int t=-n/2; t<=n/2; t++)
              a[k++]=f[y+t][x+s];                    //将区域像素灰度存入一维数组
        for(int i=0; i<N-1; i++)
          for(int j=0; j<N-i-1; j++)
              if(a[j]>a[j+1])                        //对一维数组进行排序
                T=a[j],a[j]=a[j+1], a[j+1]=T;
        g[y][x]=a[N/2];                              //取中间像素的灰度
       }
 }
```

中值滤波对于被椒盐噪声污染的图像有很好的处理效果。对含椒盐噪声的图像［见图

10-7（a)］进行中值滤波复原，结果如图 10-7（b）所示。

（a）　　　　　　（b）

图 10-7　中值滤波

（a）椒盐噪声图像；（b）中值滤波结果

2. 最大值和最小值滤波器

最大值滤波器由式（10-6）给出：

$$f'(x,y)=\max_{(s,t)\in S_{xy}}\{g(s,t)\} \tag{10-6}$$

最大值滤波可以降低胡椒噪声，如图 10-8 所示。

（a）　　　　　　（b）

图 10-8　最大值滤波

（a）胡椒噪声图像；（b）最大值滤波结果

最小值滤波器由式（10-7）给出：

$$f'(x,y)=\min_{(s,t)\in S_{xy}}\{g(s,t)\} \tag{10-7}$$

最小值滤波可以降低盐粒噪声，如图 10-9 所示。

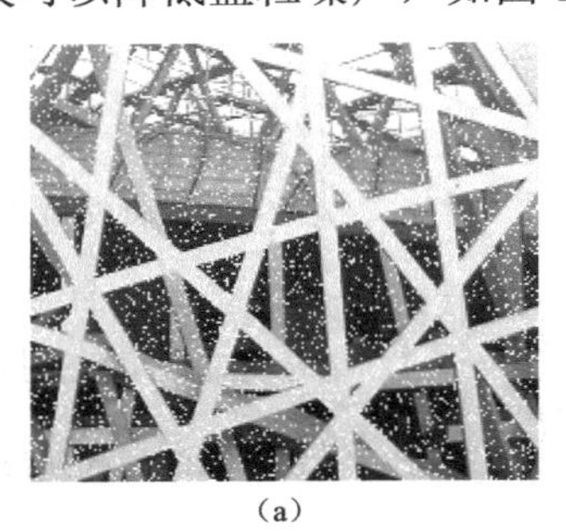

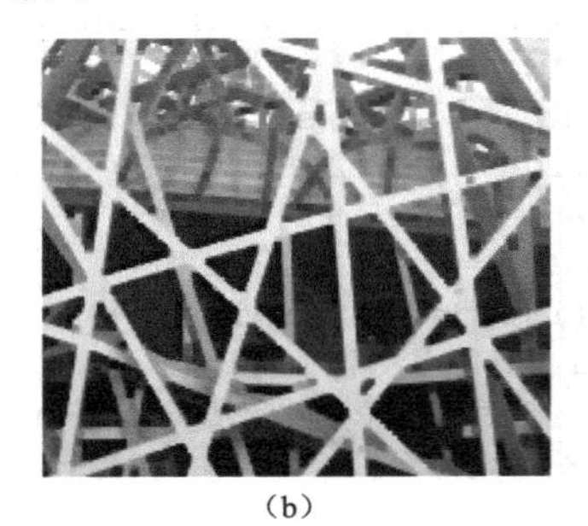

（a）　　　　　　（b）

图 10-9　最小值滤波

（a）盐粒噪声图像；（b）最小值滤波结果

图像最大值滤波函数的程序设计如下：

```
//输入参数:原灰度图像 f[][],原图像高度 h 与宽度 w,滤波器大小 m、n
//输出参数:滤波后的图像 g[][]
void max_filter(BYTE f[500][500], long h, long w, int m, int n, BYTE g[500][500])
 {int n2=n/2,m2=m/2,mn=m*n;
  for (int y=m2; y<h-m2; y++)
    for (int x=n2; x<w-n2; x++)
       {  BYTE fmax=0;
          for(int j=-m2; j<=m2; j++)
            for(int i=-n2; i<=n2; i++)
              if(f[y+j][x+i]>fmax)fmax=f[y+j][x+i];
          g[y][x]=fmax;
       }
 }
```

图像最小值滤波函数的程序设计如下：

```
//输入参数:原灰度图像 f[][],原图像高度 h 与宽度 w,滤波器大小 m、n
//输出参数:滤波后的图像 g[][]
void min_filter(BYTE f[500][500], long h, long w, int m, int n, BYTE g[500][500])
 {int n2=n/2,m2=m/2,mn=m*n;
  for (int y=m2; y<h-m2; y++)
    for (int x=n2; x<w-n2; x++)
     {  BYTE fmin=255;
        for(int j=-m2; j<=m2; j++)
          for(int i=-n2; i<=n2; i++)
            if(f[y+j][x+i]<fmin)fmin=f[y+j][x+i];
        g[y][x]=fmin;
     }
 }
```

3. 中点滤波器

中点滤波的目的是计算邻域中最大值和最小值之间的中点。中点滤波器由式（10-8）给出：

$$f'(x,y)=\frac{1}{2}[\max_{(s,t)\in S_{xy}}\{g(s,t)\}+\min_{(s,t)\in S_{xy}}\{g(s,t)\}] \tag{10-8}$$

中点滤波不适用于减弱椒盐噪声，而可用于减弱高斯噪声或均值噪声，如图 10-10 所示。

（a）

（b）

图 10-10　不同噪声图像的中点滤波（一）

（a）高斯噪声图像；（b）高斯噪声中点滤波

（c）

（d）

图 10-10　不同噪声图像的中点滤波（二）

（c）均值噪声图像；（d）均值噪声中点滤波

图像中点滤波函数的程序设计如下：

```
//输入参数:原灰度图像 f[][],原图像高度 h 与宽度 w,滤波器大小 m、n
//输出参数:滤波后的图像 g[][]
void mid_filter(BYTE f[500][500], long h, long w, int m, int n, BYTE g[500][500])
 {int n2=n/2,m2=m/2,mn=m*n;
  float s1,s2,s;
  for (int y=m2; y<h-m2; y++)
    for (int x=n2; x<w-n2; x++)
     {  BYTE fmax=0,fmin=255;
        for(int j=-m2; j<=m2; j++)
          for(int i=-n2; i<=n2; i++)
           {if(f[y+j][x+i]>fmax)fmax=f[y+j][x+i];
            if(f[y+j][x+i]<fmin)fmin=f[y+j][x+i];
           }
        g[y][x]=(fmax+fmin)/2;
     }
 }
```

4. 修正的阿尔法均值滤波器

在邻域内去掉 $d/2$ 个最低的灰度值和 $d/2$ 个最高的灰度值，则剩下的 $mn-d$ 个像素的灰度 g_r（s，t）的平均值就是修正的阿尔法均值滤波器，其由式（10-9）给出：

$$f'(x,y)=\frac{1}{mn-d}\sum_{(s,t)\in S_{xy}} g_r(s,t) \tag{10-9}$$

式中：d 的取值范围为 0～$mn-1$。当 $d=0$ 时，修正的阿尔法均值滤波器就变为算术均值滤波器；当 $d=mn-1$ 时，修正的阿尔法均值滤波器就变为中值滤波器。因此，可以认为修正的阿尔法均值滤波器介于算术均值滤波器和中值滤波器之间，能够减弱多种噪声。

图 10-11（a）为被高斯（标准差为 10）与胡椒（概率是 0.05）混合噪声污染的图像，对其进行 3×3 邻域、$d=4$ 的修正的阿尔法均值滤波复原，结果如图 10-11（b）所示。图 10-11（c）为被均匀（$b-a=40$）与盐粒（概率是 0.05）混合噪声污染的图像，对其进行 3×3 邻域、$d=4$ 的修正的阿尔法均值滤波复原，结果如图 10-11（d）所示。

修正的阿尔法均值滤波函数的程序设计如下：

```
//输入参数:原灰度图像 f[][],原图像高度 h 与宽度 w,滤波器大小 m、n
//输出参数:滤波后的图像 g[][]
```

```
void alpha(BYTE f[500][500], int h, int w, int m, int n, int d, BYTE g[500][500])
 {int m2=m/2,n2=n/2,t,mn=m*n,d2=d/2;
  int a[100];
  for(int y=m2; y<h-m2; y++)
    for(int x=n2; x<w-n2; x++)
     { int k=0;
       for(int k1=-m2; k1<=m2; k1++)
         for(int k2=-n2; k2<=n2; k2++)
           a[k++]=f[y+k1][x+k2];                          //将区域像素灰度存入一维数组
       for(int i=0; i<mn; i++)
         for(int j=0; j<mn-i-1; j++)
           if(a[j]>a[j+1])                                //对一维数组进行排序
            {  t=a[j];
               a[j]=a[j+1];
               a[j+1]=t;
            }
       float s=0;
       for(i=d2; i<mn-d2; i++)
             s+=a[i];
       g[y][x]=s/(mn-d);                                  //取中间像素的灰度均值
     }
 }
```

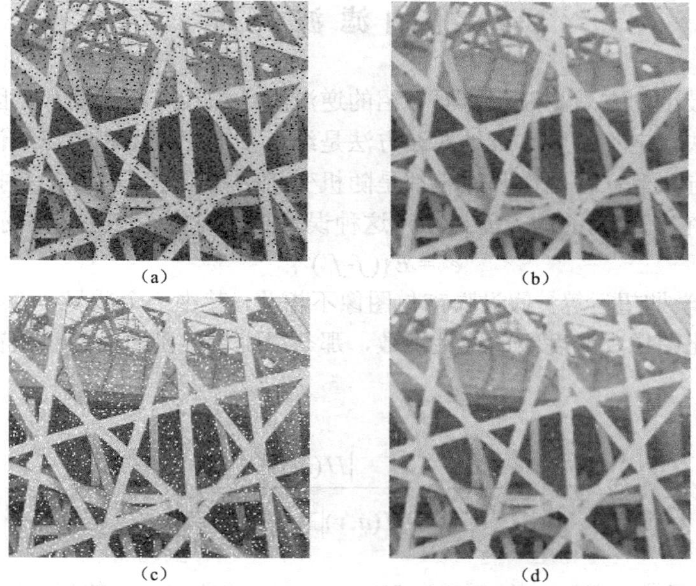

图 10-11 不同噪声图像的修正的阿尔法均值滤波

(a) 高斯与胡椒混合噪声图像；(b) 修正的阿尔法均值滤波结果 1；(c) 均值与盐粒混合噪声图像；(d) 修正的阿尔法均值滤波结果 2

10.3 逆滤波复原

由如图 10-1 所示的图像退化/复原模型可知，如果 H 是一个线性的、位置不变的过程，则空间域的退化图像可表示为：

$$g(x,y)=h(x,y)\bigstar f(x,y)+n(x,y) \tag{10-10}$$

式中：$h(x,y)$是退化函数的空间表示，★表示空间卷积。因为空间的卷积等于频率域的乘积，因此可将式（10-10）写成等价的频率域表示：

$$G(u,v)=H(u,v)F(u,v)+N(u,v) \tag{10-11}$$

如果退化函数已知，那么最简单的复原方法就是直接做逆滤波。假设噪声已忽略，则：

$$F(u,v)=\frac{G(u,v)}{H(u,v)} \tag{10-12}$$

可见，如果知道 $g(x,y)$和 $h(x,y)$，也就知道了 $G(u,v)$和 $H(u,v)$。根据式（10-12），即可得出 $F(u,v)$，再经过反傅里叶变换就能求出 $f(x,y)$，这就是逆滤波复原方法。

用逆滤波方法进行图像复原时，由于 $H(u,v)$在分母上，当 $H(u,v)$很小或等于零时，就会导致不稳定解。因此，即使没有噪声，一般也不可能精确地复原 $f(x,y)$。如果考虑噪声项 $n(x,y)$，则出现零点时，噪声项将被放大，零点的影响将会更大，对复原的结果起主导地位，这就是无约束图像复原模型的病态性质。它意味着退化图像中小的噪声干扰在 $H(u,v)$取得很小值的那些频谱上将对恢复图像产生很大的影响。为了克服这种不稳定性，一种改进方法是限制滤波的频率。我们知道，$H(0,0)$在频率域中通常是 $H(u,v)$的最高值。因此，将频率限制在原点附近进行分析，就可以减少遇到零的概率。

10.4 维纳滤波复原

维纳滤波也称最小均方差滤波。前面介绍的逆滤波方法没有考虑噪声，因此在有噪声的情况下，逆滤波方法肯定不适用。维纳滤波方法是综合了退化模型和噪声统计特征而进行复原处理的方法，该方法建立在图像和噪声都是随机变量的基础上。其目的是找到未污染图像 f 的一个估计 f'，使它们之间的均方差最小，这种误差函数由式（10-13）表示：

$$e^2=E\{(f-f')^2\} \tag{10-13}$$

式中：$E\{\cdot\}$代表数学期望运算。假设噪声与图像不相关，其中一个或另一个有零均值，且估计中的灰度级是退化图像中灰度级的线性函数，那么以上误差函数的最小值在频率域中由式（10-14）给出：

$$F'(u,v)=\left[\frac{1}{H(u,v)}\cdot\frac{|H(u,v)|^2}{|H(u,v)|^2+\dfrac{S_n(u,v)}{S_f(u,v)}}\right]G(u,v) \tag{10-14}$$

式中：$H(u,v)$为退化函数；$|H(u,v)|^2=H^*(u,v)H(u,v)$, $H^*(u,v)$是 $H(u,v)$的复共轭；$S_n(u,v)=|N(u,v)|^2$ 是噪声的功率谱；$S_f(u,v)=|F(u,v)|^2$ 是未退化图像的功率谱。

如果噪声为零，则噪声的功率谱也为零，维纳滤波就变为逆滤波。如果不知道噪声的统计性质，也就是 $S_f(u,v)$和 $S_n(u,v)$未知时，式（10-14）可近似地表示为式（10-15）：

$$F'(u,v)\approx\left[\frac{H^*(u,v)}{|H(u,v)|^2+K}\right]G(u,v) \tag{10-15}$$

式中：K 是一个特定常数，可通过多次复原实验确定。

10.5 约束最小平方滤波

约束最小平方滤波是一种以平滑度为基础的图像复原方法，它仍然以最小二乘方滤波复原为基础。

我们知道，图像增强的拉普拉斯算子$\nabla^2 f=\left(\frac{\partial^2}{\partial x^2}+\frac{\partial^2}{\partial y^2}\right)$，它具有突出边缘的作用；而$\iint \nabla^2 f\mathrm{d}x\mathrm{d}y$则恢复了图像的平滑性，因此在做图像恢复时可将其作为约束。在离散情况下，拉普拉斯算子可用式（10-16）所示的差分运算实现：

$$\begin{aligned}&\left[\frac{\partial^2 f(x,y)}{\partial x^2}+\frac{\partial^2 f(x,y)}{\partial y^2}\right]\\&=f(x+1,y)-2f(x,y)+f(x-1,y)+f(x,y+1)-2f(x,y)+f(x,y-1)\\&=f(x+1,y)+f(x-1,y)+f(x,y+1)+f(x,y-1)-4f(x,y)\end{aligned}\tag{10-16}$$

我们的期望是找一个最小准则函数C，其定义由式（10-17）给出：

$$C=\sum_{x=0}^{M-1}\sum_{y=0}^{N-1}[\nabla^2 f(x,y)]^2\tag{10-17}$$

其约束为

$$\|g-Hf'\|^2=\|n\|^2\tag{10-18}$$

式中：$\|w\|^2=w^{\mathrm{T}}w$是欧几里得向量范数。这个最佳化问题在频率域的解由式（10-19）给出：

$$F(u,v)=\left[\frac{H^*(u,v)}{|H(u,v)|^2+\gamma|P(u,v)|^2}\right]G(u,v)\tag{10-19}$$

式中：$P(u, v)$是函数

$$p(x,y)=\begin{bmatrix}0&1&0\\1&-4&1\\0&1&0\end{bmatrix}$$

的傅里叶变换。γ是一个参数，通过适当的调整可获得较好的图像复原效果。当γ为零时，就变为逆滤波。

10.6 几何畸变校正

数字图像在获取过程中，由于成像系统的非线性特征，成像后的图像与原景物图像相比，会产生比例失调，甚至扭曲，我们把这类图像退化现象称为几何畸变。几种典型的几何畸变如图 10-12 所示。

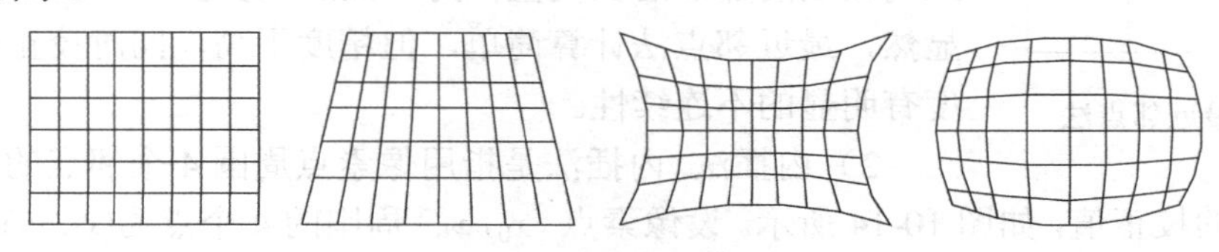

图 10-12 几种典型的几何畸变

一般几何畸变校正是要对畸变的图像进行精确的几何校正，通常是先确定一幅图像为基准，然后去校正另一幅图像的几何形状。因此，几何畸变校正一般分两步来做：第一步是图像空间坐标的变换；第二步是重新确定在校正空间内各像素点的取值。

（1）空间几何坐标变换。按照一幅标准图像 $g(u, v)$或一组基准点去校正另一幅几何畸变图像 $f(x, y)$，称为空间几何坐标变换。根据两幅图像的一些已知对应点对（也称控制点对）建立函数关系式，将畸变图像的 x-y 坐标系变换到标准图像的 u-v 坐标系，从而实现对畸变图像按标准图像的几何位置校正，使 $f(x, y)$中的每一像素点都可在 $g(u, v)$中找到对应的像素点。

（2）三角形线性法。图像的几何畸变虽然是非线性的，但在一个局部小区域内可近似地认为其是线性的。基于这一假设，可将标准图像和被校正图像之间的对应点划分成一系列小三角形区域，三角形顶点为三个控制点，在三角形区域内满足以下线性关系：

$$\begin{cases} x = au + bv + c \\ y = du + ev + f \end{cases} \tag{10-20}$$

若三对控制点在两个坐标系中的位置分别为(x_1, y_1)、(x_2, y_2)、(x_3, y_3)和(u_1, v_1)、(u_2, v_2)、(u_3, v_3)，则可建立两组方程组：

$$\begin{cases} x_1 = au_1 + bv_1 + c \\ x_2 = au_2 + bv_2 + c \\ x_3 = au_3 + bv_3 + c \end{cases} \tag{10-21}$$

$$\begin{cases} y_1 = du_1 + ev_1 + f \\ y_2 = du_2 + ev_2 + f \\ y_3 = du_3 + ev_3 + f \end{cases} \tag{10-22}$$

解以上方程组，可求出 a，b，c，d，e，f 六个系数。最后可实现该三角形区域内其他像素点的坐标变换。对于不同的三角形控制区域，这六个系数的值是不同的。

三角形线性法比较简单，能满足一定的精度要求，这是因为它是以局部范围内的线性畸变去处理大范围内的非线性畸变，所以选择的控制点对越多，分布越均匀，三角形区域的面积越小，则变换的精度越高。但是，控制点对过多又会导致计算量的增加，因此需要综合考虑。

（3）灰度值的确定。图像经几何位置校正后，在校正空间内各像素点的灰度值等于被校正图像对应点的灰度值。一般校正后的图像，其某些像素点可能挤压在一起或者分散开，不会恰好落在坐标点上，因此经常采用最近邻点法和内插法来求得这些像素点的灰度值。

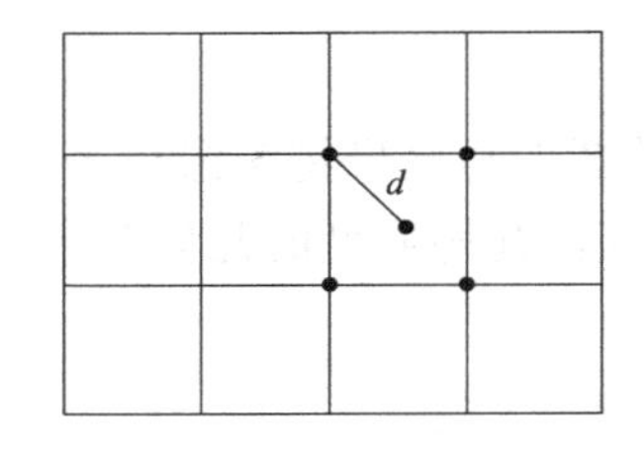

图 10-13 最近邻点法

1）最近邻点法。最近邻点法是指取与像素点相邻的 4 个点中距离最近的邻点的灰度值作为该点的灰度值，如图 10-13 所示。显然，最近邻点法计算简单，但精度不高，同时校正后的图像亮度有明显的不连续性。

2）内插法。内插法是指用像素点周围 4 个邻点的灰度值加权作为 $g(x_0, y_0)$的校正值，如图 10-14 所示。设像素点（x_0，y_0）周围的 4 个点为(x_1, y_1)、(x_1+1, y_1)、(x_1, y_1+1)、(x_1+1, y_1+1)，则校正值为：

$$g(x_0,y_0)=(1-\alpha)(1-\beta)f(x_1,y_1)+\alpha(1-\beta)f(x_1+1,y_1)$$
$$+(1-\alpha)\beta f(x_1,y_1+1)+\alpha\beta f(x_1+1,y_1+1) \tag{10-23}$$

式中：$\alpha=|x_0-x_1|$；$\beta=|y_0-y_1|$。

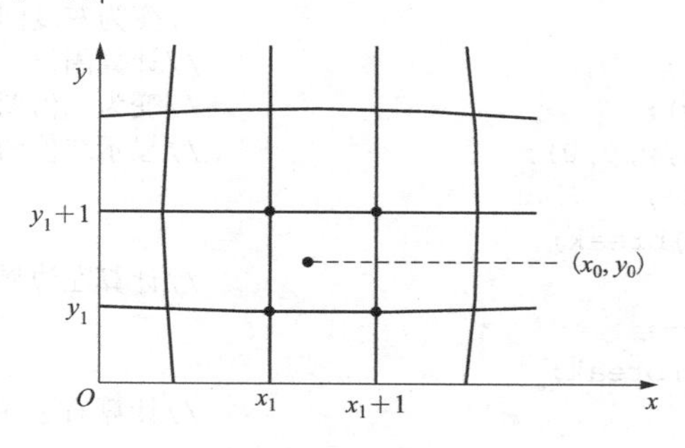

图 10-14　内插法

【案例 10-1】 对图 10-15（a）中暗背景、亮目标的四边形透视目标图像进行几何校正。

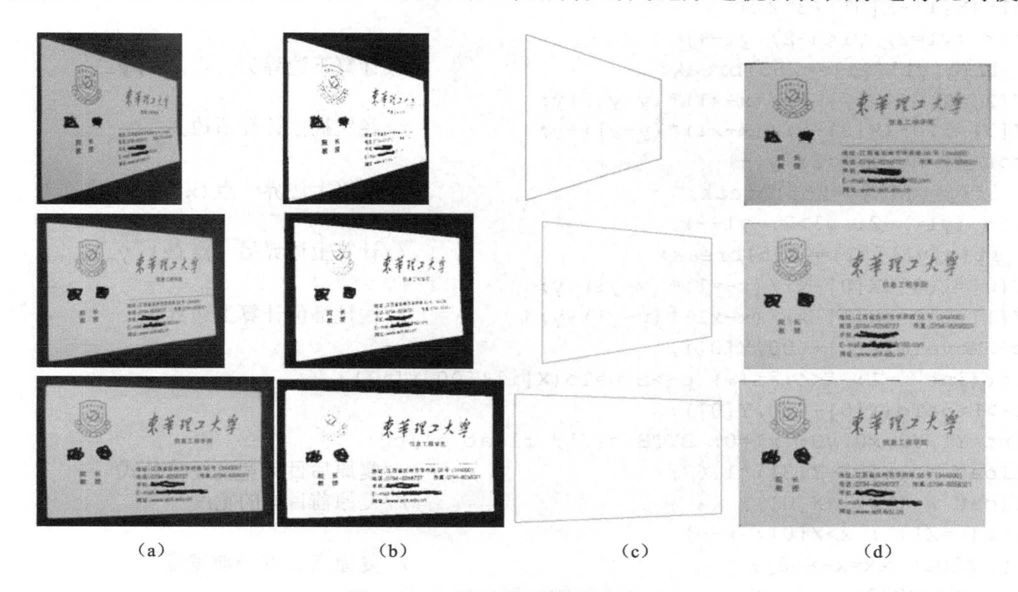

图 10-15　透视图像的几何校正

（a）目标图像；（b）二值图像；（c）目标边界；（d）还原图像

图 10-15（a）中图像的透视变形是由于目标平面与相机成像面不平行造成的，从而使得矩形变成了梯形，因此需要对梯形图像进行校正。校正的主要步骤包括：将图像变为灰度图像，再变为二值图像，如图 10-15（b）所示；然后提取目标边界的四个拐点，如图 10-15（c）所示；最后根据经验公式将图像中的目标进行还原，如图 10-15（d）所示。程序设计中的数组与变量的几何意义如图 10-16 所示。

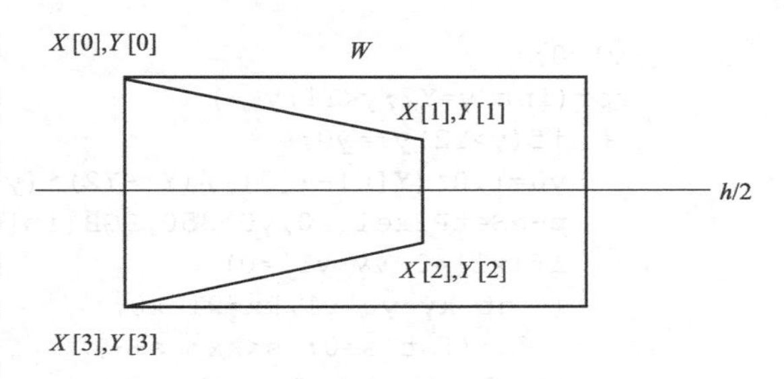

图 10-16　数组与变量的几何意义

几何畸变校正函数的程序设计如下：

```
BYTE f[500][500], g[500][500]; int X[4],Y[4],x1,y1,x,y;
CDC *p=GetDC(); float a[]={0.33,0.33,0.33};
Gray(im,h,w,a,f);                          //变为灰度图像
int t=Otsu(f, h, w);                       //计算阈值
GrayToTwo(f,h,w,t,g);                      //变为二值图
DispGrayImage(p,g,h,w,0,0);                //显示二值图
for (x=2; x<w-2; x++)
  if(g[h/2][x]==255)break;
X[0]=x,X[3]=x;                             //计算左边界 x 值
for (x=w-2; x>2; x--)
  if(g[h/2][x]==255)break;
X[1]=x,X[2]=x;                             //计算右边界 x 值
x=(X[1]-X[0])/3;
for (y=2; y<h-2; y++)
  if(g[y][x]==255)break;                   //计算下边界一点(x,y)
x1=(X[1]-X[0])/3*2;
for (y1=2; y1<h-2; y1++)
  if(g[y1][x1]==255)break;                 //计算下边界另一点(x1,y1)
Y[2]=1.0*(X[2]-x)/(x-x1)*(y-y1)+y;
Y[3]=1.0*(X[3]-x)/(x-x1)*(y-y1)+y;         //线性插值计算下边界
for (y=h-2; y>2; y--)
  if(g[y][x]==255)break;                   //计算上边界一点(x,y)
for (y1=h-2; y1>2; y1--)
  if(g[y1][x1]==255)break;                 //计算上边界另一点(x1,y1)
Y[0]=1.0*(X[0]-x)/(x-x1)*(y-y1)+y;
Y[1]=1.0*(X[1]-x)/(x-x1)*(y-y1)+y;         //线性插值计算上边界
p->MoveTo(X[0]+600,Y[0]);
for(int i=1; i<4; i++) p->LineTo(X[i]+600,Y[i]);
p->LineTo(X[0]+600,Y[0]);
int Y1,Y2,x0,y0; x1=0; BYTE c[3]; float c1,c2;
float W=(Y[0]-Y[3])*1.67;                  //复原后目标宽度经验公式
float w=(X[1]-X[0]);                       //复原前目标的宽度
for(x=X[1]; x>X[0]; x--)
 {  float wx=x-X[0];                       //复原点 x 的当前宽度
    if(x<X[1]) x1=x0;
    x0=x+pow(wx/w,2.5)*(W-X[1]);           //根据经验公式得到 x 复原后的坐标 x0
    Y1=1.0*(x-X[0])/(X[0]-X[1])*(Y[0]-Y[1])+Y[0];
    Y2=1.0*(x-X[3])/(X[3]-X[2])*(Y[3]-Y[2])+Y[3];
                                           //复原前在 x 处 y 的范围 Y1 到 Y2
    y1=0;
    for(int y=Y2;y<Y1;y++)
     {  if(y>Y2)y1=y0;
        y0=1.0*(Y[0]-Y[3])/(Y1-Y2)*(y-Y1)+Y[0];
        p->SetPixel(x0,y0+350,RGB(im[0][y][x],im[1][y][x],im[2][y][x]));
        if(x1!=0 && y1!=0)
        { int ky=y0-y1,kx=x1-x0;
          for(int s=0; s<kx; s++)
            for(int t=0; t<ky; t++)
             {for(int k=0; k<=2; k++)
```

```
        {c1=1.0*(kx-s)/kx*im[k][y][x]+1.0*s/kx*im[k][y][x+1];
         c2=1.0*(kx-s)/kx*im[k][y-1][x]+1.0*s/kx*im[k][y-1][x+1];
         c[k]=1.0*(ky-t)/ky*c1+1.0*t/ky*c2;           //双线性插值
        }
        p->SetPixel(x0+s,y0-t+350,RGB(c[0],c[1],c[2]));
      }
    }
  }
}
```

习 题

1．试述图像复原的基本过程。
2．常用的均值滤波器有哪几种？各自特点是什么？
3．常用的统计排序滤波器有哪几种？各自特点是什么？
4．逆滤波复原的基本原理是什么？它的主要难点是什么？如何克服？
5．什么是几何畸变？几何畸变校正一般分哪几步进行？

实 验 指 导

实验1　图像文件的读取

（1）实验目的：

1）了解获取24位BMP图像的途径。

2）掌握24位BMP图像文件的存储格式及运用高级语言编程读取文件的方法。

3）学会高级语言写点函数的编程方法、提示框的弹出、操作控件的使用及程序的调试与运行。

（2）实验内容：

打开并显示用户选择的24位BMP图像文件。

（3）实验步骤：

1）显示文件对话框，由用户选择图像文件。

2）打开图像文件。

3）读取图像文件头数据，如果第1、2字节的数据不是'B'和'M'，提示“不是BMP图像”，关闭文件并退出。

4）读取图像信息头数据，第27～30字节的数据不是24，提示“不是24位真彩图”，关闭文件并退出。

5）从第55字节处循环读取每个像素的R、G、B分量值存入三维数组im［］［］［］中。

6）通过写点函数将数组im中每个像素的颜色在屏幕中显示出来。

实验2　灰度图像变换

（1）实验目的：

1）了解图像的清除方法。

2）掌握灰度化的一种方法及幂律和分段线性变换方法。

3）学会直方图均衡化方法、高级语言编辑控件的数据输入方法。

（2）实验内容：

1）将彩色图像转变为灰度图像。

2）对灰度图进行反转处理。

3）对灰度图进行幂律变换以增加或减小灰度。

4）对灰度图进行分段线性变换以增加或减小对比度。

5）对灰度图进行直方图均衡化以增加对比度并绘制灰度直方图（选做内容）。

（3）实验步骤：

1）在实验1的基础上先打开BMP图像并显示。

2）将彩色图像用一种灰度化的方法变为灰度图像，存入数组 f [] [] 中并显示。

3）将灰度图像 f 中每个像素的灰度进行反转处理并显示。

4）将灰度图像 f 中每个像素的灰度进行幂律变换并显示，幂次通过用户输入，根据图像的特点，选择合适的幂次值以调整图像的灰度。

5）将灰度图像 f 中每个像素的灰度进行分段线性变换，各个系数通过用户输入，根据图像的特点，选择合适的系数，以增加对比度。

6）对灰度图像进行均衡化处理并显示结果。

7）将每种变换后的图像在不同的位置显示。

实验 3 灰度图像空间滤波

（1）实验目的：

1）了解滤波器的设计方法。

2）掌握基于滤波器的平滑和锐化方法。

3）学会高级语言组合控件的使用方法。

（2）实验内容：

1）输入一个滤波器的不同系数值，对灰度图像进行平滑或二阶锐化滤波。

2）输入两个滤波器的不同系数值，对灰度图像进行一阶锐化滤波。

3）将一幅图像变为白底黑边的素描图（选做内容）。

（3）实验步骤：

1）在实验 1 的基础上先打开 BMP 图像并显示。

2）将彩色图像用一种灰度化的方法变为灰度图像，存入数组 f [] [] 中并显示。

3）将灰度图像中每个像素的灰度值及 $n \times n$ 邻域中像素的灰度值与滤波器的相应系数进行滤波运算，对图像进行平滑或二阶锐化滤波处理，并显示结果。

4）将灰度图像中每个像素的灰度值及 $n \times n$ 邻域中像素的灰度值与两个滤波器的相应系数进行滤波运算，对图像进行一阶锐化滤波处理，并显示结果。

5）将一幅图像通过灰度变换、滤波变换、反转变换变为白底黑边的素描图。

实验 4 灰度图像投影

（1）实验目的：

1）了解投影的概念。

2）掌握灰度图像的微分投影和积分投影方法。

3）学会用高级语言绘制直线段的方法。

（2）实验内容：

1）绘制灰度图像的水平积分与水平微分投影曲线。

2）绘制灰度图像的垂直积分与垂直微分投影曲线。

3）根据投影曲线确定图像中简单目标的位置或范围（选做内容）。

（3）实验步骤：

1）在实验 1 的基础上先打开 BMP 图像并显示。

2）将彩色图像用一种灰度化的方法变为灰度图像，存入数组 f [ ] [ ] 中并显示。

3）计算灰度图像的水平积分与水平微分值，分别存入一维数组 p1 [ ]、p2 [ ]。

4）在灰度图像的右侧绘制 p1 [ ] 和 p2 [ ] 两条曲线。

5）计算灰度图像的垂直积分与垂直微分值，分别存入一维数组 q1 [ ]、q2 [ ]。

6）在灰度图像的下方绘制 q1 [ ] 和 q2 [ ] 两条曲线。

7）根据四条曲线的拐点或极值点确定图像中简单目标的位置或范围。

实验 5 彩色图像模糊处理

（1）实验目的：

1）了解彩色图像与灰度图像空间滤波处理的区别。

2）掌握彩色图像的平滑、镶嵌和扩散处理。

3）学会高级语言鼠标交互的方法。

（2）实验内容：

1）对彩色图像进行水平模糊、垂直模糊和四周模糊处理。

2）对彩色图像进行镶嵌和扩散处理。

3）根据鼠标确定模糊的中心位置，对局部进行平滑、镶嵌和扩散处理（选做内容）。

（3）实验步骤：

1）在实验 1 的基础上先打开 BMP 图像并显示。

2）提供给用户选择模糊范围及模糊方式（水平、垂直和四周）的权限，根据用户选择进行相应处理。

3）提供给用户选择镶嵌和扩散范围的权限，根据用户输入继续相应处理。

4）获取用户通过鼠标确定的位置，以该位置为中心对局部进行矩形范围内的平滑、镶嵌和扩散处理。

实验 6 图像几何变换

（1）实验目的：

1）了解正变换与逆变换的区别。

2）掌握彩色图像的镜像、旋转、比例变换方法。

3）学会高级语言复选控件的使用方法。

（2）实验内容：

1）彩色图像的平移与镜像变换。

2）彩色图像的比例变换。

3）彩色图像的旋转变换。

4）彩色图像的变形变换（选做内容）。

（3）实验步骤：

1）在实验 1 的基础上先打开 BMP 图像并显示。

2）提供给用户可以同时选择多种镜像变换方式（水平、垂直、水平与垂直）的权限，根据用户选择进行相应处理。水平镜像变换的结果平移到原图像右边显示，垂直镜像变换的结果平移到原图像下边显示，水平与垂直同时镜像变换的结果平移到原图像右下方显示。

3）提供给用户输入图像比例变换系数的权限，根据用户输入进行放大或缩小变换。

4）提供给用户输入图像旋转角度的权限，根据用户输入进行旋转变换并平移显示。

5）对图像进行变形变换。

实验7 二值图像处理

（1）实验目的：

1）了解二值图像的降噪方法。

2）掌握阈值分割图像的方法及二值图像的腐蚀、膨胀运算和开、闭运算。

3）学会高级语言单选控件的使用方法。

（2）实验内容：

1）计算灰度图像的阈值，将图像二值化。

2）对二值图像进行腐蚀与膨胀处理。

3）二值图像的轮廓提取。

4）二值图像的细化（选做内容）。

（3）实验步骤：

1）在实验1的基础上先打开BMP图像并显示。

2）将彩色图像用一种灰度化的方法变为灰度图像，存入数组f［］［］中并显示。

3）计算阈值，将灰度图像变为黑白二值图像，存入数组g［］［］中。

4）提供给用户可以单选目标灰度（黑或白）的权限，对二值图像进行腐蚀或膨胀处理，每次腐蚀或膨胀都是在前一次处理的结果图像的基础上进行的，可进行开、闭运算以去噪滤波。提供给用户设定结构元素大小的权限。

5）对g［］［］提取边界，存入t［y］［x］并显示。

6）对g［］［］进行细化并显示。

实验8 图像水印生成

（1）实验目的：

1）了解图像合成的方法。

2）掌握可见水印和不可见水印的生成方法。

3）学会在对话框中指定位置输出文本串的方法。

（2）实验内容：

1）将水印图像进行缩小变换后与另一幅图像进行加权求和，生成可见水印。

2）将水印图像以不可见的方式嵌入另一幅图像中。

3）将不可见水印从原图像中还原出来。

（3）实验步骤：

1）在实验 1 的基础上先打开原 BMP 图像并显示。

2）在其他位置打开水印 BMP 图像，并在水印 BMP 图像下方输出“水印图像”。

3）提供给用户输入透明度、缩小比例系数，用鼠标设定水印位置的权限。

4）将缩小的水印图像嵌入原图像中。

5）将水印以 LSB 方法以不可见的方式嵌入原图像，并可从原图像中还原水印图像并显示。

参 考 文 献

[1] 何东健．数字图像处理［M］．西安：西安电子科技大学出版社，2003．

[2] The BJUT-3D large-scale Chinese face database［EB/OL］．
http: //www.bjut.edu.cn/sci/multimedia/mul-lab/3dface/face-database.html.

[3] Olivetti Research Laboratory（ORL）face database［EB/OL］．
http: //www.cl.cam.ac.uk/research/dtg/attarchive/facedatabase.html.

[4]（美）Rafael C. Gonzalez，Richard E. Woods. 数字图像处理（第三版）［M］．阮秋琦，阮宇智，等译．北京：电子工业出版社，2011．

[5] 陆玲，王蕾，桂颖．数字图像处理［M］．北京：中国电力出版社，2007．

[6] 史东乘．人脸图像信息处理与识别技术［M］．北京：电子工业出版社，2010．

[7] LIU XIANGYANG，LU LING，et. al. Ear image edge detection algorithm based on mean shift［J］．Journal of Information and Computational Science，2008（7）．

[8] 陈晓钢，陆玲，刘向阳．经典光照模型实现人脸图像光照方向准确估计［J］．计算机工程与应用，2009，45（11）．

[9] 陈晓钢，陆玲，刘向阳．邻域内坐标线性变换的光流迭代求解算法［J］．计算机工程与应用，2008，44（33）．

[10] LU LING，et，al. Eye Location Based on Gray Projection［J］．IEEE Computer Society，2009（11）：58-60．

[11] 陈晓钢，陆玲，周书民，等．一种新的人脸姿态估计算法［J］．数据采集与处理，2009，24（4）．

[12] 陆玲，周书民．数字图像处理方法及程序设计［M］．哈尔滨：哈尔滨工程大学出版社，2011．

[13] LU LING，et，al. Close Eye Detected Based on Synthesized Gray Projection［J］．Advances in Multimedia Software Engineering and Computing，2011，2（11）：345-352．

[14] 陆玲，李金萍．Visual C++数字图像处理［M］．北京：中国电力出版社，2014．

[15] 陆玲，王蕾．图像目标分割方法［M］．哈尔滨：哈尔滨工程大学出版社，2016．

[16] 陆玲．数字图像处理教学实践方法研究［M］．成都：电子科技大学出版社，2018．

[17] 全红艳，王长波．数字图像处理原理与实践（第 2 版）［M］．北京：机械工业出版社，2019．

[18] 苏德辰，孙爱萍．地质之美——经典地貌［M］．北京：石油工业出版社，2017．